From Sensibility to Reason

从感性走向理性（三）

城乡规划空间与管理视角下的文学作品解读

郤艳丽 / 编著

知识产权出版社
全国百佳图书出版单位

图书在版编目（CIP）数据

从感性走向理性：城乡规划空间与管理视角下的文学作品解读．三/郤艳丽编著．—北京：知识产权出版社，2018.10

ISBN 978-7-5130-5843-8

Ⅰ.①从… Ⅱ.①郤… Ⅲ.①城乡规划—管理—中国 Ⅳ.①TU984.2

中国版本图书馆CIP数据核字（2018）第215163号

内容提要

本书从名著中用规划原理的相关知识分析城乡建设与规划历程，解读城乡空间规划与管理的相关内容，并在此基础上形成关于城市规划的理性思考和价值判断。城市规划管理是一门基于制度和责任的学科，社会责任感是城市规划管理人才培养的重要目标之一，用专业知识解读文学作品，有助于培养学生的人本情怀。

策划编辑：蔡　虹

责任编辑：兰　涛　　**责任校对：**谷　洋

封面设计：郑　重　　**责任印制：**孙婷婷

从感性走向理性（三）

——城乡规划空间与管理视角下的文学作品解读

郤艳丽　编著

出版发行：知识产权出版社有限责任公司　网　址：http://www.ipph.cn

社　址：北京市海淀区气象路50号院　邮　编：100081

责编电话：010-82000860转8325　责编邮箱：lantao625@163.com

发行电话：010-82000860转8101/8102　发行传真：010-82000893/82005070/82000270

印　刷：北京九州迅驰传媒文化有限公司　经　销：各大网上书店、新华书店及相关专业书店

开　本：720mm×1000mm　1/16　印　张：18.25

版　次：2018年10月第1版　印　次：2018年10月第1次印刷

字　数：246千字　定　价：68.00元

ISBN 978-7-5130-5843-8

前　言

为应对中国城市化快速发展和城市规划转型的需要，中国人民大学于2006年12月在公共管理学院设立了城市规划与管理系。2011年，在国务院学位委员会和教育部组织的学科调整中，我校以本系为依托，在公共管理学和社会学两个一级学科下自主设置了“城乡发展与规划”交叉学科。根据城市管理前沿的需要，充分发挥中国人民大学学科优势，目前已经形成与工学互补的城市管理本科教学体系。

《城市总体规划原理》为专业基础课，是2008年本人开始教授的一门课程，设在本科三年级下学期，学生已经掌握了大部分专业知识和分析方法。传统规划院校城市规划原理课程一般采用大作业的形式，需要较强的动手能力，但我系学生动手能力方面差别较大，其优势是知识结构好，综合分析能力强。为探索和培养学生运用所学的知识分析和研究城乡问题，领会城市规划的专业基本知识，规避弱点，发挥专长，特设定“另类”的作业形式：从名著中用规划原理的相关知识分析城乡建设与规划历程，解读城乡空间规划与管理的相关内容，并在此基础上形成关于城市规划的理性思考和价值判断。

《从感性走向理性》作品集第一部已于2015年出版，本作品集是第三部，收集了2014级城市管理专业本科生及2016级城乡规划与管理专业硕士研究生所修的《城市总体规划原理》课程的优秀作业，既有本人的教学感悟，也有学生的认真思考。从文学作品切入进行专业研究是规划行业教学的首创和探索，其中的解读难免有错误和偏颇之处，希望得到行业专家和同学的批评指正。

郤艳丽

于中国人民大学求是楼

2018年6月10日

目　录

一、小镇叙事

——从诸多电影文学作品看乡愁

郤艳丽

2013年12月12日，中央城镇化工作会议在北京举行。会议提出要提高城镇建设水平，要求城镇建设要实事求是确定城市定位，科学规划和务实行动，避免走弯路；要体现尊重自然、顺应自然、天人合一的理念，依托现有山水脉络等独特风光，让城市融入大自然，让居民望得见山、看得见水、记得住乡愁。乡愁首次以中央文件的形式给予高度肯定，说明中国式的文化哲学始终在牵引着中国人的神经，留住乡愁、留存田园成为中国人的共同追求。当下的中国，乡愁被重新唤起，并引起大家的心理共鸣，这折射了我们时代存在着普遍性的社会问题，即处于急剧社会转型的中国，该如何守护我们的文化传统并找到归属感[1]。小镇是乡愁的文化载体，如何通过规划守望乡愁也许给规划界提出一个难题，也许这也是一个契机。

（一）乡愁的综合理解

1. 乡愁的小镇承载

乡愁是一个无法言说的概念，是关于时间和空间的独特感受，既是基于当下对过往的怀念，也是站在此地对彼处的思念[2]。从文化哲学的角度来看，乡愁是一种现代性话语，它是一种我们每个人在

---

❶ 邹广文．乡愁的文化表达［N］．光明日报，2014－02－13.

❷ 孟君．“小城之子”的乡愁书写［J］．文艺研究，2013（11）：92－100.

今天都普遍体验，却又难以捕捉的情绪。余光中的《乡愁》带给我们别样的情绪，只可意会不可言传，而俄罗斯导演塔可夫斯基对乡愁的理解简单而深刻，他说，拍摄电影《乡愁》时，“我的情绪如此准确地转化在银幕上：时时刻刻都溢满一种深沉的、渐次疲乏的生离死别，一种远离了家乡和亲朋的感受。这样坚定不移、隐隐约约地意识到自己对过去的依赖，仿佛越来越难以忍受的疼痛，我称之为乡愁❶。”

乡愁与人类的现代化结伴而行，它是人们对现代化生活的一种反拨。乡愁来自于对故乡的眷念、对成长的回忆，乡愁是一碗水，乡愁是一杯酒。乡愁是一朵云，乡愁是一生情，百集大型纪录片《记住乡愁》选取一百多个古镇进行拍摄，再现曾经的历史、渐逝的沧桑，这其中包括乌镇、三河镇、千灯镇、漫川关镇、南浔镇、安海镇、同里镇、孝泉镇、霍童镇、漆桥镇、昌珠镇、新城镇、青木川镇、朱仙镇、安居镇、西塘镇、李庄镇、崇武镇、大津口镇、黄姚镇、石牌镇、江湾镇、偏岩镇、八陡镇、归州镇、碛口镇、西庄镇、西沱镇、神垕镇、梁子镇、贺街镇、黄桥镇、罗城镇、旧州镇、太阳镇、万灵镇、娜允镇等，是否可以说小镇是乡愁依托的重要的载体之一，支撑乡愁的是每一座古镇背后饱含的文化底蕴。

2. 乡愁的文学表达

乡愁是重要的，因为“记忆是人类非常重要的资产。它们之所以充满诗的色彩实非偶然。最美的回忆常常属于童年❷”。乡愁的表达形式极为多样，小镇作为城乡之间物质与文化的桥梁，文明交汇、激荡、碰撞的载体，较之象征文明快速的都市和象征荒野静止的乡村，其内容复杂，其文化深远，其颓废、灰暗、变迁、活力、冲突

---

❶ 安德烈·塔可夫斯基著．雕塑时光［M］．陈丽贵，李泳泉，译．北京：人民文学出版社，2003：236.

❷ 安德烈·塔可夫斯基著．雕塑时光［M］．陈丽贵，李泳泉，译．北京：人民文学出版社，2003：25－26.

等都展示一种独特的经济和社会价值，因此也成为乡愁追寻的常用空间，主要有两类表达形式。

一是文学作品类。中国文学史上，20 世纪二三十年代鲁迅以 S 城（绍兴）和鲁镇（他母亲的故乡）为故事背景的 14 篇小说和叶圣陶的《倪焕之》为发端，建构了忧愤深广的中国小城镇世界。随后 20 世纪三十年代茅盾的《林家铺子》《动摇》《多角关系》《霜叶红似二月花》，沙汀的《在其香居茶馆里》《某镇纪事》《联保主任的消遣》《在祠堂里》，施蛰存的《上元灯》集，李劼人的《死水微澜》，张天翼的《清明时节》《脊背与奶子》，柔石的《二月》；20 世纪四十年代沈从文的《边城》，萧红的《呼兰河传》《小城三月》，师陀的《果园城记》，骆宾基的《幼年》，周文的《在白森林》等名篇都充分展示了小镇文学的艺术价值。20 世纪 80 年代陈世旭的《小镇上的将军》，古华的《芙蓉镇》，汪曾祺的“高邮”城系列叙事（《异秉》《岁寒三友》《大淖记事》等），柯云路的《新星》，徐迟的《江南小镇》，张炜的《古船》，贾平凹的《浮躁》《腊月·正月》《遗石》《高老庄》；李杭育的《沙灶遗风》《人间一隅》《船长》《珊瑚沙的弄潮儿》，王安忆的《小城之恋》，池莉的“沔水镇”系列（《你是一条河》《预谋杀人》《凝眸》）及《青奴》《月儿好》，余华的《许三观卖血记》，何立伟的《小城无故事》《雪霁》《新星》，古华的《芙蓉镇》，张炜的《古船》，林斤澜的《矮凳桥风情》《浮躁》《沙灶遗风》《大淖记事》等。21 世纪，张楚凭借短篇小说《良宵》荣获第六届鲁迅文学奖，其系列作品《草莓冰山》《曲别针》《疼》《七根孔雀羽毛》《野象小姐》等作品的背景均放在小城镇[1]。众多文学家笔下的小镇具有多重空间意义，展现迥异的镇风、镇俗和镇情镇景。

二是影视作品类。从 20 世纪 90 年代中期开始，将小城镇作为主要叙事空间的中国电影集体登场，作为新生代导演的一个独特的

[1] 陈涛. 发现一种真实的生活［J］. 当代作家评论，2015（2）：132－136.

创作现象，包括贾樟柯的《小武》《站台》《三峡好人》，王小帅的《扁担姑娘》《青红》，章明的《巫山云雨》《任逍遥》《盲井》《青红》《向日葵》，顾长卫的《孔雀》，尹丽川的《公园》，李玉的《观音山》，毕赣的《路边野餐》等，都弥漫着强烈的中国小城镇的气息和质感，他们通过电影书写自己记忆中的故乡，表达小镇之子们各自的乡愁，形成中国电影一个独特的话语空间。小城镇电影在某种意义上是新生代导演成长时期的自传，他们站在当下回溯过往，审视故乡的“乡愁”还原，也是对中国近几十年来社会变迁的考察，具有影像社会学的价值[1]。

小镇是都市和乡村之间夹杂着的一个不可忽视的空间阈域，影视作品和文学作品从不同角度表现了处于中国不同地域、具有不同特征的小镇生活，这个魅力无穷的场域，因固有的空间特征和文化属性而成为善于感性表达的“小城之子”们的情感寄予空间。

（二）小镇的文学场景

1. 小镇的经济运转

鲁迅小说的背景城镇鲁镇是一个江南市镇，是区域性的商业中心，市镇与市镇之间有费孝通所说的乡界。江南由于商业经济发达，市镇的乡界一般为方圆一二十里。诚如包伟民所言：市镇原本是在政治都邑之外由于专业经济的发展自然形成的[2]。《朝花夕拾·五猖会》回忆了童年鲁迅去东关镇小姑妈家看五猖会的情景，东关镇在绍兴城东约60里[3]。“每个贸易区域的中心是一个镇，它与村庄的主要区别是，城镇人口的主要职业是非农业工作。镇是农民与外界进

---

[1] “小城之子”的乡愁表达：新生代导演的一种创作现象. http：//www. chinanews. com/yl/2016/11－29/8078038. shtml.

[2] 包伟民. 江南市镇及其近代命运：1840—1949［M］. 北京：知识出版社，1998：16.

[3] 余连祥. 鲁迅小说的小城镇叙事［J］. 鲁迅研究月刊，2011（7）：22－28.

行交换的中心。农民从城镇的中间商人那里购买工业品，并向那里的收购的行家出售他们的产品。

棉布业曾是不少江南市镇的主导产业。棉花、轧棉花、纺棉纱、经纱织布，形成一个棉布业的产业链。小说《明天》的鲁镇中的主人公单四嫂子就靠纺棉纱养家，丈夫卖馄饨，魏连殳有一位做针线的祖母，妈和祥林嫂在鲁四老爷家里打短工，七斤在水上为人撑船，似乎撑起一个完整的服务链。

交通在小镇发展中起到的作用是独特的，城镇的发展取决于它吸引顾客的多少……航船的制度使这一地区的城镇把附属村庄的初级购买活动集中了起来，从而减弱了农村商人的作用……”[1] 连接小城、市镇和乡村的交通工具，在辛亥革命前后的江南，主要是船。鲁迅在致山上正义的信中指出：“载客往来于城镇和乡村的船，称为‘航船’。”航船有两种：一种是每村都有一两只的航船，另一种是市镇与县城之间的航船，又称“埠船”。对于前一种乡村航船，社会学家费孝通于20世纪30年代通过江南太湖边村镇的田野调查，总结出航船经营户既是所在乡村“消费者的购买代理人”，又是“生产者的销售代理人”。小说《社戏》中“八公公”的航船，每天“早出晚归”，应该就是此类乡村航船。此外，江南的小城和市镇上还有一种专供租用的船，经营者称“船户”。《在酒楼上》中少女阿顺的父亲长富就是一位这样的船户。小说中的吕纬甫从长富家请自己吃点心荞麦粉加的是白糖，觉得他们“吃得很阔绰”，不是个“穷船户”。

小说中有很多街道的描述：沙汀笔下的《某镇纪事》的“某镇”只有一条正街，《呼兰河传》中的呼兰小城有一条十字街，有首饰店、布庄、油盐店、茶庄和一个药店，《果园城记》的小镇街道不超过两里半长，《幼年》中珲春西大街上有绸缎店和华洋杂货行，

[1] 费孝通．江村经济：中国农民的生活［M］．戴可景，译，北京：商务印书馆，2001：217～218．

《边城》的茶峒近山的一面修有城墙，近水的一面设有码头，城外的一条河街连接各个码头，《死水微澜》的天回镇街道用石板铺砌，镇里主要的商店集中于此；《小城三月》的珲春护城河边有国际化的夜市。很多江南小镇最重要的场所是茶馆和酒店，鲁迅有1/3的作品写到茶馆与酒店——咸亨酒店、华家茶馆和五婶的酒店。小说《淘金记》里只有一条街的北斗镇有八九个茶铺。

2. 小镇的社会生活

小城镇，在过去和未来、落后于现代之间，它一方面努力向现代都市靠拢，另一方面又无法隔断与乡村的联系，既有地理上的因素，又因其生活方式、思维习性等依旧保有农业文明的基因。由于受到现代都市的影响，小城镇独属的精神气质也在发生变化，它的节奏在舒缓与紧张之间，它的居民在本色与异化之途。这一切的碰撞、矛盾及挣扎都会在小城镇中长期存在。❶

小镇上生活着各色各样的居民，一般从事“非农业工作”。他们是商人、手工业者和士绅。小说《狂人日记》中的大哥、狂人和《祝福》中的鲁四老爷，就是生活在市镇上的士绅。《狂人日记》中的狂人以“他者”的口吻对大哥说，“去年城里杀了犯人，还有一个生痨病的人，用馒头蘸血舐。”这发生在城里的事，与日后的小说《药》相呼应。狂人家应该是生活在市镇的一个“不在地主”，在乡村有地，租给了佃户。他们家主要靠收租维持在市镇上的士绅生活。《祝福》的主人公祥林嫂是鲁镇的一名“外来妹”，从乡下来小镇上“打工”的。寡妇的祥林嫂偷偷跑鲁镇来，到鲁四老爷家做女佣，而鲁四老爷是个“讲理学的老监生”。鲁迅建构的小城镇世界是开放的，不仅有祥林嫂、阿Q、闰土等乡村“闯入者”，而且还有《故乡》中的“我”、在《酒楼上》中的“我”和吕纬甫、《祝福》中

❶ 陈涛．发现一种真实的生活——评张楚小说的小城镇叙事［J］．当代作家评论，2015（2）：132－136．

的“我”等大都市“闯入者”。沙汀描绘了小镇权威管制阶层——大小土豪劣绅：乡长、商会会长、联保主任、团总、豪绅、舵把子、袍哥大爷……因为地方上的事情向来是归绅士地保们管理的。

不同地域小镇的生活细节是存在差异的，而内在对生活的看重则根脉相通：东北边陲小镇呼兰河一年之中必定有跳大神、唱秧歌、放河灯、野台子戏、四月十八日娘娘庙大会等活动；《淘金记》里的北斗镇即使在“七七事变”政府规定的国难期间，依然在新年里玩狮子、耍龙灯；《祝福》中鲁镇年终的大典是“祝福”仪式；《边城》里的湘西极为重视端午节赛龙舟、捉鸭子的节庆活动；《幼年》里珲春小城除夕必定敬神。

（三）为了诗意的栖居

文学赋予沉重的生活以光亮和希望，是造梦，而规划建设与管理则是圆梦，为了保护曾经的记忆，为了创造未来的美好。

1. 小为规划之基

小是镇最重要的空间特征，是与大城相对应的最重要的吸引力的体现。

特色化是实现城乡一体化的保障。实现城乡一体化的重要途径是实现城乡良性互动，实现人的互动、资本的互动和产业的互动等。但互动的前提是相互间吸引，各自拥有对方无法企及的优势。因此，通过规划建设，保护、提升城乡各自的特色，形成比较优势，能真正保障城乡发挥各自的引力。小体现在规划建设用地规模的控制、街道宽度的控制、建筑体量的控制，归根结底是符合人性化尺度的小镇形体空间的管控。小也意味着精致、精美。传统市镇保留至今源于其建筑的精美，其背后是朴素的天人合一，是与自然融合的规划理念。

2. 文为规划之魂

小镇无法割断与乡村的联系，既有地理上的因素，也因为生活方式、思维习惯等依旧保有农业文明的基因。同时，小镇独有的精神气质也随着时代的影响而发生变化，小镇独有的美学价值根植于其文化特色，凸显于景观风貌。从精神内核上说，中国小城镇和西方国家小城镇的本质区别即在于：中国的小城镇不是大城市的小型化，而是农村的大型化❶。因此建筑一定不高，街道一定不宽，有自己的空间结构形式和文化内核表达，赋予独具特色的文化内涵和文化标识。特色的文化才能赋予小镇这一人群共同体以独特的认同感或内在的灵魂。在美国诸多大学城的发展过程中，“学院的教授、行政人员以及其他专业人员，因为大学赋予了小镇以独特的文化调性而为其所吸引，将其视为理想的居住之所”❷。文化的再造过程既有传承、借用，有杂糅、创新❸，需要通过设计的手法毫无痕迹地自然体现。

参考文献

[1] 邹广文．乡愁的文化表达［N］．光明日报，2014－02－13．

[2] 孟君．“小城之子”的乡愁书写［J］．文艺研究，2013（11）：92－100．

[3] 安德烈·塔可夫斯基著．雕塑时光［M］．陈丽贵，李泳泉，译．北京：人民文学出版社，2003．

[4] 陈涛．发现一种真实的生活［J］．当代作家评论，2015（2）：132－136．

[5] “小城之子”的乡愁表达：新生代导演的一种创作现象．http：//www. chinanews. com/yl/2016/11－29/8078038. shtml．

❶ 夏清泉．中国新小城镇电影的空间研究［J］．电影评介，2006（14）：21－22．

❷ Vidich，Arthur J. & Joseph Bensman. Small Town in Mass Society，lass，ower and Religion in a Rural Community［M］．Princeton，New Jersey：Princeton University Press，1968：334．

❸ 周晓虹．产业转型与文化再造：特色小镇的创建路径［J］．南京社会科学，2017（4）：12－19．

[6] 包伟民主编．江南市镇及其近代命运：1840—1949［M］．北京：知识出版社，1998：16.
[7] 余连祥．鲁迅小说的小城镇叙事［J］．鲁迅研究月刊，2011（7）：22-28.
[8] 费孝通．江村经济：中国农民的生活［M］．戴可景，译．北京：商务印书馆，2001：217-218.
[9] 陈涛．发现一种真实的生活——评张楚小说的小城镇叙事［J］．当代作家评论，2015（2）：132-136.

二、古镇悲歌

——从小说《芙蓉镇》观时代人间冷暖

苏航（2014 级本科生）

长篇小说《芙蓉镇》1981 年发表于《当代》第 1 期，人民文学出版社于 1981 年 11 月出版单行本，1982 年荣获“首届茅盾文学奖”。小说《芙蓉镇》源于 1978 年古华到一个山区大县去采访，当时全国上下正进行“真理标准”问题的大讨论，开始平反这十几、二十年来的冤假错案。该县文化馆的一位音乐干部给古华讲述了他们县里一个寡妇的冤案，故事本身很悲惨，她前后死了两个丈夫，但她却满脑子的宿命思想，怪自己命大、命独、克夫。古华听了也动了动脑筋，但觉得只写寡妇的冤案意思不大。随后党的八届三中全会的路线、方针让他重新认识、剖析自己所熟悉的湘南乡镇二三十年来的风云聚会和民情变异。1980 年 7 月，古华在五岭山脉腹地的一个林场里开始创作小说《芙蓉镇》，向世人呈现这部白描般的湘西小镇。

（一）原型探究

小说《芙蓉镇》中有这样的描述：芙蓉镇坐落在湘、粤、桂三省交界的峡谷平坝里，古来为商旅歇宿、豪杰聚义、兵家必争的关隘要地。有一溪一河两条水路绕着镇子流过，流出镇口里把路远就汇合了，因而三面环水，是个狭长半岛似的地形。从镇里出发，往南过渡口，可下广东；往西去，过石拱桥，是一条通向广西的大路。（P1）芙蓉镇的原型存在另外两种猜测：湖南省湘西州永顺县芙蓉镇和湖南省郴州市嘉禾县石桥镇。

场面广阔宏大，就像是一部生活的《百科全书》，但是小说《芙蓉镇》却不同，古华不单是写几个人的命运遭遇，他要写一个“小社会”，一个生活整体❶。古华云：“寓政治风云于风俗民情图画，借人物命运演乡镇生活变迁。”小小的芙蓉镇有宏阔的象征意味，是那个时代中国社会的缩影❷。小说是以“芙蓉姐子”胡玉音作为贯穿全部情节的主人公，可以说整篇小说就是由她的命运遭遇，与围绕着她而交织的各类人物的命运网络所构成，也因此形成不同的时代命运，见图2-3。

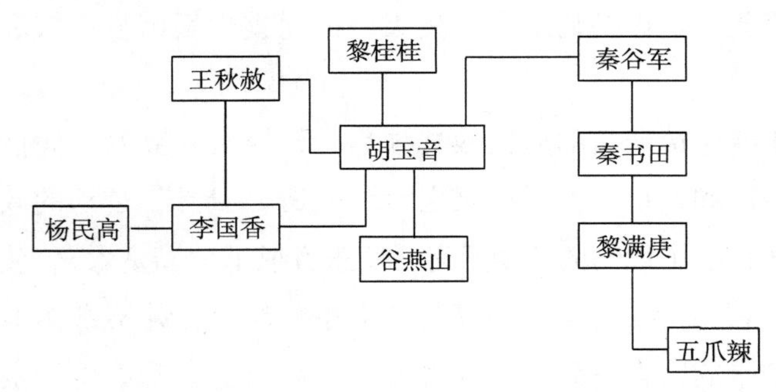

图2-3　小说《芙蓉镇》之人物关系

1. 胡玉音

女性的命运总是与爱情、婚姻紧密相关的，而且不同年代的爱情婚姻悲剧体现出不同特质的社会人生问题。小说主人公胡玉音的不幸命运主要体现在她的三次爱情婚姻上。胡玉音的最初不幸是她青梅竹马的初恋。因为她的父亲参加过青红帮，母亲曾是风月女子，复杂的血缘关系成为她与党员干部黎满庚自由结合不可逾越的障碍，她不得不离开青梅竹马的恋人。从这里可以看到，胡玉音从一开始就丧失婚姻自主的权利，也侧面反映了社会一种不平等现象。一般而言，社会平等的含义主要是消除封建社会世袭的阶级特权，实现

❶ 雷达．一卷当代农村的社会风俗画——略论《芙蓉镇》［J］．当代，1981（3）：

❷ 李兆忠．中国当代文学的一个突破——重读《芙蓉镇》［J］．理论导刊，2009（10）：115-117.

人格上的生而平等，以及不能强调某些人地位高于其他人，或赋予某些人权力宰制其他人。但是当时的极“左”社会却以阶级性的名义强调人的家庭出身，在政治上人为地扩大人的自然不平等差距，先天的不平等成为后天不平等的理由。虽然最初这仅仅是限于政治领域，但是个体总是生活在一个有着社会交往性的社群之中，而且极“左”年代的社会空间与政治结构异常单一，所有的社会群体存在着明确的政治结构与政治关系，这样一来政治歧视就会朝着社会领域扩展，渗透进人们的生活，因而政治不平等轻而易举地转化为社会不平等，这也是胡玉音因先天原因而丧失婚姻自主权利的首要原因❶。

胡玉音嫁给老实的屠夫黎桂桂后，设摊卖米豆腐，凭借自身的勤快、技能和人缘过上了小康生活。可是“四清”运动的政治风暴一夜之间掠走了他们的劳动所得，胡玉音成了“新富农”，丈夫也被迫自杀。其实，社会起点平等与社会条件均等，并不必然地导致个人生活结果的完全一致。个人的性情、后天的自我人生设定和努力程度、环境和机遇的差异等，都可能导致社会个体生活结果和事业成就的差异。然而，极“左”社会却在实行政治不平等的同时，强调社会个人生活与事业成就的均等，并以政治运动的方式“均平等”。胡玉音因追求幸福生活而致富，结果却成为政治运动打击的对象。小说中表现得最为惨烈也最令人触目惊心的，还是胡玉音和秦书田爱情婚姻的非人遭遇。“文革”中胡玉音（新富农）与秦书田（铁帽右派坏分子）一道被罚扫街改造，他们从同病相怜、相互扶持，到彼此理解、相爱同居，可是这种事实婚姻不但得不到社会法律的保障，反而因此受到刑法惩处。胡玉音被判处三年有期徒刑（因身孕监外执行），秦书田被判十年有期徒刑。

---

❶ 颜敏．论《芙蓉镇》［J］．文艺争鸣，2009（10）：142－151．

2. 秦书田

秦书田，原本是县歌舞团的编导，1957 年因编演大型风俗歌舞剧《喜歌堂》和发表推陈出新反封建的文章而被打成“右”派，回乡劳动。在严酷的现实面前，他玩世不恭，麻木不仁❶。小说中这样描述：“每逢民兵来喊他去开批斗会，他就和出工一样，脸不发青心不发颤，处之泰然。牵他去挂牌游街，他也是熟门熟路，而且总是走在全大队五类分子的最前头，俨然就是个持有委任状的黑头目。‘秦书田！’‘有！’‘铁帽右派！’‘在！’‘秦癫子！’‘到！’总是呼者声色俱厉，答者响亮简洁。”（P32）查反标，他写两大张；塑“黑五类”像，他塑自己最形象，还搬出最高指示“生活是文学艺术的唯一源泉”来自嘲自解。他唯独没给胡玉音塑，也没有给她在“新富农分子胡玉音”的黑牌上打红叉叉。他跳“黑鬼舞”，编“黑鬼歌”，“穷快活，浪开心”，明明“步步低”，还天天哼着广东名曲“步步高”，以苦为乐，苦中度生。但是需要指出的是，他自轻自贱、玩世不恭、逆来顺受，实际上是为了应对磨难，渡过难关，保存血肉之躯。

“开初胡玉音有些看不起他，以为他下作。但后来慢慢地亲身体会到秦书田的办法对头，可以少挨打少吃苦。”（P143）他对胡玉音的临别赠言是：“活下去，像牲口一样地活下去。”（P158）这也是对当时政治社会的极大不满，是对美好生活的向往❷。秦书田是一个坚守原则、善良正义的人❸，他的癫狂实际上是为了使人格尊严得到最终的保全。他在动乱的年代既没有像黎满庚那样做昧良心的事，也没有像王秋赦那样做寡廉鲜耻、伤天害理的事。秦书田和胡玉音

---

❶ 陈思广．政治风云·乡土人情·艺术品格——论《芙蓉镇》的经典意义［J］．湖南人文科技学院学报，2013（3）：89－93.

❷ 袁媛．浅析《芙蓉镇》中的“新时期”人性论［J］．兰州教育学院学报，2014（11）：19－20.

❸ 李云娟．论《芙蓉镇》中秦书田人物形象的现实意义［J］．现代妇女旬刊，2014（4）：286.

的人生代表着山镇人家甚至说是中国人民传统的民风和人性，这两者无疑都是美好的❶。社会一回归正轨，他便当上县文化馆副馆长，这些都是其人格尊严得到保全的明证。矛盾对立的两个方面统一在他的正直、善良、有知识、视野开阔等美好品质之上，形成了一种被政治运动扭曲了的性格，从而使他成为一个意蕴很深的形象。他除了是一个另类反抗者的形象，还折射出了在社会逸出正常发展轨迹的时代，广大社会成员人格遭践踏，人性被摧残、扭曲的现实，具有强烈的社会批判性❷。

3. 王秋赦

王秋赦是个雇农，也是个不知父母出处、没有任何亲戚关系的孤儿。虽然他是个农民，却从不生产，地里的草比禾深，锄头、镰刀都生了锈。镇上的居民们给他取了个外号："王秋蛇"（P22），一条好逸恶劳的懒蛇。土改时，他被确定为"土改根子"（P20），给他分了四时衣裤、全套铺盖、两亩好田，还分了一栋全木结构的别墅——吊脚楼。但由于他大肆挥霍，几年下来，坐吃山空，土改的果实都吃没了。他又被人们称为"王秋奢"，一个奢侈无度的吃客。

他的愿望就是"一年划一回成分，一年搞一回土改，一年分一回浮财"（P22）。在"贫农"的保护伞下，有吃有穿，前途似锦。他年年领救济，回回得好处，略有间隔，他就穷相毕露：身上布吊吊，肩背、前襟露出花絮，胸前没有一颗扣子，只搓了根稻草索子捆在腰间。他埋怨政府不救济他，说这是"出新社会的丑"。少穿他找政府，少吃他找乡邻，人们又送他一个绰号："王秋赊"，一个靠赊账度日的无赖。王秋赦还是一个靠吃运动饭而谋生的"政治运动员"。小说中有这样的描述："每逢政府派人下来抓中心，开展什么

---

❶ 张启才．从人物看古华《芙蓉镇》的反思意识［J］．安徽文学，2009（8）：207－209.

❷ 廖四平．《芙蓉镇》综论［J］．渤海大学学报（哲学社会科学版），2010（3）：42－48.

运动，他就必定跑红一阵，吹哨子传人开会啦，会场上领头呼口号造气氛啦，值夜班看守坏人啦，十分得力。”（P5）

王秋赦是特殊时代的畸形儿，是极“左”路线下的悲剧角色，扭曲自己的真实人性来适应政治浪潮❶。他所拥有的“财富”就是“穷”和“投机”。在极“左”年代里，“成分论”和“血统论”使王秋赦成为干部们信任的对象、依靠的骨干，使他们只看到了王秋赦作为“无产者”的外观，而忽略了他作为“流氓”的恶性。这终使他恶性膨胀，从一个不劳而获的寄生虫一跃成为芙蓉镇的新贵，成为云游县城“传经送宝”的风云人物，成为芙蓉镇大队党支部书记、芙蓉镇镇长。极“左”政治把这种由负面人性导致的生活贫困转化为社会问题，并试图通过政治运动的方式来解决这种转化性的社会贫困问题。因此，王秋赦由懒惰而导致的贫穷，便与先天的“出身历史清白，社会关系纯正”发生了奇异的联系，竟然成为他政治和道德上的优势，每次政治运动他都被列为基本群众、依靠对象和骨干力量，甚至成为乡镇的基层干部。极“左”政治的“越穷越革命、越穷越光荣”的理论，在王秋赦的身上显示出极端的荒谬。他成为“左倾”运动的“寄生虫”。“左”倾运动将他视为“运动根子”，是他个人的悲哀，也是时代和历史的悲哀。小说揭示了王秋赦的思想行为与“左”的路线的天然联系，即“他们的动机不是从琐碎的个人欲望中，而正是从他们所处的历史潮流中得来的”（恩格斯），这使得王秋赦的形象具有极为深刻的典型意义。

4. 李国香

李国香是小说《芙蓉镇》中的重要人物之一，她善于投机，能“在汹涌着政治波涛的大江大河里鼓浪扬帆”（P11）。在“大跃进”时代，她建议由县工商管理局对全县小商小贩进行一次突击性的大

❶ 彭念慧．人性的挣扎与历史的反思——读古华小说《芙蓉镇》[J]．戏剧之家，2013（7）：329.

清理，为全县放了一颗所谓的“工商卫星”，从而成为全县批判资产阶级的名人。李国香在悟出了极“左”路线“以己为准，以人画线”“顺我者昌，逆我者亡”的用人标准后，千方百计地投领导所好，死心塌地跟着运动跑，处处搜集阶级斗争的活材料，时时死盯阶级斗争的新动向。她生性轻浮，生活放荡、腐化，衣着洋气，说话装腔作势，行为随意苟且，如搞对象像猴子掰苞米一样，掰一个丢一个，态度极不严肃。

她心胸狭窄、心狠手辣，和“芙蓉姐子”的冲突不可避免地成为整个文本的主旋律❶。因为在想象中把胡玉音看成是自己的竞争对手，便先借政治运动把糊弄得家破人亡，后借口胡玉音和秦书田的“黑夫妻”关系而将他们判刑，把粮站主任、税务所长、供销社主任和大队党支部书记等基层领导干部打成“反革命集团”。李国香不仅是一个制造他人悲剧的执行者，同时也是反思政府作为的形象代言人❷。表面看来，她颇为成功，但实际上十分可悲，虽然兴风作浪、耀武扬威，但归根结底只不过是政治大棋盘上一颗任人驱遣的棋子，在人前颇为风光，但在背后却非常可怜，以至于把一个流氓成性、粗俗鄙陋的王秋赦作为自己的情感寄托对象……李国香这一形象折射出了一个逸出常轨的时代、社会的真实情状，也反映出了灾难性的政治对人性的戕害❸。

（三）时代变迁

1. 街景变化

长篇小说《芙蓉镇》叙事始于1963年，国家政治反映到这个

---

❶ 董正宇．传统的承续与超越——重评古华《芙蓉镇》［J］．名作欣赏，2008（12）：93－96.

❷ 陈茜．论《芙蓉镇》的传统［J］．海南师范大学学报（社会科学版），2011（6）：69－74.

❸ 农莉芳，李蔚松．愚昧时代扭曲的灵魂——论《芙蓉镇》中的李国香［J］．广西教育学院学报，2005（6）：125－127.

湘、粤、桂三省交界区的小镇上，使这个过去三省十八县客商云集的万人集市到1958年后因为政府限制农村集市贸易变成了萧条的半月圩，直到1961年以后，才恢复为五天圩。而“芙蓉镇上称得上生意兴隆的，不是原先远近闻名的猪行牛市，而是本镇胡玉音的米豆腐摊子”。（P3）这个现象也说明，1963年的国家经济虽然有所恢复，但萧条的阴影犹在，更谈不上繁荣。小说中有这样的描述：“芙蓉镇街面不大。十几家铺子、几十户住家紧紧夹着一条青石板街。铺子和铺子是那样的挤密，以至一家煮狗肉，满街闻香气；以至谁家娃儿跌跤碰脱牙、打了碗，街坊邻里心中都有数；以至妹妹家的私房话，年轻夫妇的打情骂俏，都常常被隔壁邻居听了去，传为一镇的秘闻趣事，笑料谈资。偶尔某户人家弟兄内讧，夫妻斗殴，整条街道便会骚动起来，人们往来奔走，相告相劝，如同一河受惊的鸭群，半天不得平息。不是逢圩的日子，街两边的住户还会从各自的阁楼上朝街对面搭长竹竿，晾晒一应衣物：衣衫裤子，裙子被子。风吹过，但见通街上空“万国旗”纷纷扬扬，红红绿绿，五花八门。再加上悬挂在各家瓦檐下的串串红辣椒，束束金黄色的苞谷种，个个白里泛青的葫芦瓜，形成两条颜色富丽的夹街彩带……人在下边过，鸡在下边啼，猫狗在下边梭窜，别有一种风情，另成一番景象。”（P2）从这里可以看出，芙蓉镇是一个非常普通的小山镇，在经济谈不上好的年代里也维持着山区小镇共同的美好的特点，静谧、和谐、人民安居乐业。史料记载，因为“大跃进造成的危机使中国共产党面临自1949年夺取政权以来最严峻的挑战[1]”。据《中国统计年鉴（1983）》数据显示，仅1960年一年，中国人口就减少了1000万。“其严重性远远超过20世纪以来中国历次粮食歉收和自然灾害所造成的损失[2]。”这种危机的现实导致中国共产党调整其政

---

[1] 黄伟林．国家意志对人物性格的决定——重评古华长篇小说《芙蓉镇》［J］．海南师范学院学报（社会科学版），2005（3）：63－67.

[2] 费正清，罗德里克·麦克法夸尔：剑桥中华人民共和国史（1949～1965）［M］．上海：上海人民出版社，1991：405.

策，1963 年中国经济有所恢复。

小说第二章写 1964 年，国家政治的标志性事件是社教工作组的出现，也就是后来所谓的“四清”运动，实际上成了“文革”的前奏。落实到小说情节，则是李国香作为社教工作组组长进驻了芙蓉镇，胡玉音被划为“新富农”并因丈夫黎桂桂的自杀成了寡妇，谷燕山被控丧失阶级立场、盗卖国库粮食被软禁在宿舍，失去了行动自由。作者在这一章没有对芙蓉镇的街容街貌进行直接描写，由于与前一章只相差一年，没有明显的变化，但是四清运动的出现给小镇带来了紧张的气氛。

小说第三章写 1969 年，这是“文革”高潮刚过的一年，国家政治经过三年的动荡，开始重归秩序，只是这个秩序是极“左”的秩序，落实到小说情节，李国香和王秋赦的联盟终于牢固形成，胡玉音、黎满庚、秦书田、谷燕山也终于走到了一起，而胡玉音和秦书田这对未婚同居者，分别被判三年和十年有期徒刑。小说中有这样的描述：街两边的铺面原先是一色的发黑的木板，现在离地两米以下，一律用石灰水刷成白色，加上朱红边框。每隔两个铺面就是一条仿宋体标语：“兴无灭资”“农业学大寨”“保卫‘四清’成果”“革命加拼命，拼命干革命”。街头街尾则是几个“万岁”，遥相呼应。每家门口，都贴着同一种规格、同一号字体的对联：“走大寨道路”“举大寨红旗”。所以整条青石板街，成了白底红字的标语街、对联街，做到了家家户户整齐划一。原先每逢天气晴和，街铺上空就互搭长竹竿，晾晒衣衫裙被，红红绿绿，纷纷扬扬如万国旗，亦算本镇一点风光，如今整肃街容，予以取缔。逢年过节，或是上级领导来视察，兄弟社队来取经，均由各家自备彩旗一面，斜插在各自临街的阁楼上，无风时低垂，有风时飘扬，造成一种运动胜利、成果丰硕的气氛。还有个规定，镇上人家一律不得养狗、养猫、养鸡、养兔、养蜂，叫作“五不养”，以保持街容整洁、安全，但每户可以养三只母鸡。对于养这三只母鸡的用途则没有明确规定，大约既可以当作“鸡屁股银行”换几个盐油钱，又好使上级干部下乡在

镇上人家吃派饭时有两个荷包蛋。街上严禁设摊贩卖，摊贩改商从农，杜绝小本经营。（P100）

小说第四章写1979年，国家的标志性事件是为一大批冤假错案平反昭雪，落实到小说情节，胡玉音、秦书田的富农、“右派”身份得以平反，谷燕山做了镇委书记，黎满庚做了镇大队党支部书记，官至镇长的王秋赦无法理解时代的变化而成为疯子，他所谓“文化大革命，五六年又来一次”的狂语使芙蓉镇人心有余悸。显而易见，在小说中，人物的兴衰沉浮完全由国家的政治政策决定。也可以说，人物的喜怒哀乐完全成为政治政策的“晴雨表”。小说中有这样的描述：芙蓉河上的车马大桥建成了，公路通了进来。起初走的是板车、鸡公车、牛车、马车，接着是拖拉机、卡车、客车，偶尔还可以看到一辆吉普车。吉普车一来，镇上的小娃娃就跟着跑，睁大了眼睛围观。一定是县委副书记李国香回“根据地”，来检查指导工作。跟随大小汽车而来的，是镇上建起了好几座工厂。一座是造纸厂，利用山区取之不尽的竹木资源。一座是酒厂，用木薯、葛根、杂粮酿酒。据说芙蓉河水含有某种矿物成分，出酒率高，酒味香醇。一座铁工厂，一座小水电站。这一来，镇上的人口就像蚂蚁搬家似的，陆续增加了许多倍。于是车站、医院、旅店、冷饮店、理发馆、缝纫社、新华书店、邮电所、钟表修理店等等，都相继出现，并以原先的逢圩土坪为中心，形成了十字交叉的两条街，称为新街。原先的青石板街称为老街。（P161）

2. 圩场变化

在不同的年代，芙蓉镇的圩期和圩场买卖都有很大的不同，圩场也是小说中最能体现芙蓉镇经济水平的指标。

解放初期圩期循旧例，逢三、六、九，一旬三圩，一月九集。小说中有这样的描述：“三省十八县，汉家客商，瑶家猎户、药匠，壮家小贩，都在这里云集贸易。猪行牛市，蔬菜果品，香菇木耳，懒蛇活猴，海参洋布，日用百货，饮食小摊……满圩满街人成河，嗡嗡嘤嘤，万头攒动。若是站在后山坡上看下去，晴天是一片头巾、

花帕、草帽，雨天是一片斗篷、纸伞、布伞。人们不像是在地上行走，倒像汇流浮游在一座湖泊上。从卖凉水到做牙行掮客，不少人靠了这圩场营生。据说镇上有户穷汉，竟靠专捡猪行牛市上的粪肥发了家呢……”（P3）

1958年，由三天一圩变成了星期圩，变成了十天圩，最后成了半月圩。小说中有这样的描述：“到了一九五八年大跃进，因天底下的人都要去炼钢煮铁，去发射各种名扬世界的高产卫星，加上区、县政府行文限制农村集市贸易，批判城乡资本主义势力，芙蓉镇由三天一圩变成了星期圩，变成了十天圩，最后成了半月圩。逐渐过渡，达到市场消灭，就是社会主义完成，进入共产主义仙境。可是据说由于老天爷不作美，田、土、山场不景气，加上帝修反捣蛋，共产主义天堂的门槛太高，没跃进去不打紧，还一跤子从半天云里跌下来，结结实实落到了贫瘠穷困的人间土地上，过上了公共食堂大锅青菜汤的苦日子，半月圩上卖的净是糠粑、苦珠、蕨粉、葛根、土茯苓。马瘦毛长，人瘦面黄。国家和百姓都得了水肿病。客商绝迹，圩场不成圩场，而明赌暗娼，神拳点打，摸扒拐骗却风行一时……”（P3）

1961年下半年，改半月圩为五天圩。小说中有这样的描述：“直到前年——公元一九六一年的下半年，县政府才又行下公文，改半月圩为五天圩，首先从圩期上放宽了尺度，便利物资交流。因元气大伤，芙蓉镇再没有恢复成为三省十八县客商云集的万人集市。”（P3）

1969年，芙蓉镇的圩期从五天圩改成了星期圩，逢礼拜天。小说中有这样的描述：“芙蓉镇的圩期也有变化，从五天圩改成了星期圩，逢礼拜天，便利本镇及附近厂矿职工安排生活。至于这礼拜天是怎么来的，合不合乎革命化的要求，因镇上过去只信佛经而不知有《圣经》，因而无人深究。倒是有人认为，礼拜天全世界都通用，采用这一圩期，有利于今后世界大同。镇上专门成立了一个圩场治安委员会，由‘四清’入党、并担任了本镇大队党支书的王秋赦兼主任。圩场治安委员会以卖米豆腐发家的新富农分子胡玉音为黑典

型，进行宣传教育，严密注视着资本主义的风吹草动。”（P101）

1979年，芙蓉镇的圩期改为一月三旬，每旬一六。小说中有这样的描述：“芙蓉镇今春逢圩，跟往时不大相同。往时逢圩，山里人像赶“黑市”，出卖个山珍野味，毛皮药材，都要脑后长双眼睛，留心风吹草动。粮食、茶油、花生、黄豆、棉花、苎麻、木材、生猪、牛羊等等，称为国家统购统销的“三类物资”，严禁上市。至于猪肉牛肉，则连社员们自己一年到头都难得沾几次荤腥，养的猪还在吃奶时就订了派购任务，除非瘟死，才会到圩场上去卖那种发红的“灾猪肉”。城镇人口每人每月半斤肉票，有时还要托人从后门才买到手。说来有趣，对于这种物资的匮乏、贫困，报纸、《参考消息》则来宣传现代医学道理：动物脂肪胆固醇含量高，容易造成动脉硬化、高血压、心脏病，如今一些以肉食为主的国家都主张饮食粗淡，多吃杂粮菜蔬，植物纤维对人体有利。红光满面不定哪天突然死去，黄皮寡瘦才活得时月长久，延年益寿……”（P194）

一镇虽小，却再现历史，展现政治时代的跌宕起伏。

参考文献

[1] 古华．芙蓉镇［M］．北京：人民文学出版社，1981.

[2] 雷达．一卷当代农村的社会风俗画——略论《芙蓉镇》［J］．当代，1981（3）.

[3] 李兆忠．中国当代文学的一个突破——重读《芙蓉镇》［J］．理论导刊，2009（10）：115－117.

[4] 颜敏．论《芙蓉镇》［J］．文艺争鸣，2009（10）：142－151.

[5] 陈思广．政治风云·乡土人情·艺术品格——论《芙蓉镇》的经典意义［J］．湖南人文科技学院学报，2013（3）：89－93.

[6] 袁媛．浅析《芙蓉镇》中的“新时期”人性论［J］．兰州教育学院学报，2014（11）：19－20.

[7] 李云娟．论《芙蓉镇》中秦书田人物形象的现实意义［J］．现代妇女旬刊，2014（4）：286.

[8] 张启才．从人物看古华《芙蓉镇》的反思意识［J］．安徽文学，2009

(8)：207 - 209.

[9] 廖四平.《芙蓉镇》综论 [J]. 渤海大学学报（哲学社会科学版），2010 (3)：42 - 48.

[10] 彭念慧. 人性的挣扎与历史的反思——读古华小说《芙蓉镇》[J]. 戏剧之家，2013 (7)：329.

[11] 董正宇. 传统的承续与超越——重评古华《芙蓉镇》[J]. 名作欣赏，2008 (12)：93 - 96.

[12] 陈茜. 论《芙蓉镇》的传统 [J]. 海南师范大学学报（社会科学版），2011 (6)：69 - 74.

[13] 农莉芳，李蔚松. 愚昧时代扭曲的灵魂——论《芙蓉镇》中的李国香 [J]. 广西教育学院学报，2005 (6)：125 - 127.

[14] 黄伟林. 国家意志对人物性格的决定——重评古华长篇小说《芙蓉镇》[J]. 海南师范学院学报（社会科学版），2005 (3)：63 - 67.

[15] 费正清，罗德里克·麦克法夸尔. 剑桥中华人民共和国史（1949 ~ 1965）[M]. 上海：上海人民出版社，1991.

三、风起云涌

——从长篇小说《芙蓉镇》看湘南小镇政治

黎志远（2014级本科生）

古华是湘南一带的一位乡土作家，在他创作的许多作品中，都孕育着浓郁的悲剧色调，本文主要参考古华代表作《芙蓉镇》，这部作品生动而具体地描绘了整个“文革”的历史过程。他对在“文革”中受迫害的人们给予了深切的关怀，呈现出悲悯而感伤的情怀，并进而对这段特殊历史寄予更深刻的谴责和批判。古华在一幕幕惨烈的景象中表达了对这段历史的痛诉，并昭示了人们对美好社会的向往和期待。

（一）作者简介

1. 作者经历

古华，原名罗鸿玉，电影编剧、作家。原湖南省作协副主席，1942年生于湖南嘉禾县石桥镇二象村。古华在乡间放牛的山间小道上走过自己的童真少年。他的家乡嘉禾是著名的“民歌之乡”，那些充满着痛苦、忧伤、欢乐和憧憬的民歌，给了古华最初的艺术熏陶。古华1962年从农业专科学校毕业后，作为农业工人和农村技术员，在五岭山区一小镇旁生活了14年，劳动、求知、求食，并身不由己地被卷进各种各样的运动洪流里，经历时代风云变幻、大地寒暑沧桑。遥远的古老山区小镇，苍莽的林区四时风光，淳朴的民风，石板街、老樟树、吊脚楼、红白喜庆、鸡鸣犬吠……对古华都有一种古朴的吸引力和历史的亲切感。古华的少年时期遭遇了中国历史上

悲惨的“文革”。在这场闹剧中，他亲眼看到了社会的动荡、秩序的颠覆和民生的疾苦，并且自己的人生经历也受到了“文革”的严重影响，不能正常地接受教育，人生路途充满了崎岖。这些无常的社会现象在古华的脑海中形成了巨大的冲击，促使他用自己的笔触把它们描写出来，宣泄积压在心中的抑郁，抨击“文革”社会的荒谬。❶

2. 作品特征

“古华独特的童年生活和人生经历，使得他过早地接触到了湘南下层民众生命的苦难和生活的艰辛，加深了对生活的感悟，这些源自真实生活和鲜活生命本身的体验，在古华头脑中留下了极为深刻的印象，形成了他敏感、情绪化、重视体验和感悟的思维方式，造成他心理上的早熟，在内心的潜意识深处，充满了对湘南下层芸芸众生的关爱和同情，也使得古华更多从悲剧的角度、用悲悯的心态来关照和理解湘南平常人事中的悲哀。”❷ 在《芙蓉镇》这部作品中，他重点叙写了“文革”时期社会的混乱，人们在种种的生活磨难面前呈现出来的世态百相，整个作品的基调渲染了“文革”时期的悲剧社会和人生的惨烈，包含了作者对于悲剧社会的痛心，对于悲剧人生的同情，对于未来生活的美好信念。我们可以明显地看出其中蕴藏着悲剧意识，古华用自己的文字真实地记录了那段让人揪心的历史，最重要的是希望通过对社会、人生悲剧及其悲剧意识的描写让人们警记“文革”的悲惨历史，历史不能被覆蹈，美好的社会应该时刻旋绕在我们的生活中。❸

---

❶ 杨晶．古华和他的语言世界——长篇小说《芙蓉镇》新解［J］．名作欣赏，2011（21）：14－15.

❷ 李玲．古华小说的悲剧意识［D］．杭州：浙江大学，2007.

❸ 颜敏．论《芙蓉镇》．文艺争鸣，2009（10）：142－151.

3. 获奖分析

任何文学评奖，首先都会遇到一个异常敏感的问题，即是否有权力干预。在大多数人看来，权力干预不仅会破坏“游戏规则”，使参与者无法公平竞争，而且还会推毁整个社会对文学评奖的信心和热情，文学评奖成为有计划的权力角逐和文化资源分配，不过是一场无意义的闹剧而已，对真正的文学繁荣则无济于事。作为文学最高奖的茅盾文学奖也并非是“民间的”或者“纯文学”，它的“半官方”身份使它受着国家意识形态、文化政策及当前主流政治等因素的深刻制约，特别是明确的“社会主义文学”性质、以“马列主义、毛泽东思想、邓小平理论”为指导，特别重点关注“深刻反映现实生活，较好地体现时代精神和历史发展趋势，塑造社会主义新人”。[1] 1978 年12 月18 日至22 日召开的十一届三中全会，是中华人民共和国成立以来中国共产党历史上具有深远意义的伟大转折，开启了改革开放的序幕。党掌握了拨乱反正的主动权，有步骤地解决了中华人民共和国成立以来的许多历史遗留问题和实际生活中出现的新问题，进行了繁重的建设和改革工作，使国家在经济上和政治上都出现了很好的形势。[2] 长篇小说《芙蓉镇》荣获 1982 年“第一届茅盾文学奖”，揭露了“左倾”思潮的危害，歌颂了党的十一届三中全会路线的胜利。

（二）人物关系

1. 主要人物

胡玉音是小说的焦点人物，可以说整篇小说就是由她的命运遭遇，与围绕着她而交织的各类人物的命运网络所构成的。她与秦书

[1] 任美衡．茅盾文学奖研究［D］．兰州：兰州大学，2007.

[2] 胡绳．社会主义和资本主义的关系：世纪之交的回顾和前瞻——纪念党的十一届三中全会召开二十周年［J］．中共党史研究，1998（6）：1－2.

田的坎坷人生，真实而生动地表现出特定的极“左”年代无辜平民及知识分子的苦难命运及其社会缘由。胡玉音貌美肤白、内心善良，被人们称为“芙蓉仙子”。她本与黎满庚青梅竹马，却因为父母的成分问题而使俩人的爱情花蕊枯萎了。她把这一切归为命定。老实巴交的黎桂桂入赘后，她和丈夫相亲相爱，在镇上经营米豆腐摊子，希望靠自己的双手走上致富的道路。❶

黎桂桂是个听从本能驱使的老实人，他爱自己的妻子，他热爱生活，虽然木讷老实，缺少思考问题做决定的主见，但也不乏鱼死网破的勇气。

谷燕山是个参加过革命战争的老兵，为新中国的成立立下汗马功劳，但他却是一个失去了生育能力的老干部。即使这样的人，在运动中也不能幸免。残废军人的身份虽然为其谋得了一张“护身符”，但是运动的开展却让他的内心不能平静。

黎满庚自小就跟胡玉音青梅竹马，真心相爱，只因胡玉音家庭出身不好，组织不允许而俩人未能结合在一起，为此，黎满庚发誓一辈子要保护胡玉音。然而，残酷的阶级斗争终于迫使黎满庚背叛了他的誓言。

秦书田原本是县歌舞团的编导，1957 年因编演大型风俗歌舞剧《喜歌堂》和发表推陈出新反封建的文章而被打成“右派”。政治运动扭曲了他的性格，而生存的信念支撑着他孤独痛苦的灵魂，一个富有才气的知识分子被剥夺了独立的意志，被阉割了自由的灵魂。❷在那个混乱的年代，他用自己的乐天达观演绎了那个年代的生死观——“活下去，像牲口一样地活下去”。这仿佛已经成为他的写照。但是，这种畸形的心理，却是那个年代里的典型。❸

---

❶ 李征梦．一幅真切的乡村风云画卷——浅析古华《芙蓉镇》的真善美［J］．文教资料，2014（12）：8－9.

❷ 李云娟．论《芙蓉镇》中秦书田人物形象的现实意义［J］．现代妇女旬刊，2014（4）：286.

❸ 杨慧．“真假疯人”的癫狂表演——解读《芙蓉镇》的政治叙事学［J］．沈阳工程学院学报（社会科学版），2005（1）：90－92.

李国香作为国营食堂的经理，看到胡玉音的米豆腐摊子生意红火，男性顾客对胡玉音的爱慕和欣赏，嫉妒愤恨其美貌、善良和幸福的家庭。再加上那个特殊年代里社会环境对人性灵魂的压抑，她的内心开始变态扭曲。[1]

王秋赦是个雇农，也是个不知父母出处、没有任何亲戚关系的孤儿。他好逸恶劳，好吃懒做。他唯一的梦想就是："一年划一回份，一年搞一次土改，一年分一回浮财。"按理说这样的人在任何正常的社会都是不可能生存下去的，他的想法也无异于痴人说梦。但是，命运恰巧垂青于他，他的梦想在那个特殊的年代实现了。

2. 人物关系

小说《芙蓉镇》中主要人物具体关系见图 3－1，每个人物都具有其象征意义。胡玉音、黎桂桂代表着辛苦劳作期盼幸福生活的人民群众。王秋赦代表着基层群众中好吃懒做的投机分子。秦书田代表着被迫害的知识分子。谷燕山代表着以刘、邓为首的清醒的共产主义领导者。黎满庚代表着当时的大多数未被迫害的共产主义者，迫于当时形势不得已做了一些错事，但内心仍然渴望正义的回归，光明的来临。杨民高、李国香（江青等"四人帮"）代表着见风使舵、没有原则的"当权派"。

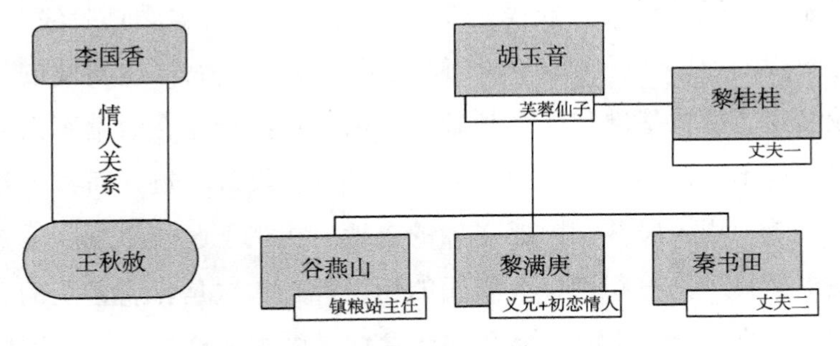

图 3－1　小说《芙蓉镇》人物关系示意图

---

[1] 张启才．从人物看古华《芙蓉镇》的反思意识［J］．安徽文学月刊，2009（8）：207－209．

（三）制度变迁

1. 土地改革时期（1947—1952 年）

小说《芙蓉镇》第一章是发生在土地改革时期的故事。中华人民共和国成立前，半殖民地半封建的旧中国仍维持着封建的土地制度，占农村人口不到 5% 的地主、富农占有着 50% 的土地。他们凭借占有的土地残酷地剥削和压迫农民。而占农村人口 90% 的贫农、雇农和中农，却只占有 20% ~30% 的土地。他们终年辛勤劳动，受尽剥削，生活不得温饱。这种封建土地制度严重阻碍着农村经济和中国社会的发展。中华人民共和国成立后，占全国三亿多人口的新解放区还没有进行土地改革，广大农民迫切要求进行土地改革，获得土地。土地改革的完成，彻底摧毁了我国存在的两千多年的封建土地制度，地主阶级也被消灭；农民翻了身，得到了土地，成为土地的主人；土地改革解放了农村的生产力，极大地提高了农民的生产积极性，为农业生产的发展和国家财政经济状况的根本好转创造了条件；土地改革进一步巩固了工农联盟和人民民主专政；农业生产的发展为工业生产的发展提供了充分的原料和广阔的市场，为国家工业化开辟了道路。国共对峙时期的土地改革叫作“土地革命”，口号是打土豪分田地，农民翻身当家做主人，其实质是阶级斗争，废除封建剥削，开展土地革命，对毛泽东关于“农村包围城市”的理论奠定了物质基础和群众基础。国民党和共产党在激励军人方面采取的是不一样的方法，国民党是通过直接发放军饷，而共产党是承诺给予中华人民共和国成立后的土地，相当于股权激励。土地改革使中国共产党得到了广大农民的积极拥护，这是毋庸置疑的。如果中国官方否定了土改，那么共产党领导中国的合法性是受到质疑的，因此作家古华在这个问题上内心也产生了矛盾与冲突。

通过小说中第一章第六节的描写，可以看出古华对土地改革的态度不明确，一方面，他表示出对王秋赦这类人的批判，否定了土改；另一方面，他又通过描写其他土改根子在土改后通过辛苦劳作致富而肯定了土改的作用。不合理的土地分配制度，以及与此扭结的租佃关系、雇佣关系、借贷关系，是导致贫富差异、阶级差别和农民生活困苦的重要源头。新的研究表明，旧中国地权分配与剥削关系并非像以前所说的那样严重，地租率不是占农民收入的百分之七八十以上，而是长期维持在50%左右。不仅如此，传统上地主与村民的关系并不像革命者所描述的那样紧张。[1] 历史表明，所谓横行乡里、作恶多端的地主毕竟是少数，大量在现实和具体生活中的农民面对更多的可能并非这种恶霸，或者说碰上恶霸的概率并没有与碰上平平常常的富人那么高。[2] 北京大学中国社会科学调查中心发布了《中国民生发展报告2014》。该报告称，中国的财产不平等程度在迅速升高：1995年我国财产的基尼系数为0.45，2002年为0.55。2012年我国家庭净财产的基顶端1%的家庭占有全国1/3以上的财产，底端25%的家庭拥有的财产总量仅占1%左右，基尼系数达到0.73。而土改时，农村人口不到5%的地主、富农，占有着50%的土地。相对于现在，当时的基尼系数应该低多了。在农村广泛进行的土改中，至少有200万以上的地主被批斗，这个批斗的合理性是有待商榷的。

2. 四清运动时期（1963—1966年）

小说《芙蓉镇》第二章是发生在“四清”运动时期的故事。1959年，毛泽东退居二线，由刘少奇主持大局。由于“大跃进”的错误，国家经济出现了严重的危机，因此中央召开“七千人大会”总结工作，但毛泽东和刘少奇之间的分歧依然难以消除。刘少奇突破了毛泽东对形势的看法（九个指头和一个指头的关系），认为是

[1] 曾耀荣．误读富农：中共在近代土地革命中打击富农的主要因素［J］．史学月刊，2013（6）：102－112.

[2] 李金铮．土地改革中的农民心态：以1937—1949年的华北乡村为中心［J］．近代史研究，2006（4）：76－94.

“三个指头”和“七个指头”的关系，并得出了“三分天灾，七分人祸”的结论。1962年经中央讨论，刘少奇制定了一系列经济调整政策，并向毛泽东做了汇报，毛泽东很不满，质问刘少奇：“你急什么？压不住阵脚了？为什么不顶住？”于是刘少奇也激动了，他说：“饿死这么多人，历史要写上你我的，人相食，要上书的！”[1] 由此可以看出，当时中国人民生活的惨烈，而“四清”运动正是为了平息人民群众的不满而开展的。

“四清”运动是介于“大跃进”与“文革”之间的一场政治运动，其起因与“大跃进”时期基层干部的恶劣行为有关。在这场运动中，大批农村基层干部受到冲击，同时也让饱受疾苦的农民出了怨气。“四清”运动中重新划分成分的做法，在扩大打击面的同时，也消除了一些潜在的反对力量。“四清”运动的矛头主要是对准农村干部，其目的是加强中央对农村的控制，其潜在的作用是平息农民对“大跃进”和困难时期的不满。“四清”运动前，毛泽东与刘少奇就对一些问题的看法存在分歧，随着“四清”运动的开展，俩人的矛盾也逐渐增多并公开化，这些分歧对毛泽东的思想变化、刘少奇的命运，以及后来社会主义的进程都产生了重大的影响，成为“文革”的一个重要诱因。小说中通过对胡玉音等人悲惨境遇的描写（胡玉音夫妇辛苦劳作却被划成富农，谷、黎二人一心为人民服务却被打击），表达了对“四清”运动的批判。

3. “文革”时期（1966—1976年）

小说《芙蓉镇》第三章是发生在“文革”时期的故事。“文革”全称“无产阶级文化大革命”，是一场由毛泽东发动，被反革命集团利用，给党、国家和各族人民带来严重灾难的内乱。1966年5月至1976年10月发生的“文革”，使党、国家和人民遭到中华人民共和国成立以来最严重的挫折和损失。《炮打司令部》是1966年8月5

---

[1] 郭德宏．四清运动实录［M］．杭州：浙江人民出版社，2005．

日毛泽东在中南海大院内张贴的一张大字报的标题，标题全文为《炮打司令部——我的一张大字报》。虽然毛泽东在这张大字报里没有指名道姓，但在当时的历史条件下，锋芒所向，不言而喻就是炮轰时任中华人民共和国主席刘少奇和中共中央总书记邓小平，主要是刘少奇。“文革”是由毛泽东发动和领导的，出发点是防止资本主义复辟、维护党的纯洁性和寻求中国自己的建设社会主义的道路。但他当时对党和国家的政治状况的错误估计，已经发展到非常严重的程度。他认为党中央出了修正主义，党和国家面临资本主义复辟的现实危险，只有采取断然措施，公开地、全面地、由下而上地发动广大群众，才能揭露党和国家生活中的阴暗面，把所谓被走资派篡夺了的权力夺回来。[1] 这场“大革命”之所以冠以“文化”二字，是因为它是由文化领域的“批判”引发的。

在“文革”期间，芙蓉镇上每隔两个铺面就是一条仿宋标语：“兴无灭资”“农业学大寨”“保卫四清成果”“革命加拼命，拼命干革命”“万岁、万岁、万岁！”人与人之间的关系也变得政治化，在街头、街中、街尾三处设“检举揭发箱”。原先的“我为人人、人人为我，变成了人人防我，我防人人”。人们的阶级阵线分明，进行政治排位，将人分为三六九等。街坊邻居吵嘴，都要先估量一下对方的阶级高下，自己的成分优劣。小说中有这样的描述：李国香说，“来几个民兵！拿铁丝来！把富农婆的衣服扒光，把她的两个奶子用铁丝穿起来！”（P157－158）胡玉音发育正常的乳房，女性赖以哺育后代的器官，究竟被人用铁丝穿起来没有？读者不忍看，笔者不忍写。反正比这更加原始酷烈的刑罚，都确实曾经在20世纪60年代中下叶的中国大地上发生过。这是人性的泯灭，道德的沦丧，人间已经沦为地狱！“文革”是建立在对毛泽东的个人崇拜之上的，当整个国家被一个人的意志所操控时，对广大人民群众来说是极为可

[1] 曾锐．中国共产党正确处理人民内部矛盾理论发展研究［D］．长沙：湖南师范大学，2014．

怕的。❶

4. 党的十一届三中全会时期（1978 年末）

小说的第四章是发生在党的十一届三中全会左右的故事。党的十一届三中全会中，是中国共产党根据国内外形势及我国文化发展环境的变化，立足于当代中国的基本国情和文化建设的具体实践，坚持把马克思主义文化理论与新时期我国文化建设的实际相结合，对我国新时期文化建设进行了可贵探索，制定并不断丰富和发展了新时期中国文化的发展战略，为我国的发展指明了正确的方向。党的十一届三中全会结束了粉碎“四人帮”之后两年中党的工作在徘徊中前进的局面，实现了中华人民共和国成立以来党的历史的伟大转折。❷ 这个伟大转折，是全局性的、根本性的。被诬陷的人得到平反，以王秋赦为代表的恶势力被铲除。吊脚楼塌了，象征着投机分子、两面三刀的党内毒瘤彻底被打垮，黑暗退去，光明来临。

古华笔下的李国香，实际上是当代的吕雉、芙蓉镇的江青，是一个有民愤、有罪行、有血债的刽子手，就是这样一个论才没才，论德没德，只有阴谋，只有手段的荡女淫妇，在“文革”中，她的官欲不断得到满足。在打倒“四人帮”以后，由于裙带关系的庇护，不仅她的罪行没有给予追究，而且她还作为一个在“文革”遭受迫害的好干部，被提拔到县委副书记的领导岗位上。古华对十一届三中全会所取得的成果给予了高度的肯定，对一些政治投机分子没有得到惩罚反而受到了晋升也表示了遗憾，进行了讽刺。小说的最后一节表达了作者对新中国的未来充满了期待，但是也表达了担忧，如小说中有这样的描述：“文化大革命，五六年就要来一次呀！”（P194 – 196）

芙蓉镇的悲剧性产生于小人物或为民请命者与国家意志的冲突，

---

❶ 吴欣．《芙蓉镇》：疯狂时代的人性拷问［J］．电影评介，2016（6）：24 – 26.

❷ 何敬文．中国共产党为促进社会和谐而进行的探索——以党的十一届三中全会为起点［J］．中共天津市委党校学报，2008（4）：3 – 8.

国家根据既定的政治理想为农民制定了生产生活方式，制定了改造农民的方针与计划，但农民要坚持自己原有的或已经选定的生产生活方式，于是冲突在所难免。在冲突的矛盾统一体中，国家是处于支配地位的矛盾方面，因而农民的悲剧在所难免。古华的社会悲剧描写将这种冲突转换成人与人之间的伦理道德冲突，或者国家意志执行者的私欲与平民的生活愿望的冲突。❶ 小说中唯一没有污点的人是谷燕山，他内心明察如镜，一直保持着正直的灵魂，象征着无私的共产主义者。但是他不是一个正常人，他没有性能力，古华的这种背景安排值得我们深思。❷ 在这部不长的作品中，古华描述了中华人民共和国成立以来所走过的每一个艰难脚印：1956 年的“反右”、1958 年的“共产风”、三年困难时期、“四清”运动、“文革”和党的十一届三中全会。这从中让人们看到了一个个所谓的政治家们那狂热的头脑、辛辣的手段和虚伪无知的本质，以及广大平民百姓那阴暗的灵魂，卑微的身世和受尽折磨的凄凉。一个小小的芙蓉镇却向我们清晰地展现了一段曲折的中华人民共和国发展史。

《芙蓉镇》是一部小说，但是它更像是史书，像一本政治评论史。

参考文献

[1] 张启才．从人物看古华《芙蓉镇》的反思意识［J］．安徽文学月刊，2009（8）：207－209．

[2] 杨慧．“真假疯人”的癫狂表演——解读《芙蓉镇》的政治叙事学［J］．沈阳工程学院学报（社会科学版），2005（1）：90－92．

[3] 任美衡．茅盾文学奖研究［D］．兰州：兰州大学，2007．

[4] 李玲．古华小说的悲剧意识［D］．杭州：浙江大学，2007．

[5] 章艳丽．真实与丑陋——电影《芙蓉镇》中的“性”元素［J］．当代小

❶ 李玲．古华小说的悲剧意识［D］．杭州：浙江大学，2007．

❷ 章艳丽．真实与丑陋——电影《芙蓉镇》中的“性”元素［J］．当代小说，2009（10）：38－39．

说，2009（10）：38－39.

[6] 吴欣．《芙蓉镇》：疯狂时代的人性拷问［J］．电影评介，2016（6）：24－26.

[7] 颜敏．论《芙蓉镇》．文艺争鸣，2009（10）：142－151.

[8] 李征梦．一幅真切的乡村风云画卷——浅析古华《芙蓉镇》的真善美［J］．文教资料，2014（12）：8－9.

[9] 李云娟．论《芙蓉镇》中秦书田人物形象的现实意义［J］．现代妇女旬刊，2014（4）：286.

[10] 杨晶．古华和他的语言世界——长篇小说《芙蓉镇》新解［J］．名作欣赏，2011（21）：14－15.

[11] 曾锐．中国共产党正确处理人民内部矛盾理论发展研究［D］．长沙：湖南师范大学，2014.

[12] 李金铮．土地改革中的农民心态：以1937—1949年的华北乡村为中心［J］．近代史研究，2006（4）：76－94.

[13] 何敬文．中国共产党为促进社会和谐而进行的探索——以党的十一届三中全会为起点［J］．中共天津市委党校学报，2008（4）：3－8.

[14] 胡绳．社会主义和资本主义的关系：世纪之交的回顾和前瞻——纪念党的十一届三中全会召开二十周年［J］．中共党史研究，1998（6）：1－2.

[15] 郭德宏．四清运动实录．杭州：浙江人民出版社，2005.

[16] 曾耀荣．误读富农：中共在近代土地革命中打击富农的主要因素［J］．史学月刊，2013（6）：102－112.

四、湘烟渺渺

——从小说《芙蓉镇》观湖湘文化演变

张杰雅（2014 级本科生）

长篇小说《芙蓉镇》的作者古华是湖南嘉禾县人，电影编剧、作家，原湖南省作协副主席。古华的作品以描写湘地风情见长，主要有长篇小说《山川呼啸》《芙蓉镇》，中、短篇小说集《爬满青藤的木屋》《金叶木莲》《礼俗》《姐姐寨》《浮屠岭》《贞女》等。其中，长篇小说《芙蓉镇》获“首届茅盾文学奖”，《爬满青藤的木屋》获全国优秀短篇小说奖。芙蓉镇因湖塘里遍种水芙蓉而得名，小说展示了一个具有湖湘风情的小城镇。

图 4－1　水墨芙蓉镇

图片来源：http：//www. daimg. com/photo/201204/photo_ 10740. html.

（一）湖湘文化影响下的创作情怀

长篇小说《芙蓉镇》是古华的代表作，深受湖湘地域文化影响，其艺术创作浸润着浓郁的湖湘文化色彩。湖湘文化作为一种地域文化，以其特有的文化特征深层次地影响着生活于其中的各族人民，湖湘文化是湖湘各族人民民风民俗、社会心态的反映。湖湘文化形成了比较稳定的文化特质，如独具特色的湖湘风俗民情、忧国忧民的爱国情怀、经世致用的朴实学风以及上下求索的哲理思维等。

湖湘文化以其悠久的文化历史，浸润其中的不同时代的人们表现出了“忧国忧民”“经世致用”的精神，如屈原、蔡伦、贾谊等。同样，受到湖湘文化影响的古华也具有这种心系苍生、国家的倾向，他通过文学作品表现了自己的历史意识，即对国家、社会、政治的历史反思。作者在《芙蓉镇·后记》中解释了《芙蓉镇》的创作追求：“……尝试着把自己二十几年来所熟悉的南方乡村里的人和事，囊括、浓缩进一部作品里，寓政治风云于民俗民情图画，借人物命运演乡镇生活变迁，力求写出南国乡村的生活色彩和生活情调来。”

《芙蓉镇》属于“反思文学”，小说一共四章，每一章反映一个年代，小说以 1963 年、1964 年、1969 年和 1979 年四个具有特殊意义的年代为背景。四个年代都在中国发展史上有着特殊意义。它以湖南一个三省交界的偏僻小镇———芙蓉镇为舞台，通过胡玉音、秦书田、王秋赦等人物近 20 年来的颠沛沉浮，揭示了历史的曲折进程，彻底否定了极“左”路线，表明了党的十一届三中全会以后拨乱反正、正本清源是大势所趋，人心所向，宣告了“一个可悲可叹的时代”彻底终结。不管其有意还是无意，小说在一定程度上反映了作者站在一定的立场和角度上，对中国历次运动中存在的悲剧和悖谬现象进行的历史反思。小说《芙蓉镇》具有浓郁的湖湘文化色彩，不仅体现在社会群体的文化性格、日常语言、民风民俗上，而且还表现在古华忧国忧民的创作情怀上。李阳春就曾说过：“湖湘文化沉淀在他的性格气质中，流淌在他的精神血脉里。他的小说，无论是环境气氛的烘托还是色彩情调的布局，都和湖湘文化有关。如果离开了湖湘文化，古华的创作将会成为空中楼阁。”因此湖湘文化已成为他的一种文化精神，影响了古华的艺术创作、审美价值❶。

（二）湖湘文化观照下的芙蓉镇

在小说《芙蓉镇》里，湖湘文化渗透在社会群体和社会生活的方方面面。古华在小说中描写的芙蓉镇社会群体印有明显的湖湘文化品格，具体表现是小城镇的群体具有重情重义、勤勉朴实、自强不息等特点，每个具体人物又有着不同的体现。

1. 从主要人物看湖湘文化

女主人公胡玉音身上散发着湖湘文化的独特韵味，有着湘女的柔美和刚强。她温柔善良，大家都称之为“芙蓉姐子”，她的米豆腐摊子也以“和气生财”为宗旨，她以温柔、亲切的态度对待所有的顾客，无论是“北方大兵”古燕山、“铁帽右派”秦书田，还是“吊脚楼主”王秋赦等都喜欢在她的摊子上吃米豆腐，足见她的柔美❷。不仅如此，胡玉音还是一个外柔内刚的女子，小说中有这样一个细节，当胡玉音的新屋建成后，李国香的到来和问责使夫妇俩战战兢兢。但丈夫桂桂卖屋的懦弱想法使胡玉音非常恼怒，她拿起锅勺就朝黎桂桂的额头戳去，并说道：“你这没出息的东西……我们起早贪黑累死累活的，我们剥削了谁？我们犯了什么法？”（59－61）等心情平静后，她发现黎桂桂受了伤，便又开始心疼他。这些富有特色的动作和对白充分显现了她外柔内刚、外和内强的性格。当然在胡玉音身上还体现着湖湘文化中的巫风色彩，在她内心中充斥着封建迷信，多年的不孕使她相信自己是“克夫克子”，有着不好的命运，此外她对现实的无力反抗，一味忍受，都和湖湘文化崇神信巫的传统有很大关系❸。

---

❶ 李阳春．湖湘文化与古华的小说创作［J］．牡丹江大学学报，2011（5）：50－52.

❷ 张启才．从人物看古华《芙蓉镇》的反思意识［J］．安徽文学，2009（8）：207－209.

❸ 李阳春．湖湘文化的影像书写——以电影《芙蓉镇》为例［J］．重庆科技学院学报（社会科学版），2013（6）：131－132.

“北方大兵”谷燕山是镇粮站的主任，为人忠厚朴实，很有人缘，男女老少都把他视为领导，这里借小说中一句话来评价他：“老谷的存在对本镇人的生活，起着一种安定、和谐的作用。”谷燕山重情重义，他对胡玉音有着特殊的照顾。在特殊时期，他不顾会受牵连的危险帮助胡玉音接生，帮她度过了危险期，在谷燕山的身上凝聚着重情重义的精神。

“铁帽右派”秦书田，人称“秦癫子”，他的种种“疯癫”行为都是湖湘精神“吃得了苦、耐得了烦、霸得了蛮”的“骡子脾气”的写照。表面上他看起来唯唯诺诺、自轻自贱，还积极承认自己是“坏分子”的反动身份，自编《五类分子之歌》，自嘲和胡玉音是“两个狗男女、一对黑夫妻”（151），能为了一碗饭而跳“黑鬼舞”等，种种表现都显示了秦书田疯子般的行为，但深究其内心深处却充满了对生活的挚爱，他是以自己独特的方式来缓解内心的痛苦。就像他被判了十年刑后，告诉胡玉音要“像牲口一样地活下去”（158）一样，他一直坚韧地苟活着，他的身上始终映照着湖湘文化坚忍执着、自强不息的精神❶。

2. 从民风民俗看湖湘文化

小城镇里的民风民俗描写，是最能展示地域文化特色的，它具有极大的社会张力，几乎浸润在政治、经济、文化和日常生活等各个方面，是社会生活中的重要部分。首先是对日常生活的一段描写：“十几家铺子、几十户住家紧紧夹着一条青石板街。（见图4－2、图4－3）铺子和铺子是那样的挤密，以至一家煮狗肉，满街闻香气；以至谁家娃儿跌跤碰脱牙、打了碗，街坊邻里心中都有数；以至妹娃家的私房话，年轻夫妇的打情骂俏，都常常被隔壁邻居听了去，传为一镇的秘闻趣事、笑料谈资。偶尔某户人家弟兄内讧，夫

❶ 李阳春．湖湘文化的影像书写——以电影《芙蓉镇》为例［J］．重庆科技学院学报（社会科学版），2013（6）：131－132．

妻斗殴，整条街道便会骚动起来，人们往来奔走，相告相劝，如同一河受惊的鸭群，半天不得平息（2）。”从这一段描写可以看出小镇上日常生活的宁静安逸，以及人际关系的融洽。

图4－2　芙蓉镇现实

图4－3　芙蓉镇白描

图4－2图片来源：http：//lingchuan. guilinlife. com/n/2013－10/01/252. shtml.

图4－3图片来源：http：//photo. blog. sina. com. cn/photo/408666adt8add13b410c3.

第二个片段是描写了当地居民互赠吃食的习惯。“一年四时八节，镇上居民讲人缘，有互赠吃食的习惯。农历三月三做清明花粑子，四月八蒸莳田米粉肉，五月端午包糯米粽子、喝雄黄艾叶酒，六月六谁家院里的梨瓜、菜瓜熟得早，七月七早禾尝新，八月中秋家做土月饼，九月重阳柿果下树，金秋十月娶亲嫁女，腊月初八制‘腊八豆’，十二月二十三日送灶王爷上天……构成家家户户吃食果品的原料虽然大同小异，但一经巧媳妇们配上各种作料做将出来，样式家家不同，味道个个有别，最乐意街坊邻居品尝之后夸赞几句，就像在暗中做着民间副食品展览、色香味品比一般（2）。”这些都进一步揭示了小镇民风的淳朴和当地的地域风味十足。

不仅如此，民俗还影响着生活于其中的人们。比如民歌《喜歌堂》是中华人民共和国成立前妇女中盛行的一种风俗歌舞。首先，《喜歌堂》以民俗的身份作为小镇生活文化的一部分，已经融入了人们的日常生活中，以人们习以为常的方式在人们生活中得以表现和构成，《喜歌堂》这一意象是民风民俗的具体体现，真实地反映了当地的风俗习惯。其次，它贯穿于胡玉音和秦书田的一生命运中。《喜歌堂》以不同的特点在他们的人生中出现了四次，而《喜歌堂》在不同阶段的特点是由政治决定的，或是妙趣横生的民歌或是反动歌曲，《喜歌堂》的每一次出现都是他们命运的转折点❶。从《喜歌堂》在小说中出现的情形看，《喜歌堂》不仅与胡玉音、秦书田的命运紧密相连，而且还表现了这个小镇的民俗风情❷。

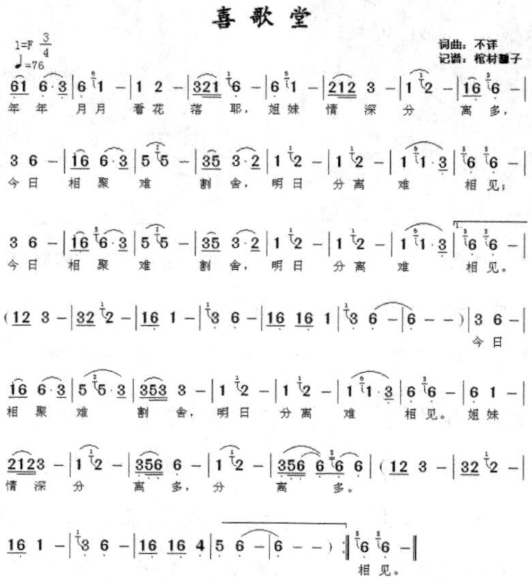

喜歌堂

1=F 3/4
♩=76

词曲：不详

年年月月看花落耶，姐妹情深分离多，
今日相聚难割舍，明日分离难相见；
今日相聚难割舍，明日分离难相见。
今日
相聚难割舍，明日分离难相见。姐妹
情深分离多，分离多。
相见。

图4-4 喜歌堂

图片来源：http：//www. qupu123. com/jipu/p96546. html.

（三）湖湘文化映射下的民居文化

湖南传统民居，在温和湿润的气候条件下，山清水秀的自然环境之中，培育成长，经历了数千年的劳动锤炼和生活选择，留存至今，莫不反映其时代特征、地方特点和民族习俗等建筑文化特色❸。

---

❶ 张启才．从人物看古华《芙蓉镇》的反思意识［J］．安徽文学，2009（8）：207－209.

❷ 李阳春．湖湘文化与古华的小说创作［J］．牡丹江大学学报，2011（5）：50－52.

❸ 胡彬彬．湖湘文化的建筑情怀［N］．湖南日报，2005－10－08（C02）.

"一方风土造就一方文化。"湖南民居不同于北方民居，显得较为轻巧、通透；也不同于江南沿海地区民居，而较为朴实、粗犷。在湖南，又由于城乡之间、贫富之间、地区之间、民族之间所形成的种种差别，呈现出传统民居的千姿百态、丰富多彩的风貌❶。

1. 汉族民居

汉族人口占湖南全省人口的92.5%，分布全省各地，具有共同的生活习俗，其民居形成了基本相同的建筑特点。汉族的民居文化在历史的演变与发展中，主要受到了两种文化的影响：一是中小说中化。由于中小说中化的长期影响，封建礼教的严重束缚，形成高下有等、内外有别和长幼有序，以及中为尊、东为贵、西次之、后为卑等礼仪制度❷。因此反映在住宅中是以堂屋为中心，正屋为主体，中轴对称，厢房、杂屋均衡扩展，天井院落组合变化的基本格局；二是宗族文化。由于宗族观念的深刻影响，农耕社会的封闭特点，以及举族迁移开拓等历史原因，湖南聚族而居，形成村落，较为普遍。宗族村落，有以地主大宅，或祠堂等公共建筑为主体或中心，毗连扩展，甚至全村紧密联系，形成庞大的建筑群体。在湖南省内由于地域性差异建筑形式也有所差异。

湘中属于丘陵地带，人口密度较大，用地紧张，居住较为密聚毗连，村落利用坡地，无一定格局。由于红壤土质较好，多采用少加粉饰的上坯墙，或筑上墙承重，既节约木材，经济易行，又具有冬暖夏凉效果，适于地区冬夏温差较大的气候条件。又因雨水较多，悬山挑出较大，前檐多有柱廊，后檐低矮，以利保护上墙，和争取冬季阳光及夏季穿堂风，主体与较低的厢房、毗连搭接，显露山口，构成生动轻巧的造型特色，其他青砖墙、卵石墙、竹编粉壁也多应用。毛泽东主席故居就是湘中地区民居的典型代表，见图4-5、图4-6。

---

❶ 吴志强．湖湘传统民居文化在湖南省住宅小区建设中的运用研究［J］．艺苑长廊，2011（5）：46-47.

❷ 龙湘平．湘西民族工艺文化［M］．沈阳：辽宁美术出版社，2007：4.

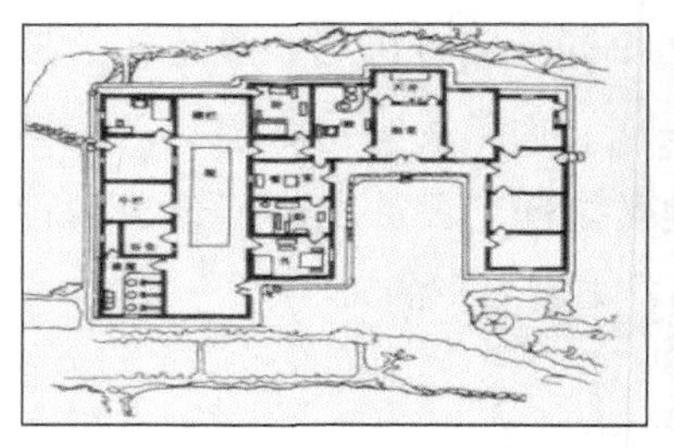

图4-5　毛主席故居平面

图4-6　毛泽东主席故居外观

图片来源：http：//big5. cntv. cn/gate/big5/news. cntv. cn/china/20110619/102732. shtml.

湘南属于山丘地区，开发较早，较为富庶。旧时宗族矛盾较多，匪患严重，颇重安全，多聚居于丘陵盆地，村落规模较大，村内小巷相连，区格整齐；村外围墙防护，现多无遗存。房屋规整方正，紧凑封闭。布局除正屋一侧或两侧出厢，或多进相连之外，更有多户并连，或一户一开间，前厨后卧，或一户二间，增一堂屋，形成统一规格的集体住宅形式，为该地区所特有。因湘中地区产煤，又受广东影响，砖瓦应用普遍，一般均以砖墙承重，硬山搁檩，极少采用穿斗木构，为地区的突出特点。室内采光通风较差，常以亮瓦、漏光斗、房门亮子等措施补救❶。湘南民居的代表是桂阳的某大宅，见图4-7、图4-8。

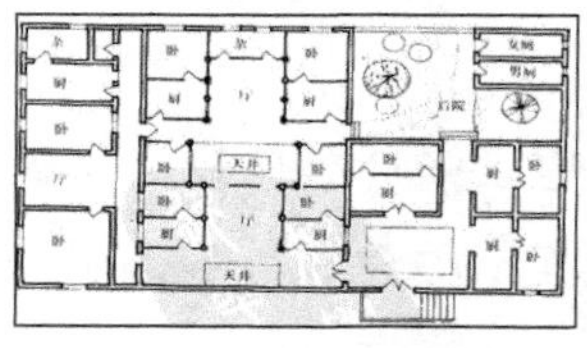

图4-7　桂阳大宅平面图

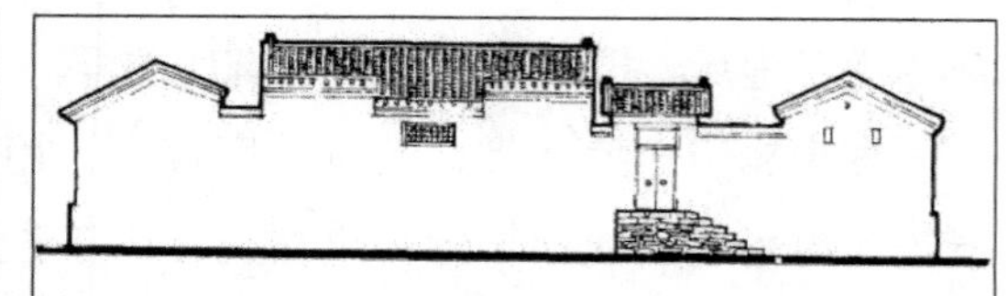

图4-8　桂阳大宅立面图

图片来源：http：//www. desinia. tw/monuments/pdetail. php？ id = 5X74_ 03.

湘西属于山区，高山峻岭，地形复杂，田土分散，村落建于山坡谷地，规模较小，较为分散，分布依山就势，无一定格局，所谓“依山为龙”，高低错落，充分利用地形，极尽自然之美。湘西盛产木材，一般以穿斗木构为主，木板壁分隔，用料粗壮，房屋较为高

❶ 郭建国．湖湘传统民居建筑装饰的艺术特色［J］．湖南城市学院学报，2009（1）：84-86.

大，悬山瓦顶，出檐深远，举折明显，造型轻盈朴实[1]。山区木构不仅有就地取材之便，而且有利于利用地形，采取吊脚悬挑等做法，减少地基平整和争取建筑空间；同时根据经济条件，便于逐步扩建和灵活隔断，也是其流行久远且普遍的原因。湘西也有石墙、土墙的采用，因地而异，但不普遍。城镇则多采用封火外墙，但内部仍以木构为主。湘西民居的代表建筑是武冈的浪石村古民居群，见图4-9、图4-10。

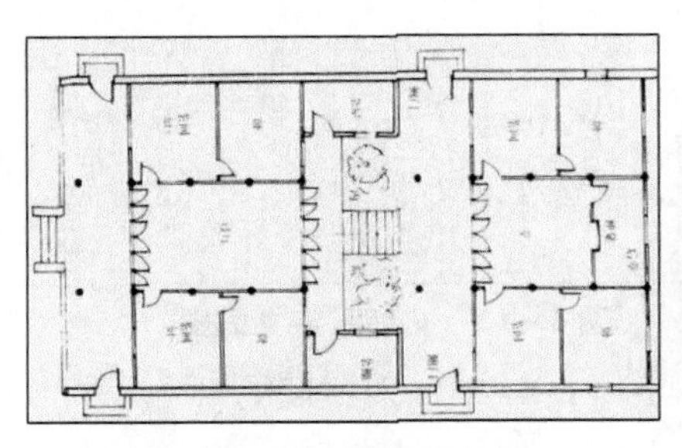

图4-9 浪石村民居平面图

图4-10 浪石村民居外观图

图片来源：http：//blog. sina. com. cn/s/blog_ 895a58000100zljj. html.

2. 苗族民居

苗族多聚族而居，村寨多远离城镇，处于高山之中，较为分散，规模较小，依山傍水，靠近农田，多择环境宜人的向阳坡地，以适应其生产、生活和团结互助、安全防卫的需要。苗居依山就势，多单栋布置，以适应其分居较早的小家庭生活[2]。苗族民居一般以三开间一字型悬山顶为基本形式。自左至右分为居室、堂屋、厨厕（畜）三间，为苗族五大姓中的吴、龙、廖、麻所采用，石姓则相反安排。建筑结构以木构为主，构架多为穿斗式排架，装木板壁围护，亦有用石墙、竹编粉饰草泥、牛粪等做法。屋面材料多为小青瓦或稻草，也有用石板的。木沟用桐油涂饰，数十年鲜亮如新，表现出自然朴

[1] 刘艳芳，周忠华．论大湘西民族文化旅游模式的构建［J］．中南林业科技大学学报（社会科学版），2008（4）：44-47.

[2] 吴小华．浅谈乡土建筑的保护与传承［J］．中国文物科学研究，2009（4）：21-24.

实之美。城镇的富户大宅则多仿汉族“印子屋”做法，围以高耸的青砖砌封火山墙，内部以天井、过亭组合。对外较少开窗，形成外封闭、内开敞格局❶。花垣石宅位于花垣县茶洞镇下河街，是典型的苗族民居，建于清末民初，见图 4－11、图 4－12。

图 4－11　花垣石宅平面图

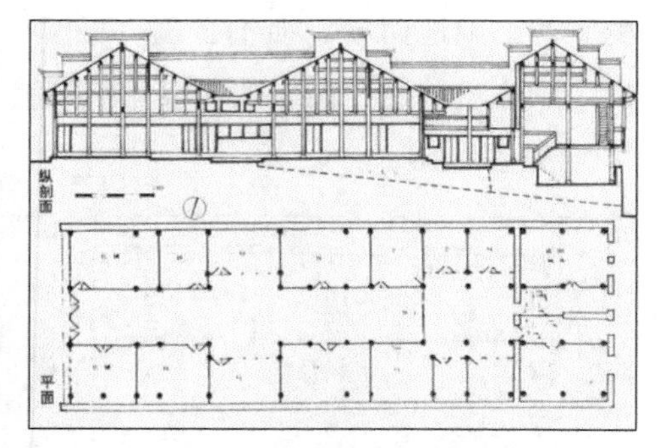

图 4－12　花垣石宅立面图

图片来源：http：//www. desinia. tw/monuments/pdetail. php？ id＝5X74_ 03.

凤凰吊脚楼位于凤凰沱江沿河。为苗族民居。它始建于民国年间，现划为古建保护区，它反映了苗族人民因地制宜、创造独特的居住环境的才能。吊脚楼构造独特，沿进深方向有数根架空挑梁（每隔 40 厘米一根原木）来悬挑吊脚楼，见图 4－13、图 4－14，即使河水暴涨，冲垮吊脚楼下的立柱，吊脚楼也不会垮掉❷。湘西凤凰的吊脚楼沿河立面造型别致，色彩与装修朴素，至今仍是古城的一处历史景点。

图 4－13　吊脚楼正立面示意图

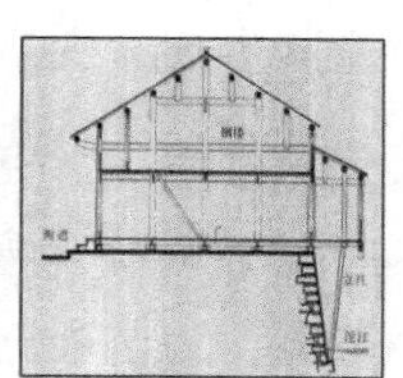

图 4－14　吊脚楼侧立面示意图

图片来源：http：//chenzuo. net/post/454. html.

❶　赵启明，秦岩．论乡土建筑聚落空间形态的影响因素——以湖南民居为例［J］．中南林业科技大学学报，2014（12）：160－162.

❷　刘艳芳，周忠华．论大湘西民族文化旅游模式的构建［J］．中南林业科技大学学报（社会科学版），2008（4）：44－47.

3. 土家族民居

土家族民居多近城镇，聚族结寨而居，规模型制较苗居为大，并以姓氏为寨名。内部房间的使用颇近汉族，与苗居有所区别。中为堂屋，供祭祀、婚丧喜庆活动，也是织锦用房。左右为“人间”（正房），以中柱为界分前、后两室，左前室有火塘，视为神圣，不准踏脚，以免亵渎神明祖宗；左后室为长者居住。右边“人间”为晚辈住室。由于坡地建房，多无台基，或台基甚低，只将地面稍做平整，便立木柱。柱下用石垫平，较为坚固。沿街民居亦多与店铺结合，柜台外露，饰以雕花栏杆等。沿河则多成悬挑的吊脚楼形式，构成山城的景观特色[1]。永顺胡宅位于永顺王村老街上，始建于清末，为胡姓商人所建。其屋重檐，沿街有柜台，为土家民居特点之一，见图4－15、图4－16、图4－17。永顺陈宅位于永顺王村，为土家族民居，建于清末民初，原为一富豪宅院，木结构承重，见图4－18、图4－19。

图4－15　胡宅外观

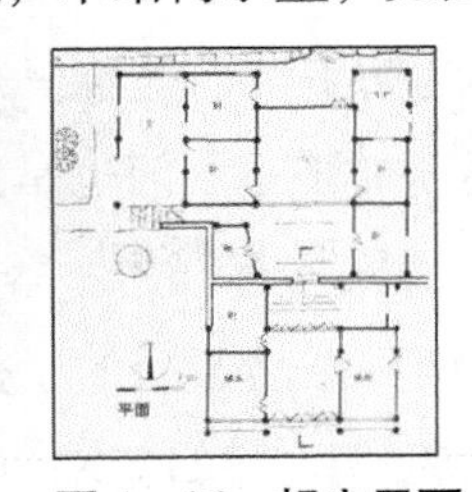

图4－16　胡宅平面示意图

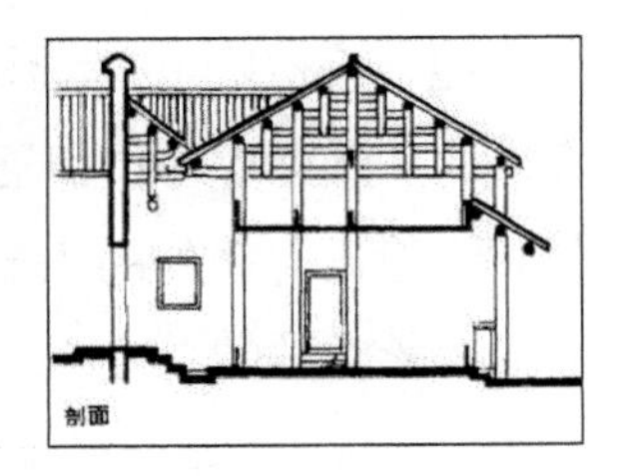

图4－17　胡宅剖面示意图

图片来源：http：//www.hb.chinanews.com/news/2005/2005－09－20/52270.html.

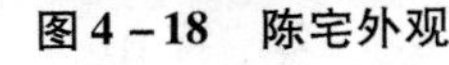

图4－18　陈宅外观

图4－19　陈宅立面图

图片来源：https：//baike.baidu.com/item/永顺土司.

[1] 郭谦．湘赣民系民居建筑与文化研究［M］．北京：中国建筑工业出版社，2005：35－38.

4. 侗族民居

通道侗寨建设极为突出，颇具特色。寨多处山谷平缓地区，较为集中，少则数十百户，多达四五百户，也有三五小寨靠近，形成“寨群”。寨多依溪流一侧，溪上架设廊桥，成为进寨的主要通道。寨内池塘密布，或一家一池，或几家一池。塘中养鱼，塘边搭棚，山水相映成趣。寨有“公场”，成为全寨公共活动中心。公场用大片青石铺砌，又称“岩坪”，建有鼓楼、公屋、戏台和神庙等。尤鼓楼多为密檐塔式建筑，形成侗寨的突出标志和视觉中心，表现其显著的民族特点❶。村寨选址上很注重与水的关系。在山冲的村寨多选择前临水流，背面靠山之处；鼓楼一般建在村寨前面，有的建于寨中；在溪流曲折处，则利用水流环绕村寨，形成三面环水、一面靠山的天然屏障，风雨桥成为与外界联系的通道。在地势平坦的地方，多依水塘而建，民宅集中布置，鼓楼、风雨桥、凉亭、井亭等分布于周围。寨门作为一种建筑类型，其初始功能是作为防卫，而随着岁月的流逝，防御的需要逐渐淡化，其标志的作用逐渐加强。寨门也是人们的聚集场所。[12] 通道侗寨一般通向寨外的主要道路均有寨门。寨门以重叠的歇山顶为主，背后插入重叠的双坡顶，两种迥然不同的屋盖形式组合一起，村民们谓之“牛头”，如坪坦乡高团寨与平日寨寨门，见图 4－20、图 4－21；有的寨门平面呈八角形，飞檐起翘，如黄土乡新寨寨门，见图 4－22。

图 4－20　高团寨门正立面

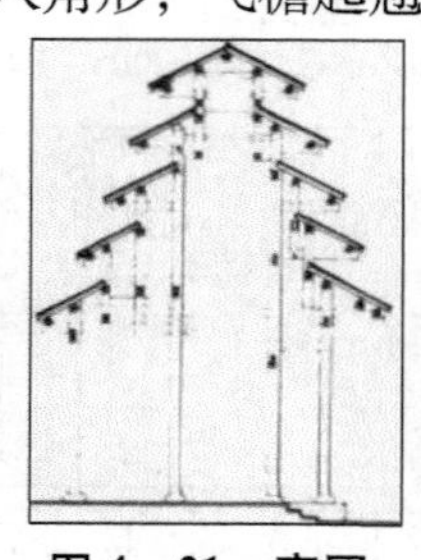

图 4－21　高团寨门后立面

图 4－22　黄土乡新寨寨门

图片来源：http：//www. nipic. com/show/10209646. html.

---

❶ 谷灵．盘点湖南古村落［J］．新湘评论，2012（19）：44－46.

通道侗居普遍采用干栏式楼房，一般二三层，多至四层，见图4－23。底层架空于坡地或平地之上，不加平整，所谓“地不平天平”，高2～2.4米，用作畜栏、杂屋或劳作场所，局部或整体圈以木栅。二层为主要居室，高2.6～3米，多为前廊后房形式，前部“丁廊”宽敞，占进深1/3以上，为日常家庭劳作、接待宾客及歌乐弹唱等活动场所，也是装饰的重点，具有重要地位。廊后灵活分隔，有大小不一的火塘间、香火间、卧房、厨房、贮藏间等。火塘间中置火塘砌以石板，其上层楼板开孔排烟，承以竹木格架，下悬吊架供熏烤食物柴火。二层亦有以厅堂为中心，联系各房间和走廊的布局形式。(14)三层或全部开敞供杂用，或局部分隔卧室，外挑“禾廊”，供晾晒之用。楼梯多处于丁廊两端，各层分设，位置不一。也有数户、甚至数十户相连，形成公共通廊，并设公共楼梯通往二层通廊，各户另设小梯上下。建筑采用全木结构，穿斗排架有三、五、七柱不一，楼层多外挑走廊，以争取空间，所谓“占天不占地”。廊有单面、双面、三面或走马楼等。屋顶多为悬山，亦有歇山，造型简洁开敞，装修装饰朴实自然，表现其突出的民族特点。例如，通道某宅，位于通道坪坦乡。这是一座建在坡地的“干栏式”建筑。其正堂为火塘屋，内设有香火间（供祖先牌位），丁廊与底层形成外开敞空间，而各个房间则分割较严密，形成内封闭空间。其平面为矩形，立面简洁，朴实无华，为侗族民居形式❶。

通道李宅位于通道黄土乡新寨。其采用架立的吊脚楼形式，以适应南方山区气候湿润、多蚊虫的特点。檐部采用重檐及山墙面披檐的形式，既防雨水冲刷墙面，又有较好的遮阳通风作用。屋面采用两个双坡顶高低搭接的方式，见图4－24、图4－25，中间排水天沟，用口径较大的楠竹制成。

❶ 谷灵．盘点湖南古村落［J］．新湘评论，2012（19）：44－46．

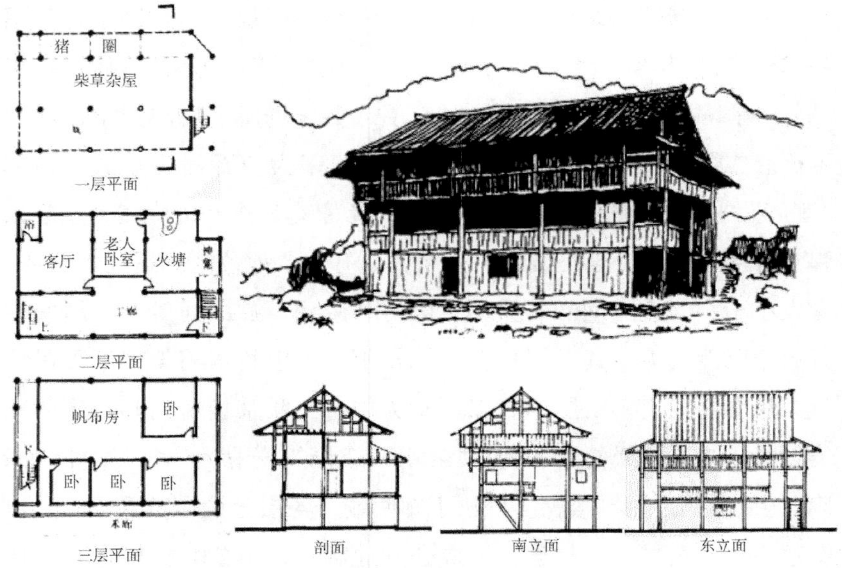

图 4－23　通道侗居建设示意图

图片来源：http：//image. baidu. com/search/detail？ct＝503316480&z＝0&ipn＝d&word＝通道侗族民居手绘.

图 4－24　通道李宅外立面示意图

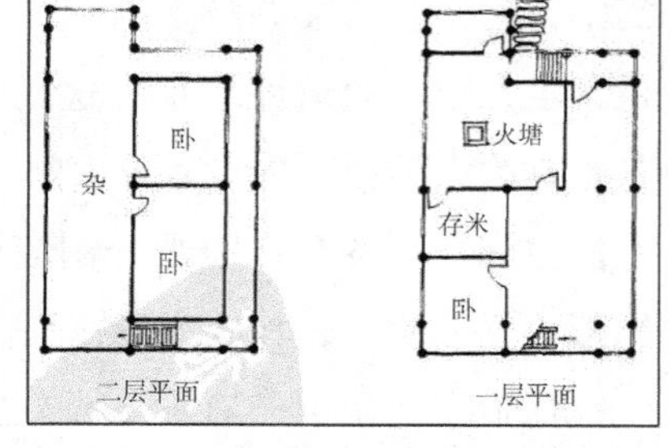

图 4－25　通道李宅建筑平面示意图

图片来源：http：//image. baidu. com/search/detail？ct＝503316480&z＝0&ipn＝d&word＝通道侗族民居手绘.

5. 瑶族民居

江华瑶族有高山瑶和平地瑶之分。瑶寨大多地处崇山峻岭之中，较少干地，居住分散，寨落较小，最大者不上百户。其布局无明显规律，受到山坡地形限制，多依山临水或沿路而建。单体有燕窝式、摆栏式、锁匙头式、吊瓜式等。燕窝式呈“凹”形平面，俗称“金银落库，不走不失”，采用较普遍；摆栏式多矩形平面，外出柱廊，以便“摆”晒，亦较常用；锁匙头式为一层与摆栏式相同，二层则左、右两间，各外伸一阳台；吊瓜式为依山地形所致，一般矩形，部分向外挑出坡地，用柱支撑，或用原木悬挑，底层的半地下室空间作为牲畜栏或堆放杂物，外挑部分围绕正屋设一圈长廊，部分长廊上设阳台，颇富变化，形式优美❶。

燕窝式、摆栏式、锁匙头式一般都是三开间，中为堂屋，宽4米左右，高6~7米，甚至更多（到中柱顶），内设神龛，供祀祖先。两旁为正房即卧室，宽4米，进深五柱七瓜、五柱九瓜或五柱十一瓜，分前、后两室，主要是根据用地的大小和经济条件决定。吊瓜式则较为自由，平面一般沿开间方向向外伸出，加柱廊仍为五柱进深。外墙较封闭，窗户很小，层高较低，以适应瑶山昼夜温差大、湿度大的气候。除燕窝式多建于较平坦的地方，户外活动可以利用屋前地坪；而其他三种多建于山区，户外活动空间十分有限，所以走廊显得十分重要。厨房都设在正房后部，主要燃料为木材。灶上只做饲料，用地火塘做饭，同时用以熏制腊肉。由于厨房烟火，所以二楼一般不住人，用于堆放杂物❷。

建筑做法除柱基和地基部分用石料外，其余全用木材，穿斗构架、木壁隔断、围护、木栅窗格，以及杉皮屋面。为防风揭顶，树皮用竹皮绳捆于檩条上，再用原木交叉绑牢压于屋顶。竹皮绳由竹皮制成细条，几根组合，结实耐水。江华郑宅位于江华湘江乡湘江岔村，见图4－26、图4－27。门前有柱廊，二楼外挑两阳台，属瑶族民居四种形式中的锁匙头式，此种形式为高山瑶族所常用。

❶ 李少林．中华民居［M］．包头：内蒙古出版社，2006：12.

❷ 郭建国．湖湘传统民居建筑装饰的艺术特色［J］．湖南城市学院学报，2009（1）：84－86.

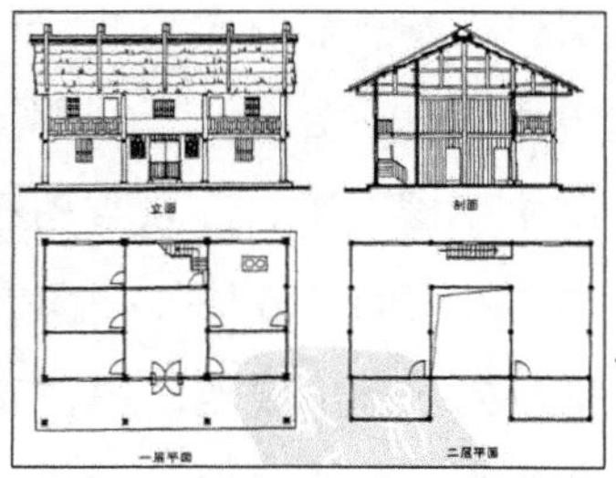

图 4－26　江华郑宅外观　　　　**图 4－27　江华郑宅平立剖面图**

图片来源：https：//image. baidu. com/search/detail？ ct = 503316480&z = 0&ipn = d&word = 江华民居手绘.

江华赵宅位于江华洪泥塘口村。该宅无廊柱，平面呈“凹”形，二楼悬挑瓜柱，无阳台，属瑶族民居燕窝式，为平地瑶族常用，见图 4－28、图 4－29。

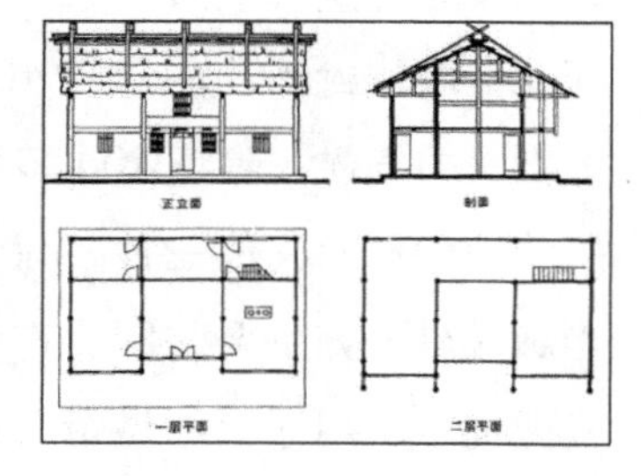

图 4－28　江华郑宅外观　　　　**图 4－29　江华郑宅平立剖面图**

图片来源：https：//image. baidu. com/search/detail？ ct = 503316480&z = 0&ipn = d&word = 江华民居手绘.

江华湘江岔某宅位于江华湘江乡湘江岔村。三面有悬挑长廊，部分长廊上设阳台，半地下层为杂物间，属于瑶族民居“吊瓜式”。该种住宅形式与坡地及周围环境十分协调，造型优美自然，为高山瑶族常用。

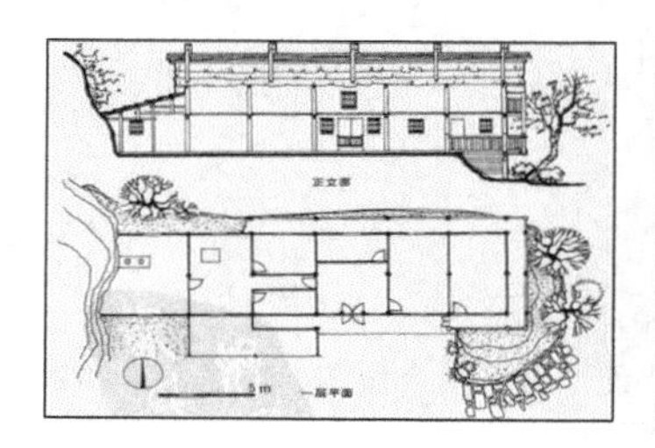

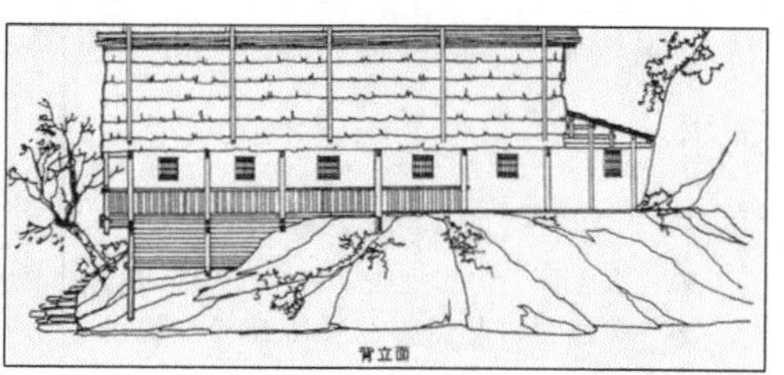

湖湘文化的基本精神概括为以下四个方面："淳朴重义""勇敢尚武""经世致用""自强不息"。具体表现在：一是湖湘文化中的爱国主义传统尤为突出。最早在湖湘大地奏响爱国主义乐章的是屈原，继而为贾谊，这就是古华创作的长篇小说《芙蓉镇》背后所依仗的精神力量；二是湖湘文化的"经世致用"意识极为强烈。从宋代"湖湘学派"创立时起便已形成的"经世致用"的学风在湖南士人中代代相传。它强调理论联系实际，尤其注重解决现实中的实际问题。这也在因地制宜、独立创新的民居文化中有所体现；三是湖湘文化中蕴藏着一种博采众家的开放精神与"敢为天下先"的独立创新精神。"海纳百川，有容乃大。"湖湘文化在长期的历史发展中，之所以能够成为一种独具特色的区域文化，就在于它具有博采众家的开放精神。它也将凭借着这种核心内涵，在历史潮流中继续发展下去。

参考文献

[1] 古华. 芙蓉镇 [M]. 北京：人民文学出版社，2004.

[2] 李阳春. 湖湘文化的影像书写——以电影《芙蓉镇》为例 [J]. 重庆科技学院学报（社会科学版），2013（6）：131－132.

[3] 李阳春. 湖湘文化与古华的小说创作 [J]. 牡丹江大学学报，2011（5）：50－52.

[4] 康斌."伤痕—反思"文学中的"迂回"叙事 [D]. 成都：四川大学，2007.

[5] 吴志强. 湖湘传统民居文化在湖南省住宅小区建设中的运用研究 [J]. 艺苑长廊，2011（5）：46－47.

[6] 张启才. 从人物看古华《芙蓉镇》的反思意识 [J]. 安徽文学，2009（8）：207－209.

[7] 胡彬彬. 湖湘文化的建筑情怀 [N]. 湖南日报，2005－10－08（C02）.

[8] 龙湘平. 湘西民族工艺文化 [M]. 沈阳：辽宁美术出版社，2007：4.

[9] 李少林. 中华民居 [M]. 包头：内蒙古出版社，2006：12.

[10] 郭建国. 湖湘传统民居建筑装饰的艺术特色 [J]. 湖南城市学院学报，2009（1）：84－86.

［11］赵启明，秦岩．论乡土建筑聚落空间形态的影响因素——以湖南民居为例［J］．中南林业科技大学学报，2014（12）：160－162.

［12］郭谦．湘赣民系民居建筑与文化研究［M］．北京：中国建筑工业出版社，2005：35－38.

［13］谷灵．盘点湖南古村落［J］．新湘评论，2012（19）：44－46.

［14］吴小华．浅谈乡土建筑的保护与传承［J］．中国文物科学研究，2009（4）：21－24.

［15］刘艳芳，周忠华．论大湘西民族文化旅游模式的构建［J］．中南林业科技大学学报（社会科学版），2008（4）：44－47.

五、街头街民

——从小说《钟鼓楼》读市井百态人生

翟丙英（2016级研究生）

小说《钟鼓楼》以薛家小儿子薛纪跃的婚礼为主线，描写了1982年12月12日从早上五点钟到下午五点钟发生在一个靠近钟鼓楼的一个四合院发生的故事，并描写了这个四合院中的关于两代人的经历、思想以及未来，用短短一天的时间，勾勒出了时代的变迁，以及北京的习俗的变化。

（一）空间考证

小说《钟鼓楼》中描写到薛大娘抬头可以望见钟鼓楼，因此可以推断钟鼓楼离故事所发生的四合院并不远。从图5－1和图5－2可以看出，在距离钟鼓楼约500米的位置可以看见钟鼓楼。从图5－3和图5－4可以看出，换一个方向可以看见钟鼓楼的最远距离约为760米。综上所述，故事所发生的四合院位于距离钟鼓楼约800米的范围之内。

图5－1　东500米望钟鼓楼

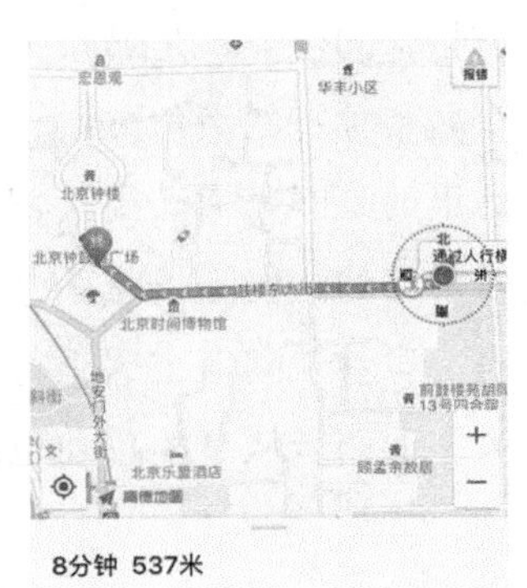

图5－2　东远望点距离图

图 5－3　南 700 米望钟鼓楼

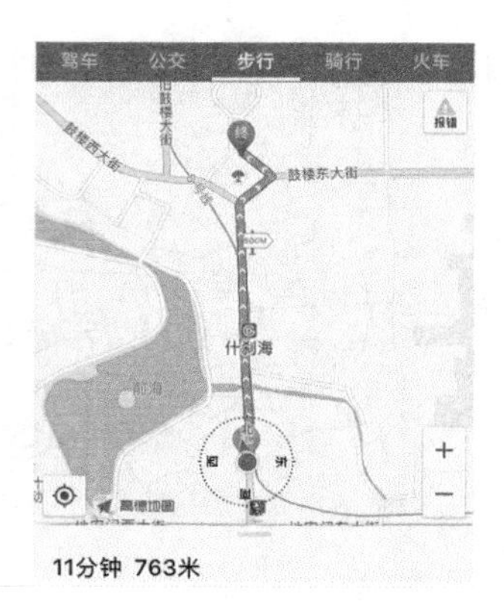

图 5－4　南远望点距离

（二）小说中城市

1. 城市民众

普通民众是街头的主要占据者，街头作为城市中重要的公共空间之一，为民众的娱乐、社会交往及谋生等提供空间和机会。钟鼓楼附近汇集着各种各样的街民，街民的多样性同时也形成了丰富的街头生活及独特的街头文化。在街头这种城市公共空间，普通民众既可以通过各种各样的方式谋生，也可以在这里获得廉价的娱乐[1]。对于普通民众来说，街头是他们主要的工作和娱乐场所，因为街头比其他任何公共空间都更易于得到和使用。街民在城市公共空间中占有特殊的位置，是城市体系中必不可少的一部分，同时也构成了一个城市独特的街角文化。街头存在各种各样的街民，有小商小贩、作坊里的工匠苦力、街头舞台上卖艺的民间艺人等，这些都是街头比较常见的。但除了有手艺、有工作的街民，还存在江湖谋士这一行当。虽然江湖谋士这个行业的人所占的比例不大，而且流动性比较大，他们所从事的事业也比较分散，但是他们依然是构成丰富的

---

[1] 姜晔．街巷文化——公共视野下的包头底层民众生活研究（1871－1937）［D］．呼和浩特：内蒙古大学，2014．

街头生活的重要元素。大体而言，街民可以分为小贩、手艺人、民间艺人及江湖谋士❶。

在街民中，小贩可谓是街头非常抢眼的人群，街头到处都有他们的身影，也正是由于他们的存在，城市生活具有独特的魅力。在小说《钟鼓楼》所描绘的众多人物中，也不乏小贩的人物。其中“八大怪”中“蹭油儿”和孙洪亮就属于小贩。一个是卖去油污东西的，另一个是卖虫子药的。以及小说中提到的卖水人（除了用小驴拉木质水桶往远处卖水外，还有用小木推车在近处卖水的）。小贩们的利润往往是微薄的，为了求得生存，小贩们会用各种各样的方式确保生意顺利（“蹭油儿”和孙洪亮都是边卖边唱）。街头小贩与城市中固定的商店不同，他们大多数是流动的，通过叫卖吸引人群，推销自己的产品。小贩还可以填补商店之外的商业空间，对形成城市活跃的街头文化产生了积极的作用❷。

像小贩一样，手艺人也是街头活跃的人群，他们凭技术和力气维持生意。如小说中提到的退休之后当了修鞋匠的荀师傅。这些街头手艺人为居民的生活提供了极大的方便。他们的劳务成本比较低，能够以低廉的价格招揽顾客（荀师傅要价中年女顾客两毛钱，女顾客嫌贵）。人们也可以在其固定场所找到他们（小说中提到“头天有个顾客修的一双皮鞋，本来说好头天傍晚去取的，荀师傅等他到天黑，他也没去：于是第二天照常出摊，十点来钟，那顾客果然来了。”（p59））。那些缺乏一技之长的人则完全靠他们的体力为生。如1950年被政府救济安置当了蹬平板三轮车工人的卢胜七。但是正是没有一技之长，他们如果失业或者得病，很有可能沦为乞丐。现状是工业化以大规模的机器生产代替了传统的手工生产，各种生活

❶ 罗朝晖，王先明．日常生活图景的再现与深描——评王笛的《街头文化——成都公共空间、下层民众与地方政治，1870—1930》［J］．中国社会历史评论，2007（00）：421－428

❷ 王笛．街头文化：成都公共空间、下层民众与地方政治，1870～1930［M］．北京：中国人民大学出版社，2013.

用品不再是稀有资源，而是“取之不尽”的剩余商品。手艺人在物质匮乏年代显得尤为重要，但是改革开放以来的工业生产彻底改变了我国的物资供求关系，人们的生活方式随之发生了巨大的变化。在传统的农业社会，以及改革开放前的“计划经济”时代，由于物资有限，人们的消费习惯是节俭型、务实型的。中华人民共和国成立初期，为了应对商品短缺问题，我国对日常生活用品实行供给制❶。这个时期，由于物资匮乏，缝补显得尤为重要。但是改革开放以后，随着人们物质条件的改善和购买能力的提升，民众的消费心理发生了重大转变，这一转变表现为两个方面：一是追赶时尚，即更新物品的频率迅速；二是存在炫耀的心理现象，这一心理的显性表现就是对名牌产品的热爱❷。在现代消费观中占据主导地位的不再是保暖、耐用，而是美观、时尚。穿衣磨鞋已经从耐久型的物质消费上升为满足人们精神需求的更新形消费。社会大众的“喜新厌旧”和奢侈品消费无疑降低了修旧服务的需求，街角手艺人会因为服务对象的锐减而不断萎缩，甚至会退出历史的舞台。

2. 城市空间

街头是民间艺人的表演舞台。如“八大怪”中的“云里飞”（唱小戏的人，穿戴的是纸糊的行头）；“管儿张”（用小竹笛放入鼻子里吹，能奏出各种曲调来）；“王半仙”（同闺女一起变戏法，主要节目是舞白纸条，纸条能在他们父女手里里外蹦、上下套）；“宝三”（表演中幡、摔跤的）（P42），甚至包括“花乞”者（借用一些最原始的杂技手段。如舞“莲花落”打“玉鼓”“点风头”刷大蛇、拿大顶等）。（P41）街头也容纳了许多江湖谋士，他们没有可以贩卖的东西，不具有手艺和技术，也不会表演，只能以独特的方式生存。如“惨乞”和小说中提到的荀师傅“小时候也跟着母亲要

❶ 赵吉林. 中国消费文化变迁研究［D］. 重庆：西南财经大学，2009.

❷ 黄韫慧，陈增祥，林志杰. 中国消费者眼中的奢侈品价值：贵就是好［J］. 南大商学评论，2017（1）：129－145.

饭，但那时农村荒年穷苦农民临时性的谋生方式”及海老太太在“荷花市场”测字相面。我们发现，大多数的江湖谋士们的名声不好，他们被认为以蒙骗为生。比如，现实中测字相面的算命先生就会经常以三寸不烂之舌向人们鼓吹他的神奇超力，如驱妖除魔、呼风唤雨等。或者是如果被相面的人看来像个学生，便投其所好，告诉他不久将获取功名，不但仕途一帆风顺，而且传宗接代，财源茂盛等。街头小贩、工匠、手艺人、江湖谋士及各种临时雇工，为市民的日常需求而工作。如果没有他们，不但人们的日常生活会有许多不便，而且这个城市将会失掉许多生机，显得沉闷而没有了蓬勃的气象。

街头除了有不同的街民之外，自然也有供人们休闲娱乐和社会生活的公共空间[1]。如海老太太和胡爷爷回忆的“荷花市场”。这是从民国初年到20世纪30年代末出现在钟鼓楼西南的什刹海的一种临时市场，每年从阴历五月初五开到阴历七月十五。“荷花市场”是人们休闲娱乐的地方（海老太太的掌柜得意时是其中携眷游逛的人物），同时也是一个自由交易的场所（“荷花市场”有各式各样的小吃、玩具、风筝、灯等）。“荷花市场”的繁荣景象是他们的美好回忆，也是那个年代街角文化的一部分，而比海老太太和胡爷爷小十来岁的卢胜七却对“荷花市场”并没有太大的好感，甚至记忆中全是关于它的不好的方面。这说明随着社会的变迁，街角文化也在变迁甚至消失，街角文化的受众面的减少导致了它的难以为继。

而如今的钟鼓楼的街头却呈现出一种缺失文化的状态。历史上的钟鼓楼广场曾是北京商业最繁华的地区之一，素有“东单、西四、鼓楼前”之说，承载着厚重的文化内涵[2]。现在的钟鼓楼广场，周

---

❶ 胡滢．街头、街民与“秀时代”：《生活秀》多重文本的文化阐释［D］．杭州：浙江大学，2009.

❷ 武凤文．基于文化传承的历史街区公共空间改造研究——以北京钟鼓楼地区为例［A］．中国城市规划学会．城乡治理与规划改革——2014中国城市规划年会论文集（2006城市设计与详细规划）［C］．中国城市规划学会，2014：14.

边商业店铺几近衰落，除了钟楼和鼓楼，呈现出一股冷清的气息，聚集的大多数是老年人以及外国游客，更找不到丝毫“晨钟暮鼓”的老北京文化内涵。钟鼓楼是北京重要的旅游景点之一，每天来到钟鼓楼参观的游客络绎不绝。但除了参观钟楼和鼓楼，游客感受不到钟鼓楼地区原本浓郁的历史文化特色。除此之外，还能明显感觉到钟鼓楼附近的街巷空间活力明显不足。在钟鼓楼地区，胡同狭窄，并且停靠了许多车辆，更加造成了公共空间的不足，并且在公共空间聚集的大多数是老年人，除了游客之外，小孩和年轻人并不多，造成了钟鼓楼地区生机不足。虽然胡同行人不多，但是胡同传统的街巷尺度并不能适应现代汽车的行驶需要，从而导致胡同内道路拥挤，使得本身就缺乏活力的街道呈现出一种拥挤和压迫之感。

在社会变迁中，对街角文化产生影响的最重要的因素就是城市化。城市化往往伴随着拆迁，拆迁对街角文化及街民的影响是巨大的。因为拆迁意味着他们摊铺的迁移和邻里与顾客的迁移，甚至有些市场会消失，街角的街民不得不承受城市化所带来的不利影响。因为倘若街头谋生的小贩、手艺人等没有被安排替代性生活点，那么他们就需要重新择址，一旦不能及时找到合法、合适的地点，那么小贩和手艺人所要面临的就是两种境遇：长期非法经营，或者不再继续修旧。而对于民间艺人和江湖谋士而言，城市化的拆迁往往意味着他们谋生场所的丧失。

（三）小说中的阶层

小说《钟鼓楼》所描述的四合院内聚集了各种各样的人，可以视为一个城市内各个阶层的缩影。同时城市也是一个容纳各种各样人的场所。在这样的地方，每个人都有着一定的适合的生存方式，同时还需要一定的上升空间，这样才能鼓励人们向前发展。决定社会阶层流动的因素主要包括历史原因、社会政治经济文化大环境的改变，以及制度的变迁[1]。

从小说中的路喜纯可以看出，历史原因可以说是决定一个人社会阶层最根本、最基础的因素。因为每个人在其出生之时就被赋予了一系列的社会标志，如家庭背景、社会关系等是无法改变的[2]。在中华人民共和国成立前，路喜纯的父母在最底层挣扎：一个是“大茶壶”，一个是妓女，都是让人所不齿的行业。中华人民共和国成立后，父母亲有了工作，有了路喜纯之后，他们只想安安稳稳地过好生活。路喜纯在父母去世后没有像其他人想的那样变化，反倒是成了一个积极向上的好青年，即使有着不能成为“红案”的苦恼，但是在何师傅和嵇至满的引导和劝慰下依然对生活持有乐观的态度，充满了向往。在薛家婚礼上，他“不为‘汤封’，不为赞誉，为的是创造美，并将这美无私地奉献给这个举行婚礼的家庭，以及他们的亲友……”他尽职尽责地工作，但是在卢宝桑说出他父亲的职业后，“薛师傅心中只是遗憾”；“薛大娘除了遗憾还有一种迅速膨胀的不快”；“七姑顿时把对路喜纯的好感驱走了一大半”，她甚至“立即感到反胃”。

然而社会阶层并不是一成不变的。其中社会政治、经济、文化大环境的改变是重新划分社会阶层的决定性因素。小说中最典型的是张奇林，他“‘文革’前升到副处长；‘文革’中部长被打成‘叛徒’，他算是部长的‘黑爪牙’，也受到冲击；粉碎‘四人帮’后回到原机关，被任命为处长”。同时制度变迁是新的社会阶层得以生成与发展的重要因素。20 世纪 60 年代初期，我国遭遇了严重的自然灾害，同时苏联停止了对我国的经济救助，我国同时遭遇到严重的经济困难。于是中央做出了调整城市、工业项目、压缩城市人口、撤销不够条件的市镇建制，以及加强城市设施养护维修等一系列重大决策。要求大量地精简城市人口，于是一部分工业战线的职工为响

---

[1] 王仲．社会阶层流动途径的趋势与效果分析［J］．学术探索，2008（2）：139－144.

[2] 王巧珍．当代中国社会转型过程中的社会阶层研究［D］．太原：山西大学，2010.

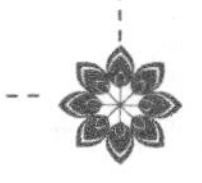

应国家“大办农业，大办粮食”的号召而回乡生产的情况❶。就在1960年，杏儿的父亲郭墩子与荀磊的父亲荀兴旺做出了不同的选择。郭杏儿的父亲郭墩子就是其中一员。郭墩子认为回乡继承祖宅更有前景，就告别了亲密的战友荀兴旺离开了北京，他们一家成了农民；而荀兴旺则选择继续留在北京，依然是北京市民。1980年时，实行包产到户的责任制，郭杏儿和弟弟开始养鹌鹑，家庭开始富裕。但是郭杏儿来到北京，与荀磊与冯婉舒交谈时，显得格格不入，由此可以看出农村和城市的精神文明差异很大。

不仅如此，在城市化浪潮中，不同的制度影响着城市空间的重组，而这背后又意味着巨额的利益再分配过程，这对社会阶层的分化和隔离有着重要的影响。1982年，城市居民大多居住在由单位提供的住房内，单位按工龄、级别、家庭人口、贡献等排队安排住房。同一单位、职级相同者差别不大。但不同部门、单位以及同一单位的不同职级间差别很大。小说中的张奇林一家是高干和高知分子，相对于四合院中其他的家庭，他们家庭条件更好，对生活品质也有更好的追求。他们家住着三间大北方，房外有相当宽阔的廊子，不仅安装了电话，还引进了自来水管，可是没有专用厕所。即使这样于咏芝仍然有“规定局级干部配备的四间”，不愿意住四合院的想法，由此可以看出当时的住房分配制度和城市社会阶层的隔离。虽然许多人住在一个城市，但是阶层间其实是隔离的，不同阶层的人也会自觉或者被迫向所属阶层聚集区靠拢，在一定程度上形成了所谓的“富人区”和“穷人区”。有能力的人进入“富人区”，享受着最好的资源，而弱势群体只能住在被指定的低标准社区，由此造成社会阶层的空间分化。这种阶层的分化会加剧社会的不平等，甚至会引发弱势群体对社会的不满。

说到社会分层难免要提到社会流动。一个社会的垂直流动量是

---

❶ 邱国盛．职工精简与20世纪60年代前期的上海城乡冲突及其协调［J］．安徽史学，2011（6）：5－11．

衡量一个社会“开放程度”的重要标志。一个城市的社会流动会带有很强的意愿性，虽然不同阶层之间的特点不同，但大多数的社会成员还是会选择向上流动。荀磊父母即使不是知识分子，但是他凭借自己的努力，抓住了后门70%的机会，成功地改变了自己的命运。社会分层也为城市的发展提供了动力，正是由于社会分层所产生的差距，产生了改变的渴望，也有了社会流动❶。路喜纯的家庭遭受了许多的磨难，但是他渴望改变，他能看到希望，这个城市能给他学习和工作的机会，他有机会变成自己想要的模样，于是他潜心钻研厨艺，渴望改变自己的生活状态。

通过婚姻关系来巩固自己在某一阶层中的地位，或者进行阶层向上的流动也是长期以来的一种常用方法。“门当户对”是中国人固有的一种观念，这至少保证了这个家庭不会失去目前的阶层地位，因此同一社会阶层中的男女更易达成婚姻关系❷。另外，处于同一社会阶层中的男女所保持的教育思维、价值取向、生活习性更易趋于一致，更容易共同生活在一起。如荀磊结识了同一工作部门的女朋友冯婉姝，经常与她交流想法，但是与从农村来的杏儿却谈不到一块儿。高干分子的张奇林妻子为高知分子。而在同属于一个大的社会阶层内，也存在着不同小阶层间的婚姻关系，但一般地表现为男方阶层要高于女方。比如婚礼的主角薛纪跃和潘秀娅。小说中提到潘秀娅家“比薛家穷得更多、更透”（p32）。

不过教育制度是社会流动的重要途径❸。从封建社会的举荐制度、科举制度到现代的学校教育，使得部分人可能从草根阶层晋升到知识分子阶层或管理阶层，进而掌握一定的社会资源。如小说中的荀磊。荀磊于1973—1976年念初中，1976—1978年念高中，高中

❶ 姚亮亮. 浅析中国城市社会分层对城市发展的利弊影响［J］. 学理论，2012（34）：129－130.

❷ 蒋旻霈. 婚姻对女性阶层流动的影响机制研究［D］. 哈尔滨：黑龙江大学，2016.

❸ 黄玲. 社会流动与教育制度的内在逻辑探究［J］. 教育科学（全文版）：185.

毕业那一年，由于外事部门招收培训人员，荀磊高分通过，之后去英国留学，回国后从事翻译工作，他因经最终成为“传奇人物”（p15）。因此在实现社会流动时，教育机会均等化将显得格外重要。特别是对于低收入阶层家庭而言，只有实现了教育机会均等化，低收入家庭子女才能通过教育流向高收入阶层。高收入家庭的子女有机会去国外留学，有机会进入师资力量雄厚的学校就读，而低收入家庭子女的机会相对较少，甚至会出现交不起学费而无法接受教育的情况，毕竟小说中的荀磊是社会中的极少数。这种教育机会的不平等会导致高收入家庭子女通过人力资本投资仍然留在高收入阶层，而低收入家庭子女因无法进行人力资本投资仍然留在低收入阶层，无法实现收入代际流动。因此，为了实现良好的社会流动和阶层流动，有必要促进教育机会均等化[1]。

通过教育来进行阶层的流动是社会普遍认可的一种方式，但是这种主流方式并不是适合于所有的人，婚姻选择又只能是极少数人的选择，具有极大的限制性。因此通过特长来改变社会阶层就越来越引起人们的关注，如文艺特长、体育特长等。小说中的龙点睛刚认识韩一潭时只是一个普通的工人，但是他会写诗，写过“捍卫革命样板戏”（p117），以当时的标准而论，写得相当“有激情”（p117），之后又“试着写起小说来”（p117），后来“由他署名或者有他署名的作品却源源不断地发表出来，品种由诗歌小说而散文评论，而电影和电视剧本”（p118）。然而通过这种途径来改变社会阶层的人毕竟是少数。并且即便进入了较高阶层，但若要长久立足，这必须符合这个社会阶层的要求。这也就有了龙点睛回来找韩一潭要七年前稿子的事情了。

在流动的过程中也会存在许多的问题。制度的公正与否，直接关系着流动秩序、流动机会和流动效果。“走后门”就是其中之一。

---

[1] 薛宝贵，何炼成．当前我国实现阶层流动的挑战与路径［J］．宁夏社会科学，2015（4）：70－73．

先为躲避上山下乡，后因就业困难，路喜纯所在饭馆的好多年轻人是“走后门”进来的；荀磊参加的外事部门招考，许多考生请客送礼、以位易位；詹丽颖为了丈夫早日调入北京，“积极地展开了活动”（p20）；薛永全失业后靠大姐夫“走后门”做了喇嘛；就连潘秀娅手腕上那块外地杂牌表都是二嫂“走后门”买来的所谓“内部试销品”；上山下乡时期，父亲费了好大劲把薛纪跃从插队换成去生产建设兵团；就连仅十来岁的姚向东都骄傲地以为“我爸有的是战友，只要我爸一句话，我就能当兵……”（p87）由此可见，小至手表、租车等商品购买，大至上山下乡、就业调动等人事安排，托情、行贿、利用职务之便进行的不正当行为仿佛已经司空见惯。但是这种现象不仅会使得资源配置低下，而且还会打击人的信心和激情，毕竟不是每一个人都能像路纯喜那样幸运有人引导和帮助，也不像荀磊那样实力超群，超过第二名20分。因此在进行城市管理时还要考虑如何减少这些因素的影响，让城市更有效和健康地运转。而且在我国，政府属于强势型政府，手中掌握大量公共权力。从小说中的“分房事件”可以看出，首先，我国的政府官员拥有行政审批权，掌握着市场主体的经济活动参与权，通过设置“门槛”可以产生垄断租金；其次，拥有公共产品的外包分配权，公共产品虽然由政府来供给，但政府一般是将公共产品外包给市场上的厂商，政府官员通过垄断公共产品的外包分配权也可以产生垄断租金；再次，拥有资源产权的代理权。自然资源虽然全民享有，但是政府官员具有代理权，由于信息不对称与道德风险的存在，低价出售这些自然资源也可以产生垄断租金。每种权力的背后都存在着垄断租金，一旦腐败，便可通过权力与资本的交易对垄断租金进行瓜分，而社会大众便成为利益的受损者。并且某些官员还享有一系列的特权，住房、医疗、社会保障、交通、食品等。从这个意义上看，他们仍然生活在计划的“城堡”里面。这使得他们很难了解“城堡”之外民众的实际生活。比如张奇林住在四合院最好的房子，拥有独立的自来水系统，还有单独的配车等，他虽然想要了解四合院的其他民众，但

是他总是融入不进去。在“分房事件”中，我们发现相应的官员完全可以利用手中的公共权力获得大量灰色收入，同时享有许多合法的无须在市场上获得的福利，这必然对社会大众的福利造成侵害，并且不利于良好社会的构建。

不容否认，每一个城市都有着不同的阶层。好的城市应当是一个包容、热闹的城市，而不是一个孤立冷清的城市❶。20 世纪 80 年代改革开放以来，北京市旧城改造开始，四合院和胡同随之拆迁、改建，人们也从平房搬到了楼房。与此同时，城市开发使得外来人口流入加剧，繁忙的生活使得交流缺乏，工种和经历的不同导致难以形成共同的精神社区，和谐共处的邻里关系逐渐走向封闭冷漠。小说中四合院的九户人家中，身为局级干部的张奇林虽极力主张接触群众，但他除了接待像荀磊这样的年轻人外，与其他邻居的来往并不多，以至于连同院的编辑韩一谭都不认识。谈及即将搬入楼房，其妻子的话更是侧面道出邻里关系的现状：“到时候你忙个手脚朝天，哪还有回这儿来串门的功夫，只怕你在那儿也结识不了几个新邻居！”住在东屋的梁福民和郝玉兰夫妇因生活拮据，更是“从未见过他家来过客人”。于是，作者总结道：“随着北京四合院的逐步消亡，居民楼的大量涌现，人们的居住空间挨得紧密了，但人们的自然联系也随之淡化，邻居之间大有‘老死不相往来’的趋势，客人来造访时，那一扇紧密的单元门，便缺乏杂居的四合院院门的那种随和感，显得冰冷无情。”（p52）这种冷漠的情感不符合城市建设的需要，也不符合人们生活的需要。好的城市应该是一个能够让不同的人共同和谐生活的城市。这就需要包容的力量。

人类及其各种活动在空间上本来是分散的，包容作用才使得分散的人员、多样的资源和丰富的信息被吸收与组合在城市系统中。城市需要吸收多方面的人口、信息、物质等，然后经过城市的内化，

---

❶ 吴志强，邓雪湲，干靓．面向包容的城市规划，面向创新的城市规划——由《世界城市状况报告》系列解读城市规划的两个趋势［J］．城市发展研究，2015（4）：28－33.

融合成发展城市的因素，促进城市的健康有效发展。而在城市包容性的支撑与保障下，人们可以互相吸取对方的先进经验和文化特色，通过分工和交换及其包容体系的作用，在沟通交流和吸收融汇中生存与发展❶。包容性的力量与作用折射出人们在城市里的汇聚“不单是人口的数量问题，更是人的内部社会关系生成和变化的问题”。同时一个健康的城市应该给人更多的希望和机会，鼓励人创新和努力。因此，在进行城市规划与管理时要综合考虑各个群体的人的利益，使城市更具有包容性，让每一个人都能在城市中找到安身立命之所，以便更好地建设城市。

参考文献

[1] 姜晔. 街巷文化——公共视野下的包头底层民众生活研究（1871—1937）［D］. 呼和浩特：内蒙古大学，2014.

[2] 罗朝晖，王先明. 日常生活图景的再现与深描——评王笛的《街头文化——成都公共空间、下层民众与地方政治，1870—1930》［J］. 中国社会历史评论，2007：421－428.

[3] 王笛. 街头文化：成都公共空间、下层民众与地方政治，1870—1930［M］. 北京：中国人民大学出版社，2013.

[4] 赵吉林. 中国消费文化变迁研究［D］. 重庆：西南财经大学，2009.

[5] 黄韫慧，陈增祥，林志杰. 中国消费者眼中的奢侈品价值：贵就是好［J］. 南大商学评论，2017，14（1）：129－145.

[6] 胡滢. 街头、街民与“秀时代”：《生活秀》多重文本的文化阐释［D］. 杭州：浙江大学，2009.

[7] 武凤文. 基于文化传承的历史街区公共空间改造研究——以北京钟鼓楼地区为例［A］. 中国城市规划学会. 城乡治理与规划改革——2014 中国城市规划年会论文集（2006 城市设计与详细规划）［C］. 中国城市规划学会，2014：14.

[8] 王仲. 社会阶层流动途径的趋势与效果分析［J］. 学术探索，2008（2）：

❶ 张宇钟. 城市发展与包容性关系研究［J］. 上海行政学院学报，2010（1）：85－95.

139 - 144.

[9] 王巧珍．当代中国社会转型过程中的社会阶层研究［D］．太原：山西大学，2010.

[10] 邱国盛．职工精简与20世纪60年代前期的上海城乡冲突及其协调［J］．安徽史学，2011（6）：5 - 11.

[11] 姚亮亮．浅析中国城市社会分层对城市发展的利弊影响［J］．学理论，2012（34）：129 - 130.

[12] 蒋旻霈．婚姻对女性阶层流动的影响机制研究［D］．哈尔滨：黑龙江大学，2016.

[13] 黄玲．社会流动与教育制度的内在逻辑探究［J］．教育科学（全文版）：185.

[14] 薛宝贵，何炼成．当前我国实现阶层流动的挑战与路径［J］．宁夏社会科学，2015（4）：70 - 73.

[15] 吴志强，邓雪湲，干靓．面向包容的城市规划，面向创新的城市规划——由《世界城市状况报告》系列解读城市规划的两个趋势［J］．城市发展研究，2015（4）：28 - 33.

[16] 张宇钟．城市发展与包容性关系研究［J］．上海行政学院学报，2010（1）：85 - 95.

六、京华烟云

——从《钟鼓楼》看四合院变迁

韩雨露（2014 级本科生）

小说《钟鼓楼》是作者刘心武撰写的一部长篇小说，并荣获茅盾文学奖。小说讲述了 20 世纪 80 年代初发生在北京钟鼓楼一带的故事，展示了丰富多彩的社会场景，堪称“一部洋溢着浓郁京味的现代《清明上河图》”。人物复杂关系的背后是四合院空间利用的破碎化和复杂化，其改造难度因此加大。

（一）空间分布解析

1. 人物空间分布

故事发生在 1982 年 12 月 12 日，整个故事都发生在一天，从早上 5 点钟到下午 5 点钟的 12 个小时之间。在钟鼓楼附近一个古旧四合院里，住着 9 户人家，见图 6－1。

这一天，住在西侧厢房北边屋子的薛大娘家办喜事，她一大早就起来收拾东西，这时同院的小伙子荀磊前来帮忙，要把自己剪的更精美的大红的双喜字贴到院门上。荀磊是工人子弟，一家三口住在门洞东边附属性的小偏院里，父亲的正直、善良给他树立了做人的榜样，他刻苦好学，并公派出国留学，现在成为一个重要部门的翻译。他现在正和同单位冯婉姝恋爱，但荀磊的父亲荀兴旺对冯婉姝不是很满意，觉得她身上的洋味太浓，不是自己理性的儿媳妇。荀兴旺是军人出身，在部队时有个战友名叫郭墩子，是河北同乡。俩人是生死之交，在妻子怀孕的时候指腹为婚。郭墩子回了农村，

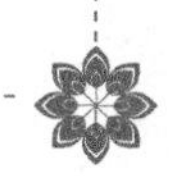

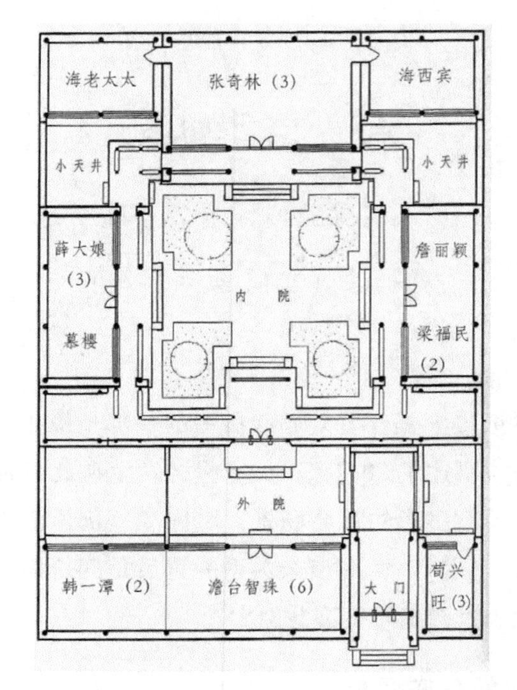

图6－1 小说《钟鼓楼》之人物空间分布图

图片来源：作者绘制。

生病去世。今天，郭墩子的女儿郭杏儿要来北京看荀兴旺一家。其实，同院的姑娘张秀藻对荀磊一直单相思。她是清华大学的学生，她的父亲张奇林是某局局长，张秀藻的母亲于大夫想要尽早搬进楼房，用上卫生间，然而她的父亲却不急着搬，认为住在胡同里可以接触群众，立体地了解生活。局长一家三口住在四合院北边的正房里。

今天来薛大娘家帮厨的是年轻人路喜纯，他也很早地来到了四合院，他是崇文门附近一家饭馆的厨师。他自幼父母双亡，但被自己中学老师和师父何厨师的正直善良影响，生活得十分正派。老何厨师看中了路喜纯的纯正、好学，主动收他为徒弟。薛大娘请住在前院三间南房人美心善的京剧演员澹台智珠去接亲。智珠在特殊时期被下放到纽扣厂，不久嫁给了车工李铠。后来智珠重返舞台，用自己厚积的修养成了京剧名角，一开始丈夫兴奋欢喜引以为荣，但渐渐地李铠心头有了一层自卑的阴影，成了夫妻间矛盾的源头。詹丽颖也住在四合院东边厢房北侧的房间，她心地善良，是个直性子，可她说话不经大脑，经常得罪人。她与一位四川的技术员结了婚，俩人一直分居两地。再说荀兴旺的“拜把子”兄弟郭墩子的女儿，郭杏儿到了北京，她背着包裹先到天安门广场照了张相，然后又去东单给荀兴旺买了糖酒糕点。终于到了荀家，但是和荀磊的对象冯婉姝相处得却不是很好。

新郎薛家的小儿子薛纪跃为了给未婚妻潘秀娅买一块雷达表，花费了父母节省攒下来的300元存款。新娘潘秀娅在一家照相馆收款，从小说中可以看出她是个理性经济人，如她买东西“好比出一只气球，她要把那气球吹胀到最大程度，却又不让它爆掉”（P61），她挑选的家具样样都是划算的，她能接受瑕疵和为此花费的时间。她找对象的原则也是主要考虑是否“合适”。结婚对象先后尝试了知识分子、国企员工，结果选中了和自己条件相当的薛纪跃。

慕樱搬到这儿时间不算太长，住在西厢房南边的房间，中华人民共和国成立初她因冲动和崇拜嫁给了一个在抗美援朝中立过功的伤残军人，大学时爱上了同班的一个男生并分手然后和他结婚，之后遇见了某部长齐壮思，于是和丈夫分开追求刚刚恢复工作的齐壮思。她坚信爱情的多变性，追求不被束缚的爱情，这在当时思想解放的背景下有进步意义。中学生姚向东趁着人多眼杂也混进了薛家，捞走了要送给新娘的雷达表。新娘潘秀娅发现手表不见了，认为是薛家诓骗自己，嚷着要回娘家。善良的荀兴旺掏出自己的钱让荀磊去商店再买一块一模一样的，谎称是小偷逃跑时掉在门口被他们捡到的。

住在正房左右的是祖孙俩——海老太太和海西宾，海老太太祖上是富贵的大家庭，喜欢隐瞒事实来满足自己的虚荣心，总待在鼓楼墙根下和别的老人们一起聊天。海西宾是一个会武术的心地善良的青年，他淡泊名利，对事情有着自己的见解思考，不随波逐流。和澹台智珠家住并排的南屋西侧小院的是老编辑韩一潭。他认真负责，在他的指点帮助，许多文学新人脱颖而出。但他性格过于温驯，

需要过着有所遵循的生活。这一方面是他自己的性格，另一方面是在荒唐的年代发生的人的异化。他所选的文学作品紧跟时代步伐，审美往往是拐直角，上一刻“三反五反”下一刻“肃反”，上一刻“鸣放”下一刻“反右”，这是思想激烈碰撞不稳定的时代导致的，唯有这样才能在职场上生活。但是在如今宽松的环境下他却感到迷茫，无法适应能够自主选择的生活。梁福民、郝玉兰俩人住在东厢房的南边屋子，他们生活节俭，但是偶尔买了贵的水果就会让儿子站在院子里吃，去一趟香山游玩成了俩人很久的谈资。女主人郝玉兰和薛家发生了一些小摩擦，回家后发现薛家特意送过来的喜糖，俩人感到惭愧不已。

在荀磊买表回来的路上，遇见张秀藻，两个年轻人才忽然意识到，今天是“西安事变”爆发46周年的纪念日。一种超乎个人生命、情感和事业之上的无形而坚实的东西在思想中得以升腾，那便是历史感、使命感——这是一种把人类历史和个人命运交融在一起的神圣感觉。她想起雨果的话——“人生便是白昼与黑夜的斗争。”（P256）故事到这里结束，正好12个小时，出场人物关系见图6－2。

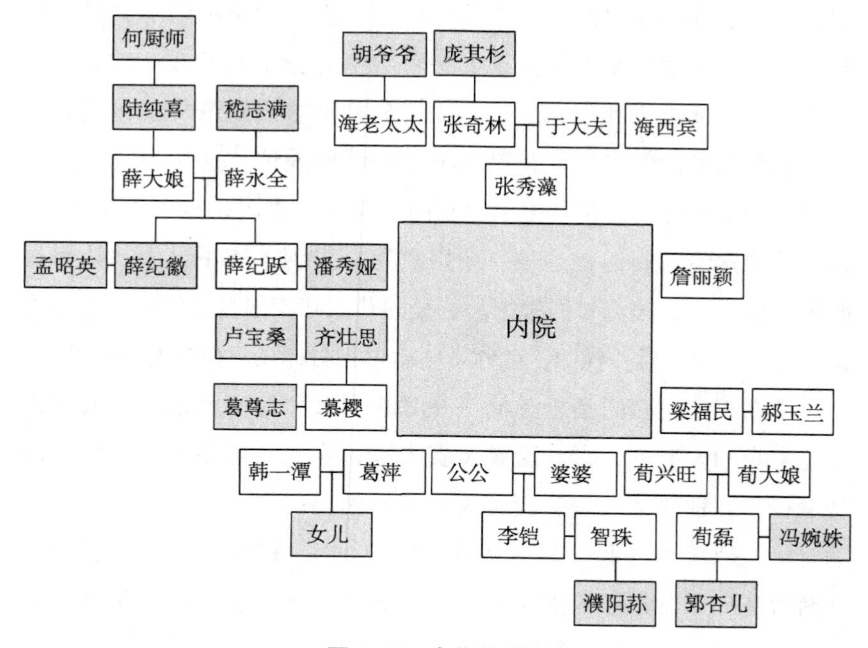

图6－2　人物关系图

作者采用花瓣式的写作手法，即从一个“花心，出发，生出五个花瓣，再从五个外面生出十个花瓣。描写与钟鼓楼联成一个整体的那条胡同和那座四合院里的九户居民的日常生活，以薛家的婚宴作为一条贯穿线，既有整体联系，又写出了各自的家庭背景和与之联系的历史和现实社会，用纵横交织，共时多部的交响式的结构方式，表现出一幅普通的京华生活场景。《钟鼓楼》站在历史哲学的高度进行审视，力图把握时代发展过程中的“变”与“不变”，同时通过一系列有代表性的小人物形象衬托民族的历史，透过人们的生活状态观照社会现实[1]。

2. 地点空间分布

这些故事都发生在四合院中，从小说中的蛛丝马迹可以验证故事发生的空间位置。小说中提到薛大娘在冬天的早晨，站在院门口可以看见，钟楼和鼓楼的剪影，从浅绿色的丝绸般的天光中，清晰地显现出来。冬天的日出在东南，也就是说，故事发生的四合院在钟鼓楼的西边，见图 6－3。小说中描写四合院在东西向胡同的北边，由于时间久远，如今钟鼓楼西部的东西向胡同只有一条了，在这条胡同抬头的确能看见钟楼。登上了钟鼓楼，从楼上向西看，可以看出四合院的规模和布局，见图 6－4，我们的故事应该就是发生在这一片胡同中。

图 6－3　钟鼓楼日出图

图片来源：太平洋摄影部落

http：//dP. Pconline. com. cn/Photo/list_ 2209807. html.

图 6－4　鼓楼俯瞰图

图片来源：作者自摄

[1] 王晨倩．论《钟鼓楼》的历史和人生观照［J］．现代语文（学术综合版），2015（3）：43－45.

（二）四合院基本格局

1. 整体格局

钟鼓楼为明、清北京中轴线北端结束的标志，是旧北京的商业核心。[1] 这一区域的四合院，在中华人民共和国成立之前是有权势的人及内务府当差人的居住区。这篇小说中主角居住的四合院坐北朝南，这是四合院理想、正规的方位。冬季坐北朝南的正房有利于更好地获取日照，对处于较高纬度和寒冷气候区的北京显得尤为重要，而夏季较小的西山墙可以减少太阳辐射较强的西晒所带来的过多的热量，避免引起房间过热。[2] 南北走向的胡同或者是东西走向胡同的路南的四合院布局需要花费些周折才能达到这个效果。如图 6－5 所示，在南北走向的街道的四合院，或东西走向路南的四合院，会顺着街道胡同的走向设一个大门，进门以后，并不是四合院本身，等于留出一块“转身”的地方，然后再按东西走向街道胡同的格局，盖出方位朝南的四合院来。无论宅门开设在什么位置，院内的正房都是坐北朝南的，大到北京城，小到每个四合院的住宅方位都体现了中国传统文化向心、内敛的总体特点。

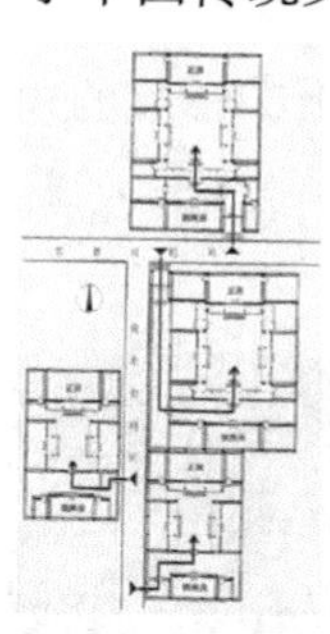

图 6－5　四合院类型图

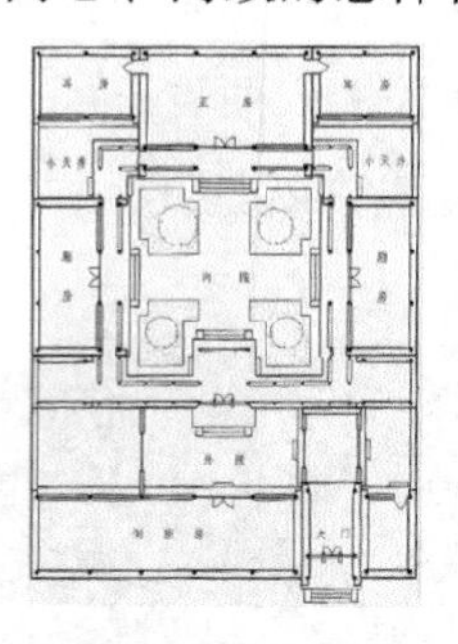

图 6－6　四合院平面图

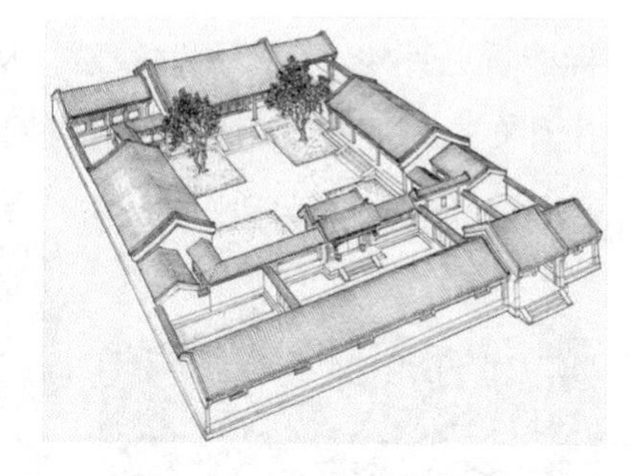

图 6－7　四合院立体图

图片来源：图 6－5、图 6－6、图 6－7 均来自《北京四合院建筑》。

---

[1] 吴炳怀．北京钟鼓楼地区更新前期研究——现状成因·历史脉络·更新动力［J］．华中建筑，1997（3）：103－108.

[2] 桐嘎拉嘎．北京四合院民居生态性研究初探［D］．北京：北京林业大学，2009.

2. 内部格局

这部小说所描写的这个四合院不仅方位特别典型，其格局、布置也堪称楷模。如图 6－6 和图 6－7 所示，四合院的院门一般都开在东南角。院门的位置体现出对内的严谨和对外的封闭，一般采用“悬山”式的高顶，地基一般都打得较高，从街面到院门设置三至五级的石阶，以此强调四合院的内部私密空间之感。推开院门，门洞前方是一道不可或缺的影壁：一方面，影壁能调剂因门洞之幽暗所形成的过于低沉的气氛。影壁一般以浅色水磨青砖建成，承接着日光，显得明净雅致。影壁上方仿照房屋加以“硬山”式长顶，影壁当中一般有精致的砖雕，四角、底座也有细琐的雕饰；另一方面，影壁解决了公共空间向私密空间过渡的问题。北京四合院秉承了传统文化内向、平和的方式，四合院是一个封闭自主的空间，大门处的影壁设计就缓和了胡同的公共空间与四合院空间过渡的突然性。人站在大门处无法一眼就看穿整个院子，符合人居住、生活的私密性心理需求。

从门洞和影壁的东边进去，是一个附属性的小偏院，这个小偏院是供仆役居住的。从影壁往西，是一个狭长的前院，南边有一溜房屋，靠东的三间南屋，过去是作为外客厅和外书房使用的。之后又常把东头的一间隔出来，把门开在门洞中，构成“门房”（即传达室）。靠西的小院是为来访的亲友准备的，两间南屋，一般都作为客房。与大门并列的南房和界墙形成四合院的外院，这一进院空间设计也是对外界空间的再阻隔，处理一些日常与外交往的事情就不会干扰院内的居住者。

里院与外院之间界墙当中的院门，就是“垂花门”。垂花门的檐柱不落地，垂吊在屋檐下，称为“垂柱”，其下有一垂珠，通常彩绘为倒置的荷花或西番莲的形式，故被称为“垂花门”。它是内宅与外宅（前院）的分界线和通道。垂花门建在四合院的主轴线上，与院中十字甬路、正房一样，同在一条南北走向的主轴线上，并

首先展示在客人面前。进内宅后的抄手游廊、十字甬路均以垂花门为中轴而左、右分开。这是四合院中工艺水平十分富有文物价值的部分。

进垂花门后有“抄手游廊”，由垂花门里面门洞通向东、西厢房并合抱于北面正房的门廊，起到雨雪天便于行走的作用。当年四合院的里院，才是封建家庭成员的正式住宅。高大宽敞的三间北房，是当年封建家长的住处，当中一间是内客厅和全家共同进膳的餐厅；两边则是卧室。北房不止三间，小说中的四合院有五间北房，另外两间一东一西，比当中的三间低矮凹缩，采光也较差，这两间较小较暗的房屋叫“耳房”，当年一般是作为封建家长的内书房、“清赏室”（摩挲古玩使用）的。气派的四合院，正房和耳房后面有小院，后面有一排罩房代替界墙，小说中的四合院没有后院和后罩房。当年四合院的东西厢房，即姨太太或子女孙辈居住的地方。

3. 空间秩序

从平面上看，四合院的“合”是院内东西南三面的晚辈都服从侍奉北面的家长的一种含义。它的格局处处体现出一种特定的秩序、排外的意识与封闭性静态美。从图 6－8 可以立体地看出，正房在台基、进深等方面都占有明显的优势，在一座宅院中，正房尺度高，体量大，形成建筑群体的核心。正房高于大于厢房，厢房高于大于耳房，宅门高于倒座房，垂花门高于游廊，构成主次分明、尊卑有序的空间格局。无论从平面布局还是从立面尺度的构成去观察，都会使人感受到一种固定的、井然有序的空间组合模式。而这种固定的秩序同时透露出空间设计的丰富层次，使得传统北京四合院的空间在立面上也变化无穷，给人一种高低参差、错落有致的优美的韵律感。[1]

---

[1] 张姣婧．传统北京四合院在现代生活形态下的继承与发展［D］．南京：南京理工大学，2009.

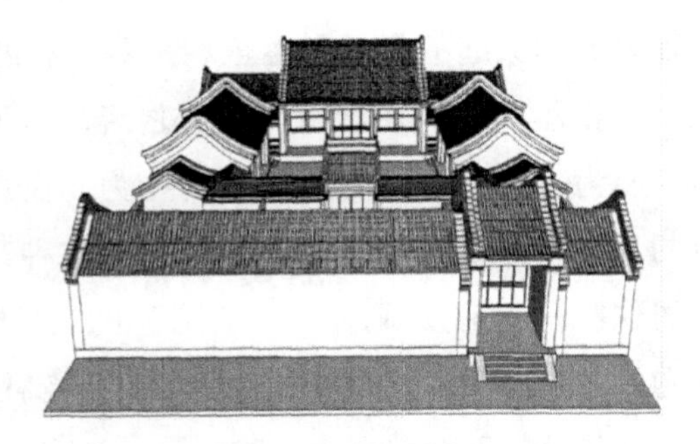

图 6-8　四合院空间关系图

图片来源：《北京四合院民居生态性研究初探》。

（三）四合院的时代变迁

1. 空间失序

遗憾的是，小说《钟鼓楼》中的四合院早已改变了初始的传统大家庭式的空间组织逻辑。中华人民共和国成立以后，由于经过了多年的战争，人民生活非常艰苦，国家财政也非常困难，社会性质的改变也使过去属于大户的四合院建筑成为国家财产。在中华人民共和国成立初期，大量人口进入北京，住房紧张。同时家族结构分化，传统四合院生活中的基本生活单元空间形态依然存在，但实际上其内部组织已彻底瓦解了，一家一户分化成多家多户。多户家庭需要多个的厨房，同时，生活方式变化，物质条件上升，资产数量增多，人们追求自我而不是维护整个四合院，用私人空间挤占公共空间。

在小说中表现为：门洞中堆着若干杂物，墙脊上的瓦饰早被人们拆去当作修造自家小厨房的材料，砖头被拆除一半砌防空洞。垂花门色彩剥落，门板和两侧一对石座，都已经不在了。抄手游廊除了北面正房部分的门廊尚属完整外，其余部分仅留残迹。几乎每家都在原有房屋的前面盖了小厨房；这是 20 世纪 70 年代以来，北京市民对自盖小屋的一种约定俗成的称谓；其功用也早已超过了“厨房”的功能，而且有的家庭不断对其翻盖和扩展，有的“小屋”面积竟超过了原有的正屋。尤其在唐山大地震之后，为了抗震允许私搭房屋的行为，成为一种合法且受到鼓励的行为，在唐山大地震之后仍具有一定的惯性，并没有相应的法规来制止这种行为，因此在旧城内，传统居住院落普遍形成了“大杂院”的现象[1]。这让“小厨房”的搭建愈演愈烈，大大改变了北京旧式院落的社会生态景观。北京胡同中已经从传统的四合院向大杂院转化，见图6－9。

图6－9　北京大杂院俯瞰图

图片来源：http：//www. sohu. com/a/137354358_ 391276.

但是杂院的生活就一定是拥挤、嘈杂和让人难以接受的吗？杂院作为一种以地缘关系为纽带的“多家共一院”的邻里合院，为邻里之间提供的是在生活中“自然地交往”的空间，人们在开敞的院子里游憩、锻炼、观看、展示自己的兴趣爱好，形成了人、空间、活动三者的互动。这种交往是在非常随意、自然的状态下获得的，富有生活气息和浓浓的人情味，是一种主动的、自然的交往。一个院子中的人们拥有共同的起居空间，融洽的邻里关系，同时杂院的半私密属性加强了一个院子居民对公共空间的集体责任感，起到了

[1] 梁嘉樑．北京旧城传统居住院落的演变研究［D］．北京：清华大学，2007.

集体防卫的保护❶。在杂院和胡同中，孩子们有固定的玩伴和游乐场所，成年人有能相互帮衬的热心邻居，老人们有每天能谈天、能交流、能一起回忆过去的老伙伴，杂院和胡同生活成为老北京人心中美好的回忆。

2. 层级分化

小说《钟鼓楼》的作者刘心武先生敢于揭露尖锐的社会问题，能以全新的眼光审视世界，用崭新的艺术形象表现世界。❷ 小说中通过生动的动作情节的描述反映出层级的分化。四合院既然是不同的人们由于历史的原因而聚居在一起的邻里，因此居住在其中的人并不是同一个层级，而存在着两个很少互动的精神社区。局长张奇林强调接触群众，接触社会，但他的家庭实际上除了接待像荀磊这样的青年人之外，是与同院邻居没有多少往来的，甚至他连住在外院的老编辑韩一谭都不认识。他主观上很愿意和这些邻居打成一片，融为一体，但是，文化上的差异是一种不以主观意志为转移的客观力量，它使这个四合院里的人们按照其不同的文化水平而形成了不同的精神社区。只有那些处于大体相等的文化水平上的人们，才可能成为一个在价值、信仰、情趣、修养以至语言上有着共同成员感的精神社区。也只有同属一个精神社区的人们，才可能保持着更多的社交来往。

另一个能反应层级的例子是郭杏儿，她同样能反映出城乡之间的矛盾和差异。“在这个四合院里，有典型意义的文化现象莫过于荀兴旺一家在这一天里所发生的一切了。”❸ 荀磊对冯婉姝叙述时，认为自己母亲置办的家具虽然反映了中国传统的浓烈的民俗美，但是

---

❶ 陈惠芳，关瑞明．在生活中自然地交往——从大杂院谈起［J］．建筑学报，2005（4）：37 -39.

❷ 陈坪．钟鼓楼下的邃想——《钟鼓楼》思想内容初探［J］．鸡西大学学报，2004（6）：91 -92.

❸ 邹平．一部具有社会学价值的当代小说——读刘心武的小说《钟鼓楼》［J］．当代作家评论，1986（2）：110 -116.

有些俗气。但是当郭杏儿到城里的荀家做客时，觉得客厅的装饰精致美观，十分羡慕。当她进入荀磊自己布置的房间时，感到惊奇和鄙薄，音响、抽象画、树根造型的装饰都让她不快。她没有想到农村和城市之间存在着那么大的差距，而这种差距并不是收入上的悬殊，而是文化上的差异。当然这种差异并不存在孰优孰劣，是农村和城市不同的环境导致的，农村较为单纯、质朴的物质环境让人们更加倾向于浓烈的装饰，而城市高度刺激的物质环境却让人们更喜欢低调、冷淡的装饰，但是正是这种差异也隐藏着城乡的隔离。同时，在聊天的过程中，杏儿代表的是富有进取心的农村青年，荀磊的对象冯婉姝则代表的是能够接近低文化劳动群体的城市青年，两个同样美丽、同样年纪的少女却存在着巨大的心理差异，正是这种城乡差异蕴含着尖锐的矛盾和冲突，以至于杏儿产生了对有知识优势的城市人古老的难以抑制的憎恶和仇恨，聊天以不愉快结束。同时，薛纪跃的知识分子表姐夫在婚宴上十分的拘束和难以融入，于是他态度坚决地早早离席。这些都反映出只有同属一个层级的人们，才可能保持着更多的社交来往。

但是，小说中也有跨越层级的存在，如通过读书改变命运的荀磊。胡同中小孩们在一起玩耍，鼓楼东墙根下经常有老人一起晒太阳聊过去，这是一个老人们自发形成的公共空间，在这里捡废纸为生的胡爷爷和退休的吴局长一起聊天下棋，通过老少的交流实现了融合。通过老人交流和孩子的互动也许是一个社区中实现融合的方式。根据小说中的情节我们可以推测出，有能力的居民，如张奇林一家、荀磊等人会搬离胡同区，到楼房去生活。随着时代的发展，胡同区的住宿条件不能适应现代人的生活需要，可以推测，留在杂院中生活的肯定是没有能力搬走的人或者有能力购买下整个四合院的人，北京的“内城”就会产生。

3. 更新现状

作者在当时描述，北京土著的整体风貌反映北京城市的形象，这种旧文化意识的市民文化，实际上是北京市民文化的一种特殊形态。但是现在呢？随着大量外来人口涌入北京，2016 年，北京的流动人口已经达到常住人口近 40%。同时在户籍人口里，又有很多的“新北京人”。北京土著的流失反映出“北京从来都不是北京人的北京”，尤其是在内城，绅士化的现象十分严重。

“绅士化”一词于 1963 年由英国学者胡斯·格拉斯提出，绅士化的本质就是街区的邻里置换和社会网络的重构。有关“绅士化”的定义有很多，较为符合北京内城情况的一个定义是：绅士化是这样一个过程，高收入群体进入内城某些衰败的区域，将其改造升级为条件较好的独户家庭或共同居住的区域，这些衰败的区域在历史上曾经非常有吸引力。绅士化是由中上层人们对破败的城市房地产特别是工人的邻里的重新建设，即绅士化是中产进入城市化地区引起房地产价值上升和使较贫困的家庭迁离的运动。[1]

由西方旧城改造的经验来看，绅士化有着它的正面影响：一是能够改变旧城环境风貌，提高了住宅质量和社会服务水平；二是吸引大量的私人投资，实现历史风貌街区的保护；三是可以提升街区的文化品位，创造城市特色。但是结合北京的现实情况，绅士化存在一些负面影响：第一，中国的绅士化多由当局牵头进行旧城更新和改造，习惯在内城居住的人们不得不适应新的生活环境。同时北京的内城更有活力，搬离城区而到了五环之外就会失去发展机会。这种空间距离的扩大必然会导致城市社会隔离（segregation）现象的加剧；第二，老居民的迁出不只是无家可归，而是去除了“根”。虽然能得到大量的补偿款，但是他们并不愿意失去自己的祖宅和从小生活的地方；第三，也是旧城更新中首要的问题，即居民的迁出也带走了城市的文化，历史街区一旦失去居民，也就失去了真实的“生活世界”，其生活方式、传统习俗、地方工艺、民俗活动、方言等无形文化遗产的传承必将彻底消失。

---

[1] 孟延春．西方绅士化与北京旧城改造［J］．北京联合大学学报，2000（1）：24－28.

北京的旧城改造出现的绅士化动向有三种表现：一是人口置换。面对北京旧城的更新改造，胡同市民由于经济能力不足，只能迁往城市的郊区，新的有钱人则取而代之地入驻城市的核心区[1]。原有1076户居民的南池子项目落成后的回迁安排中，根据自愿的原则，在原有居民中，有307户选择了回迁，461户选择了货币安置，150户选择了芍药居的外迁楼，还有128个特困户受到特殊安置，总计回迁率不到1/3。2000年的回迁南池子房屋的价格为2万元/m^2，回迁所要支付的费用远高于异地安置的费用，所以能回迁者的主要是那些有支付能力的居民。“有钱人请进来、没钱人搬出去”，成为南池子保护试点过程中的操作规则。二是功能置换。什刹海、南锣鼓巷地区的“酒吧街”及传统院落的多功能运用则是典型的例子。引入街区的服务是档次较高的功能，服务对象也是中、高收入的市民而非原有的低收入居民，同样表现出绅士化的动向。在市场经济规律的主导下，以高附加值的用地类型置换原有的居住功能用地，这在北京旧城历史居住区进一步凸显。三是房地产动向。房地产开发商和经营商往往对商业时机十分敏感，对于旧城历史居住区独特的文化、景观、区位等优势所蕴含的商业价值，更不会轻易放弃。充分利用历史居住区的商业和居住功能特色获取高附加值的动向已经在房地产开发商的策划之中，典型实例如什刹海地区的仿古四合院项目等，显然其服务对象目标人群与中、低收入普通民众之间存在巨大差异。有很多这样真实的案例，房产公司专门收购四合院，他们熟练运用种种“战略战术”，如分别策反、各个击破、内外夹击等。老院子的收购通常会以一场家庭大战告终，老北京人带着破碎的亲情，离开了世代居住的老城，取而代之的是出得起价钱的富豪们。就这样，原有居民越搬越远，老人离开故土，富豪进城，胡同渐渐改变了模样，再也没有安详和谐的老城生活，北京就这样变得

---

[1] 何明敏．城市转型时期的空间改造与文化重构——京味话剧中的当代胡同市民形象解读［J］．华中师范大学学报（人文社会科学版），2017（3）：139－145．

越来越陌生了。绅士化动向对于老北京住民来说就是一句话：他们失去了一个旧世界，但并没有得到一个新世界。

4. 未来走向

在历史街区的保护整治过程中，如何控制绅士化现象蔓延，保留部分原住居民，已成为关系到社区发展和社会和谐的重要课题，要实现四合院的保护和复兴要做到以下三个方面。

一是强调居民为主体。四合院在清朝时期是达官贵人的居住地，但是随着中华人民共和国成立大量人口迁入北京，四合院变为杂院，成为平民百姓的居住区。因此四合院的保护和改造首先要确定它将要发展的方向。首先，资本的流入和内城的绅士化是自然要发生的事情，如果是将四合院改为一户独住的住宅，那么很多问题都会迎刃而解，不需要规划。站在富人角度的四合院现代化改造有很多，比如将倒座房改为停车间，厢房改为浴室的设计。但是这样的改造会流失老北京居民，造成社会的不公平，而且会让胡同和四合院代表的老北京文化渐渐消失。因此，胡同的改造思路首先要确定是在保护居民利益的前提下进行的，四合院的回归是回归到邻里和谐居住、密度相对较低的杂院状态，物质改造要围绕多户一院这个核心来进行。同时，对于内城资本的投入必将带来绅士化，可以用政策为人们创造就业机会，实现历史街区的全面复兴即人的发展。

二是形成社区环境。大规模外迁人口会导致原有居住区社会网络的断裂，以及外迁人口所面临的社会问题，人口的疏散应当控制在一定比例之内，以维持原有社区的延续性。关于胡同的改造，要在传统社区组织的基础上，维持传统居住空间形态，形成以社区服务为核心的社区环境。要尽量使居民在原地居住，保护丰富多样的社区生活，以此来保留具有可持续性的文化要素。同时，经过技术

培训的社团组织，还能为历史建筑的修缮、保护提供相应的技术服务。❶

三是恢复城市活力。长期以来，旧城保护注重城市形象、风貌这些物质空间问题，而实际上城市活力的恢复才应该是胡同四合院更新改造的要点所在。印证了雅各布斯在《美国大城市的死与生》一书中所提出的，实现城市活力的关键是“多样化”。“大杂院”相比传统四合院的一大变化，就是“杂”，是住民和功能的多样化。在旧城传统风貌区域中，住民和功能越是比较混杂的区域，往往呈现比较繁华的景象，在传统的居住区中形成了商业、娱乐比较集合的地段，在一天之内的不同时间段，都有较大的人流。为恢复“胡同—四合院”体系的活力，“多样化”应该成为旧城改造过程中的重要手段。

参考文献

［1］陈惠芳，关瑞明．在生活中自然地交往——从大杂院谈起［J］．建筑学报，2005（4）：37－39.

［2］陈坪．钟鼓楼下的邃想——《钟鼓楼》思想内容初探［J］．鸡西大学学报，2004（6）：91－92.

［3］陈穗，蔡丰年．北京旧城胡同的类型学分析［J］．装饰，2008（4）：82－84.

［4］何明敏．城市转型时期的空间改造与文化重构——京味话剧中的当代胡同市民形象解读［J］．华中师范大学学报（人文社会科学版），2017（3）：139－145.

［5］李章，和蓉．城市钟鼓楼片区的更新设计之比较［J］．中华建设，2012（9）：166－167.

［6］梁嘉樑．北京旧城传统居住院落的演变研究［D］．北京：清华大学，2007.

---

❶ 张松，赵明．历史保护过程中的“绅士化”现象及其对策探讨［J］．中国名城，2010（9）：4－10.

[7] 孟延春．西方绅士化与北京旧城改造［J］．北京联合大学学报，2000（1）：24－28.

[8] 桐嘎拉嘎．北京四合院民居生态性研究初探［D］．北京：北京林业大学，2009.

[9] 万海洋．历史流变中的人物嬗变——《钟鼓楼》的历史感分析［J］．名作欣赏，2009（15）：62－63.

[10] 王晨倩．论《钟鼓楼》的历史和人生观照［J］．现代语文（学术综合版），2015（3）：43－45.

[11] 王卓源．绅士化现象对传统历史文化街区保护更新中建筑空间的影响研究［D］．重庆大学，2014.

[12] 巫慕莹．《钟鼓楼》婚宴描写中表现的市民世俗心理［J］．文学教育（下），2015（12）：18－19.

[13] 吴炳怀．北京钟鼓楼地区更新前期研究——现状成因·历史脉络·更新动力［J］．华中建筑，1997（3）：103－108.

[14] 张姣婧．传统北京四合院在现代生活形态下的继承与发展［D］．南京：南京理工大学，2009.

[15] 张松，赵明．历史保护过程中的“绅士化”现象及其对策探讨［J］．中国名城，2010（9）：4－10.

[16] 邹平．一部具有社会学价值的当代小说——读刘心武的小说《钟鼓楼》［J］．当代作家评论，1986（2）：110－116.

七、真实人生

——从《平凡的世界》看人口阶层

李伟（2016 级硕士研究生）

“什么是人生？人生就是永不休止的奋斗！只有选定了目标并在奋斗中感到自己的努力没有虚掷，这样的生活才是充实的，精神也会永远年轻！”❶

《平凡的世界》一书，被誉为“茅盾文学奖皇冠上的明珠，激励千万青年的不朽经典”，在中国改革开放初期与城镇化起步的背景下，以孙少安和孙少平俩兄弟为中心，刻画了当时社会各阶层众多普通人的形象，用朴实的语句、真挚的情感感动了一代代为生活努力奋斗的人们，从时空的角度，在感性了解小说中人物的心路历程后，理智地看待小说中城镇化背景下不同阶层之间的关系，明确幸福来源于个人的奋斗，而不能寄希望于他人的施舍。

（一）背景思考

众所周知，当下中国正处于并将长期属于社会主义初级阶段，在中国共产党的领导下，中国人民创造了前所未有的发展奇迹，取得了举世瞩目的成就。但是不能回避的是，在发展进程中也出现了发展不均衡等问题，在这种情况下如何通过新型城镇化来平衡理论实践、缓和社会关系、提升政府公信力、均衡社会发展就成了应该重点考虑的问题。新型城镇化是中国特色社会主义发展阶段的一部分，也是中国特色社会主义践行的重要战略机遇，其在社会发展阶

❶ 路遥. 平凡的世界［M］. 北京：人民文学出版社，2007：319－320.

段中的地位，以及对当代中国社会主体与社会结构的影响作用是无与伦比的，是中国由农村社会走向城市社会，封建愚昧走向理性自主，盲从依附走向独立自信，威权政府走向制衡监督，官僚主义走向制度约束的关键过渡期。

新型城镇化对于调整社会关系和社会结构，维护社会稳定、保障执政合法性具有重大作用。新型城镇化实质上是空间流动与社会流动的过程，最直接的结果是人口空间调整与社会结构的变化，间接结果则包括公民素质、思维方式、生活方式和权利意识等方面的巨大提升与社会技术进步普及等。上述要素的演变为矫正政策实践与调整社会关系创造了无与伦比的条件与机遇，新型城镇化的发展进程是平衡理论实践、调整社会关系、保护公民权利、塑造稳态社会结构的历史机遇。相反地，如果错过这个机遇，等到城镇化进程结束后，新的社会结构建立与旧有社会关系固化，再想对此加以改变不仅会事倍功半，甚至不健康的社会关系会影响政府的公信力。城镇化则包含空间流动与社会流动，结合现实生活中出现的各种问题，有必要对社会关系和社会结构进行分析后再考虑两个流动的问题，如果忽略了政府与社会、不同阶层间的关系而讨论两个流动的问题就容易导致流动的畸形与社会关系的异化。

（二）阶层分析

1. 理论分析

在讨论阶层关系之前，我们有必要对“阶级”和“阶层”进行辨析，有些人绕开这二者之间的关系讨论当今部分理论与实践有所脱离，就失去讨论的基础。那么阶级到底是什么？不同学者对阶级有不同的看法。恩格斯指出，资产阶级是“在所有文明国家里几乎是一切生活资料以及生产这些生活资料所必需的原料和工具（机器、工厂）的独占者”的阶级，而无产阶级则是“完全没有财产的阶级，他们为了换得维持生存所必需的生活资料，只得把自己的劳动

出卖给资产者”。❶

列宁认为：“所谓阶级，就是这样一些集团，这些集团在历史上一定社会生产体系中所处的地位不同，对生产资料的关系（这种关系大部分是在法律上明文规定了的）不同，在社会劳动组织中所起的作用不同，因而领得自己所支配的那份社会财富的方式和多寡也不同。所谓阶级，就是这样一些集团，由于它们在一定社会经济结构中所处的地位不同，其中一个集团能够占有另一个集团的劳动❷。”所以，马克思主义者认为：（1）阶级是一些比较大的社会集团；（2）划分阶级的依据是这些集团在一定的社会生产体系中的地位、对于生产资料的关系、在社会组织中所起的作用；（3）阶级关系主要是剥削关系、占有关系。在阶级社会中，阶级概念与社会性质相关联，阶级的冲突、斗争是社会前进的直接动力，这就决定了阶级关系是社会的主导性关系，阶级结构居于社会结构的主导性地位，其他的一切关系很大程度上是在阶级关系的指导下予以展开和说明的❸。

马克思·韦伯是西方分层研究的先驱。他主张从经济、权力和声望三个角度综合考察社会的分层和不平等问题。这三个分层标准是相对独立的，但在一定条件下可以相互转化，或者把某一方面推到突出地位。分层理论对西方社会分层研究产生了深远影响。表现在：第一，采用多元分层标准；第二，采用具有连续性的定量标准，基本不涉及质的差别；第三，注重主观评价，引进了自我评价法和声誉法等分层方法。

2. 历史分析

而在现实生活中，不同历史背景、不同国家对阶层的界定也不

---

❶ 恩格斯．共产主义理论［C］．马克思恩格斯选集：第一卷［A］．北京：人民出版社，1972.

❷ 列宁．列宁选集：第四卷［M］．北京：人民出版社，1972.

❸ 段若鹏．中国现代化进程中的阶层结构变动研究［M］．北京：人民出版社，2002.

同，中国古代士农工商出于《管子·小匡》："士农工商四民者，国之石（柱石）民也。"《淮南子·齐俗训》亦言："是以人不兼官，官不兼事，士农工商，乡别州异，是故农与农言力，士与士言行，工与工言巧，商与商言数。"其实士农工商就是依据职业对人群进行分层，不同层级间的权利往往是不同的，士大夫与皇族共治，往往不服徭，不纳税；农民作为社会基础群体，农业社会中历来受到统治者的重视，轻徭薄赋，以农为本；手工业者被视为"贱民"，与商人一样，是限制民事行为能力人，其政治权利和民事权利不完整；商人的社会地位最低，不同朝代往往对其设定诸多歧视性规定，如秦朝商人不能穿丝绸衣物，汉朝商人申报不实没收家财，唐代商人不能入朝为官等；日本在德川时代实施身份等级制："因为社会分工而形成的人类职业体系被人为地从政治上加于制度化而固定了，因而又形成了一种政治上的统治秩序，不同的人未出世就被世袭地固定分属于不同的团体，这就是所谓的士农工商的'四民'等级和'四民'之外的贱民。"❶

印度实施种姓制度，在种姓制度的后期吠陀时代，斯瓦尔那（颜色/品质）制度正式形成，婆罗门教的典籍规定了各个瓦尔那的地位，以及不同瓦尔那的成员的不同权利和义务，见表 7－1。种姓与阶级虽然从不同角度反映了印度社会分层状况，但是两者也存在着非常密切的联系是毋庸置疑的。我们不一定认可种姓就是阶级，但是必须承认二者在很多情况下是重合的。种姓的不平等与经济上的不平等常常能对应起来。上层种姓作为印度农村社会的统治阶级、下层种姓作为印度社会被统治阶级的状况在印度独立后并未得到根本改变。虽然有少数下层种姓的人通过教育及其他机遇成为统治阶级的一员，但这并不能改变整个下层种姓受压迫的现实。在这种情况下，可以说种姓制度是印度特色的阶级制度❷。

❶ 杨旭彪．德川身份等级制与士农工商［D］．贵阳：贵州师范大学，2007．

❷ 金永丽．印度种姓制度的阶级阶层分析——印度社会分层的理论探索［J］．鲁东大学学报（哲学社会科学版），2008（3）：42－48．

表 7－1　印度种姓制度

身份	职业	权利
婆罗门	主要掌管宗教祭祀，充任不同层级的祭司。其中一些人也参与政治	享有很大政治权力
刹帝利	基本职业是充当武士	掌握军事和政治大权的等级
吠舍	从事农业、牧业和商业，也有人富有起来，成为高利贷者	平民，没有政治上的特权，必须以布施（捐赠）和纳税的形式供养完全不从事生产劳动的婆罗门和刹帝利
首陀罗	从事农、牧、渔、猎及当时被认为低贱的各职业，其中有人失去生产资料，沦为雇工，甚至沦为奴隶	没有在政治、法律、宗教等方面受保护的权利
达利特	奴隶	地位比首陀罗还要低，又称“贱民”

欧洲中世纪爵位制度。爵位是古代皇族或贵族的封号，用以表示身份、等级或权力的高低。而以占有土地的多少来确定分封爵衔之高低的爵位制度或贵族等级制度则是中世纪欧洲封君封臣制的直接产物。在那个时代，土地是唯一的资本和生活来源，国王或君主将土地以封地（也称采邑：fief）的形式分给向王室效忠的贵族侍从，让他们成为封地的领主；而作为接受封地的回报，这些贵族承认国王是他们的领主，并对自己的领主负有军事上的义务——即在领主作战时，必须向领主提供一定数量的武装骑士。❶

当代中国学者陆学艺依据对社会经济资源、政治资源和文化资源的占有状况，将目前中国社会分成十个阶层，见表 7－2❷。

❶　周景洪．英国爵位制度一窥［J］．武汉冶金管理干部学院学报，2008（2）：77－80.

❷　陆学艺主编．当代中国社会阶层研究报告［M］．北京：社会科学文献出版社，2002.

表7－2　中国社会十大阶层（陆学艺）

序号	社会分层	占比（%）
1	国家与社会管理层	2.1
2	经理人员阶层	1.5
3	私营企业主阶层	0.6
4	专业技术人员阶层	5.1
5	办事人员阶层	4.8
6	个体工商户阶层	4.2
7	商业服务人员阶层	12
8	产业工人阶层	22.6
9	农业劳动者阶层	44
10	城市无业、失业和半失业阶层	3.1

3. 综合评价

只要国家是资本的最大持有者，并且以马克思主义为指导思想并践行，国家的性质就不会改变（这也是部分学者反对国有资产私有化的原因之一），在这种情况下，宏观层面的阶级压迫就不存在，现实中的压迫问题则应该对阶层关系进行分析、讨论。阶级/阶层间共性是不同社会阶级或阶层的社会分工与资源占有不同，在此前提下体现了权力在不同阶层之间的分配与权利的完整性。阶层之间的差距尤其是经济差距的存在是必然的，从效率的角度看阶层差距也有其合理性，但是经济力量往往会衍生诸如社会地位、人脉资源、话语权等其他资源，不同阶层占有这种资源的不均衡性往往会导致权利倾轧，以及权利保障的非均衡性，而这点是导致不同阶层之间关系紧张的直接原因。

当今中国，阶级、阶层的关键区别在于不同阶层间政治地位与权利的保障是否相同。阶层结构、阶层关系不是狭隘的经济属性进行区分，而是权力与权利属性！现如今的阶层壁垒，实际上已经超越原来的流动壁垒，而扩大为权力/权利壁垒；权力是什么？“权力是主体基于对特定资源的支配而使相对人服从并使相对人的不服从

丧失正当性的作用力。”❶“换言之，权力本质上是一种依赖的函数，它是建立在需求者 A 对资源掌握者 B 的依赖关系之上的。这种依赖关系可能来自于物质或精神方面，也有可能来自于心理或社会方面。无论需求者 A 和资源掌握者 B 是否感受的了权力的存在，只要这种依赖关系在发挥作用，后者对前者就确确实实地存在着权力。需求者 A 对资源掌握者 B 的依赖性越强，后者对前者的权力就越大。”❷

现如今人们焦虑的不是阶层固化，或者说不仅仅是阶层固化，而是不正当阶层关系在固化后所在来的权力与权利的差距，及由此引发的人格和尊严的不平等。之前对阶级的区分往往以生产资料占有或经济属性视角介入，但是对当代中国的阶层分析从权利属性的角度介入更有意义，在这种情况下，可以考虑从权利保障的完整性来对阶层进行分析。

城镇化进程的不断推进，在此过程中的阶层演变也在不断加速，城镇化的内涵到底是什么？城镇化对公民意识和阶层的影响到底如何体现值得人们深思。“所谓新型城镇化是以民生、可持续发展和质量为内涵，以追求、幸福、转型、绿色、健康和集约为核心目标，以实现区域统筹与协调一体、产业升级与低碳转型、生态文明和集约高效、制度改革和体制创新为重点内容的崭新的城镇化过程。❸”“社会学意义上的城市化/城镇化强调的是城市社会生活方式的产生、发展和扩散的过程。如美国著名社会学家沃思指出：城市化意味着乡村生活方式向城市生活方式发生质变的过程。美国学者索罗金则认为，城市化就是农村意识、行动方式和生活方式向城市意识、方式和生活方式转变的全部过程。❹”城镇化强调平等和城市文明的扩散，但现实中的不平等和文化模式的固化则对此起到了制约的作用，主要表现在“阶层之间的界限，以及具有阶层特征的生活方式、文

---

❶ 邓元时，李国安．政治科学原理［M］．重庆：重庆大学出版社，2003．

❷ 沙永宝，乔万敏．权力本质新论［J］．前沿，2008（3）：99－101．

❸ 单卓然，黄亚平．“新型城镇化”概念内涵、目标内容、规划策略及认知误区解析［J］．城市规划学刊，2013（2）：16－22．

❹ 徐选国，杨君．人本视角下的新型城镇化建设：本质、特征及其可能路径［J］．南京农业大学学报（社会科学版），2014（2）：15－20．

化模式逐渐形成；社会下层群体向上流动的比率下降；阶层内部的认同不断强化。随着社会阶层结构的定型化，社会中的巨大分化开始趋于稳定，与此同时，社会上层封闭性增强，社会下层向上流动机会日趋减少，家庭背景对个人社会地位获得的影响越来越大。”❶

（三）阶层流动

1. 演变模型

理想阶层的演变呈现金字塔形向纺锤形的演进过程与我国社会结构应该具有一致性：“小康社会的社会构成应该是两头小、中间大的结构，即高收入者少、低收入者少，中等收入者大。而我国目前才从温饱型进入小康型社会的建设，是一个金字塔形的社会结构，中高收入者只占20%，80%为低收入者。这种不理想的金字塔形的社会结构是历史原因形成的。”❷ 见图7－1、图7－2，核心是权利均质，但现实并非如此，见图7－3，权利保障存在极大的不平衡。

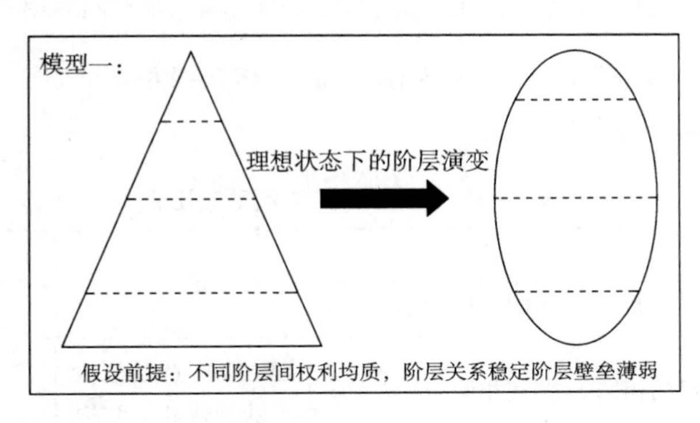
模型一：
理想状态下的阶层演变
假设前提：不同阶层间权利均质，阶层关系稳定阶层壁垒薄弱

图7－1　理想状态下的阶层演变（可编辑格式）

图片来源：作者自绘。

---

❶ 顾辉．近十年来中国社会流动研究的新进展——社会流动视野下的“X二代现象”研究综述［J］．学术论坛，2014，37（4）：82－89．

❷ 王德宝．科学分析当代中国阶级阶层的新变化——用马克思主义阶级分析法看待党的阶级基础的增强和群众基础的扩大［J］．南京林业大学学报（人文社会科学版），2004（2）：5－11．

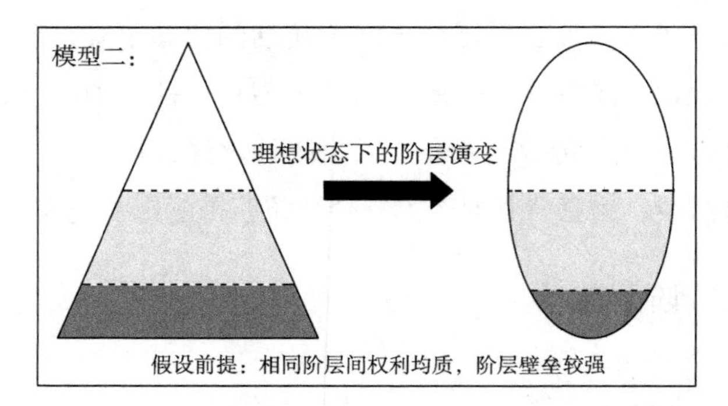

图 7－2　理想状态下的阶级演变（可编辑格式）

图片来源：作者自绘。

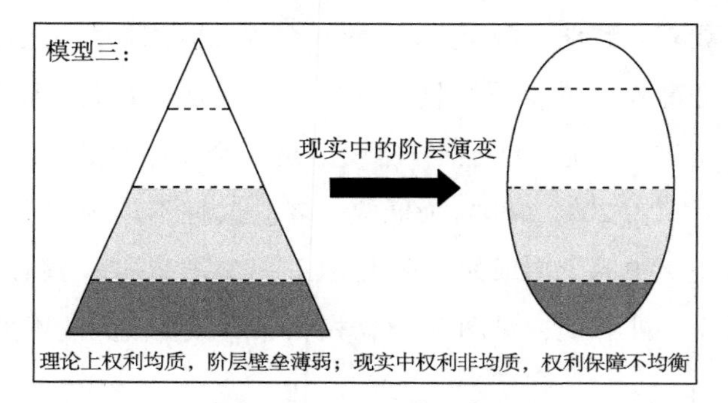

图 7－3　现实中的阶层演变（可编辑格式）

图片来源：作者自绘。

表 7－3　三种阶层模式流动对比表

类型	不同点			策略	共同点
	不同阶层	相同阶层	流动空间		
理想阶层流动	权利相同	权利相同	较大	建立以中产阶层为主的现代社会结构	1. 社会结构变化趋势一致； 2. 流动空间逐渐宽松
理想阶层流动	权利不同	权利相同	较小	建立以中产阶级为主的现代社会结构	
现实阶层流动	权利理论相同，实践不同；权利阉割	权利不同	有限	矫正政府与社会、不同阶层间关系；建立以中产阶层为主的现代社会结构	

2. 小说《平凡的世界》分析

“(传统粗放型城镇化) 在多重分割体制下，在经济、文化、心理或身份融合这几个维度，进城农民都未能比城里人更多地从城镇化过程获益；”[1]《平凡的世界》中孙少安、孙少平俩兄弟从农民分别成了个体经营者和煤矿工人，成功实现了阶层的转变，如果僵化地适用马克思主义的观点，可以将孙少安看成资产阶级，而孙少平是无产阶级，在资产阶级国家中重点保护资产阶级的利益，在无产阶级国家中重点保护无产阶级的利益，不同阶级的政治权利保护是不同的，但显然，这与我国现实情况是不相符的，所以，可以在区分阶级阶层关系的前提下将他们界定为不同阶层，同等保护他们的政治权利，这才符合实际情况。而且，法律不保护躺在权利上睡眠的人，每个人都有保护自身权利的义务；每个人也都有保护自身权利的动力，理性人假设为此激发提供了注脚；每个人都是理性的，在保护自身利益的情况下，每个人都是积极的，所以考虑调动个体保护自身利益的积极性才是制约力量的根源。阶层的利益必须掌握在阶层自己手中，其他人都无权代表，不能超越阶层来谈阶层利益，其内在逻辑是价值控制决定了利益实现的有效性。

参考文献

[1] 路遥. 平凡的世界 [M]. 北京：人民文学出版社，2007：319 – 320.

[2] 恩格斯. 共产主义理论 [A]. 马克思恩格斯选集：第一卷 [C]. 北京：人民出版社，1972.

[3] 列宁. 列宁选集：第四卷 [M]. 北京：人民出版社，1972.

[4] 段若鹏. 中国现代化进程中的阶层结构变动研究 [M]. 北京：人民出版社，2002.

[5] 杨旭彪. 德川身份等级制与士农工商 [D]. 贵阳：贵州师范大学，2007.

[1] 陈云松，张翼. 城镇化的不平等效应与社会融合 [J]. 中国社会科学，2015 (6)：78 – 95 + 206 – 207.

[6] 金永丽．印度种姓制度的阶级阶层分析——印度社会分层的理论探索［J］．鲁东大学学报（哲学社会科学版），2008（3）：42－48.

[7] 周景洪．英国爵位制度一窥［J］．武汉冶金管理干部学院学报，2008（2）：77－80.

[8] 陆学艺主编．当代中国社会阶层研究报告［M］．北京：社会科学文献出版社，2002.

[9] 陆学艺主编．当代中国社会阶层研究报告［M］．北京：社会科学文献出版社，2002.

[10] 邓元时，李国安．政治科学原理［M］．重庆：重庆大学出版社，2003.

[11] 沙永宝，乔万敏．权力本质新论［J］．前沿，2008（3）：99－101.

[12] 单卓然，黄亚平．“新型城镇化”概念内涵、目标内容、规划策略及认知误区解析［J］．城市规划学刊，2013（2）：16－22.

[13] 徐选国，杨君．人本视角下的新型城镇化建设：本质、特征及其可能路径［J］．南京农业大学学报（社会科学版），2014（2）：15－20.

[14] 徐选国，杨君．人本视角下的新型城镇化建设：本质、特征及其可能路径［J］．南京农业大学学报（社会科学版），2014（2）：15－20.

[15] 顾辉．近十年来中国社会流动研究的新进展——社会流动视野下的“X二代现象”研究综述［J］．学术论坛，2014，37（4）：82－89.

[16] 王德宝．科学分析当代中国阶级阶层的新变化——用马克思主义阶级分析法看待党的阶级基础的增强和群众基础的扩大［J］．南京林业大学学报（人文社会科学版），2004（2）：5－11.

[17] 陈云松，张翼．城镇化的不平等效应与社会融合［J］．中国社会科学，2015（6）：78－95，206，207.

八、君子如玉

——从《穆斯林的葬礼》看少数民族融入

岳严（2016级硕士研究生）

《穆斯林的葬礼》是霍达创作的一部长篇小说，它以回族手工匠人梁亦清的玉器作坊奇珍斋的升沉起伏为主线。这是一个完全新奇的世界，展示奇异而古老的民族风情和充满矛盾的现实生活。

（一）传统伊斯兰城市形态

伊斯兰城市的产生是与伊斯兰的文明的标准密切相关的，在很大程度上受到了伊斯兰历史及其文明发展的影响。加上民族、宗教的影响，如居住者绝大部分为阿拉伯民族，信仰伊斯兰教，城市大多充满了这种文化特征和宗教活动场所，因而具有自己的特征。

1. 整体形态

在穆斯林城市空间形态上，清真寺是城市的中心，城市的其他部分则以清真寺为中心向四周放射，如政府的办公楼、银行、政府的各个部门、机构等城市服务中心都建于清真寺周围。城市根据人口的密度被划分为许多居民区，同时各居民区内行政单位，如社会、商业、政府的分支机构等服务性建筑便围绕清真寺而建，其外便是居民的住宅。正如《穆斯林的葬礼》开篇所描绘的穆斯林聚集区："远处，炊烟缭绕。迷蒙的曙色中，矗立着这一带唯一的高出民房的建筑，尖顶如塔，橘黄色的琉璃瓦闪闪发光。那是清真寺的'邦克'楼，每日五次，那里传出警钟似的召唤……这儿是'达尔·伊斯兰'——穆斯林居住区，聚集着一群安拉的信徒，芸芸众生中的另

一个世界。”❶ 清真寺是穆斯林聚居区的中心，以便发挥清真寺的作用。而在各居民区建立公共活动中心，是为了减轻对城市公共服务中心的压力和方便本区居民的日常生活需求等。❷ 这个社区中的穆斯林群众一生中的重要活动都与清真寺有关，在日常生活中，清真寺还有对穆斯林居民教化和管理的功能。因此，清真寺及其周围的公共场所代表着城市的活动中心，道路网络与清真寺广场相连，城市所有的道路都通向城市的活动中心，这体现了城市穆斯林居民与清真寺之间的紧密联系，同时也表明了伊斯兰教对于伊斯兰城市的重要性。

2. 居住形态

穆斯林传统居住形式是以教坊为主要的居住形态，称作寺坊制（jamaat）。完整、有效的寺坊制需要三个组成部分，可满足穆斯林群体的日常交往、饮食、工作和教育等一系列需求。

一是功能完整的清真寺。清真寺处于城市的中心，功能完整的清真寺有五大功能：宗教功能（礼拜）、生活功能（洗礼、割礼、沐浴、婚姻介绍、婚姻证明、处理丧事）、慈善功能（将捐款“乜贴”分给不同信仰的穷人）、教育功能（经堂教育和清真义学）和稳定功能（团结国家、社会和信教群众之间关系）。小说《穆斯林的葬礼》中描写的主人公韩子奇的婚礼，以及梁亦清、新月的葬礼，均为清真寺所主持。这五个功能是“中国化的回教”的特点，在教义之外，还受到儒家文化的影响。清真寺担任一个穆斯林社区中与政府中的中介角色。特别是在传统的乡土社会，在群体氛围的引导下，许多人能够较好地实行宗教功课，并通过外在的规范习得内化成为内在的价值规范❸。

---

❶ 霍达．穆斯林的葬礼［M］．北京：北京十月文艺出版社，2015：1.

❷ 马海云．规则与教化：当代城市清真寺功能研究［D］．昆明：云南大学，2016.

❸ 齐一聪，马冰洋．城市学视角下的清真寺作用机制研究——以银川市为例［J］．城市研究，2013（4）：92－97.

二是清真食品产业。“梁亦清头也没回，只说：‘那些汉人吃的，可不能买！’”[1]“韩太太……路过自由市场，还特地买了只活鸡，又绕道儿到清真寺请老师傅给宰了，……”[2]小说《穆斯林的葬礼》中，多次提到主人公一家作为穆斯林信徒，所食用的肉类需要经过清真寺的阿訇进行处理。可见，清真食品是穆斯林群体的清真生活方式的重要代表，具体表现在要求人们按照《古兰经》的要求来饮食。穆斯林群体对清真食品的需求有助于在城市中形成特色的穆斯林产业，促进穆斯林群体就业，从而融入城市生活。

三是友好的邻里关系。城市中，良好的社群关系也至关重要。在一定程度上，民族聚居是城市中的少数民族文化的自隔离现象，穆斯林群体保持其独特生活方式的渠道直接导致亚城市的社会空间出现[3]。与城市中其他民族的居民交往，邻里间的互帮互助、日常往来，有助于少数民族群体更好地融入城市生活、扎根城市生活。

（二）穆斯林群体社会形态

1. 宗教属性

（1）宗教信仰

伊斯兰教是世界性的宗教之一，它与佛教、基督教并称为“世界三大宗教”，并遵循《古兰经》的教义。伊斯兰教在中国旧称大食教、清真教、回回教、回教、回回教门等。根据 2012 年年底公布的《皮尤研究中心》报告，世界人口约 68 亿，穆斯林总人数是 15.7 亿，分布在 204 个国家和地区，占全世界人口总数的 23%。

“穆斯林”源于阿拉伯语“ISIAM”，意为“真主的顺从者”“实现和平者”，即信奉伊斯兰教的教徒。虽然宗教和民族是不同层面的

---

[1] 霍达．穆斯林的葬礼［M］．北京：北京十月文艺出版社，2015：13.

[2] 霍达．穆斯林的葬礼［M］．北京：北京十月文艺出版社，2015：469.

[3] 匿名．汉族聚居区内的回族是怎么形成的［EB/OL］．https：//www.zhihu.com/question/23857599. 2017 年 4 月 20 日．

定义，但是根据现实情况，中国穆斯林在不特别指明的情况下，一般指的是中国以伊斯兰教为主要信仰的多个少数民族的人口。在中国信奉伊斯兰教的少数民族分别是回族、维吾尔族、哈萨克族、东乡族、柯尔克孜族、撒拉族、塔吉克族、乌孜别克族、保安族和塔塔尔族。由于回族是中华人民共和国成立以后民族划分的产物，所以其划分的标准就是信仰伊斯兰教。鉴于中国的现实情况，后文将不再严格区分穆斯林和信仰伊斯兰教的少数民族群体。

（2）行为特征

穆斯林的信仰大多十分虔诚，这种对信仰的虔诚已经内化成为他们日常生活中的价值观念和行动准则。在这种行为准则的要求下，使得流动穆斯林进入城市之后仍然希望保持着清真习惯，强调清真饮食，这是他们在城市生活中的最基本底线。这决定了在城市中的穆斯林尽量围绕清真寺聚居，以清真寺为核心，以满足日常的宗教需求。❶ 礼拜是穆斯林群体的日常宗教行为，在伊斯兰聚居的城市，宗教氛围十分浓厚，严格的宗教行为成为一种群体的共识，产生一种群体约束力，再加上清真寺等宗教场所可达性高，客观上也为其提供了便利。而流动穆斯林进入城市之后，宗教礼仪开始呈现淡化的趋势，主要有以下原因：一是群体环境不复存在，群体的约束力也相应消失，坚持每天礼拜、每周聚礼拜的人数下降；二是由于大城市中清真寺的密度和空间距离，对于大多数流动穆斯林人来说路途较远，客观上也造成了他们宗教礼仪的淡化；三是由于发达城市的生活节奏加快，很少有空闲的时间满足一天“五礼”的频率，因此宗教习惯不得不出现“变通”，宗教行为开始淡化。城市中的穆斯林减少礼拜次数，出现了每周礼拜一次，或者一段时期内礼拜一次的频次，以及以每年参加会礼等方式用以代表自己礼拜功课的现象。例如，小说《穆斯林的葬礼》中写道：“虽然她的家和清真寺还有

---

❶ 李晓雨，白友涛．我国城市流动穆斯林社会适应问题研究——以南京和西安为例［J］．青海民族学院学报，2009（1）：80－84．

相当的距离，根本听不到礼拜之前专司此职的‘阿赞’登上‘邦克’楼的喊声，而且实际上近年来这种登楼呼唤的形式也已被简化，她还是本能地被‘唤’醒了。”[1] 可见，早在20世纪60年代的北京，穆斯林居民已经难以满足居住在清真寺附近的需求，清真寺的功能相对削弱，穆斯林居民的宗教行为也逐渐淡化。

从封斋角度来讲，许多年轻的流动穆斯林在城市中每年封斋的时间也开始以一段时间来代替一个月的现象，他们有的会“举意”给自己定下封斋的期限，然后完成。

（3）发展趋势

在穆斯林聚居地区，穆斯林之间分属不同的教派现实之中存在分歧，而迁居进入城市的流动穆斯林群体，一方面，背井离乡的乡土情结拉近他们彼此的距离；另一方面，作为城市中的少数群体，外在的压力迫使他们团结起来，在城市中他们的目标是一致的，客观上可以帮助他们摒弃成见，因此，城市中穆斯林宗教教派出现教派分歧减弱的趋势。我国东部城市伊斯兰教的环境也对他们产生了潜移默化的作用，在东部的清真寺中始终宣传宗教和谐与宗教统一，这已经成为一种共识。

2. 流动属性

（1）总量特征

根据国家卫计委统计数据，2016年，我国流动人口达2.45亿，约占全国总人口的18%。在全国流动人口大军中，少数民族流动人口也是一支重要的力量。而我国的少数民族主要分布在西部地区，聚集在这里的少数民族人口占全国少数民族总人口的75%。由于地理、自然环境、历史等原因，我国的西部地区与东部地区相比，经济和社会发展存在着巨大的差距。从人口流动的规律来看，发展相对落后地区的人口必然向发达地区流动，乡村人口必然向城市流动。

[1] 霍达．穆斯林的葬礼［M］．北京：北京十月文艺出版社，2015：89.

因此，我国西部地区的人口，包括相当数量的少数民族农牧民，为了追求更加美好的生活，依靠自身的劳动能力或技能，纷纷进入中、东部地区大中城市谋生。2012 年，我国少数民族流动人口占全国 2.36 亿流动人口的 5.4%，达到 1260 万❶。作为少数民族流动人口重要构成部分的穆斯林流动人口，向中、东部地区迁移的趋势明显。据 2010 年全国第六次人口普查资料，我国 10 个信仰伊斯兰教民族人口的数量为 2314 万，占全国总人口的 1.74%，占少数民族总人口的 20.34%。穆斯林人口外出从业谋生，由于人口的流动性和流动的季节性，没有准确的统计数据。根据流动人口占全国人口总数的 17% 推测，穆斯林流动人口应该不会低于穆斯林总人数的 10%，可见，我国穆斯林流动人口在 250 万 ~ 300 万。

（2）存在问题

穆斯林群体流动人口的数量不断增长，主要存在经济、文化、社会等方面的问题：一是经济方面。流动穆斯林就业层次低、同质性强，导致穆斯林群体收入较少，生活水平较低，进一步导致文化和社会层面的问题；二是文化层面。穆斯林群体多为少数民族，与广大的汉族之间存在语言、宗教信仰和生活习俗等差异。其中，维吾尔族尤其存在不同程度的语言沟通障碍的问题❷。宗教、民族之间的文化差异导致社会交往上主要表现为单一的人际关系网络，缺乏多层次的交往，例如，穆斯林群体在结婚对象的选择上更倾向于穆斯林群众。小说《穆斯林的葬礼》中，男主人公楚雁潮因为其并非穆斯林教徒，他与韩新月的感情因此受到阻碍；而与之相反，韩夫人十分相中韩新月的同学陈淑彦作为自己的儿媳，是因为陈淑彦同为回族。在心理层面，穆斯林群体缺乏归属感，并对城市融入产生抵触心理。在城市生活中，主要体现在清真寺相对不足、回民墓地

---

❶ 国家卫生和计划生育委员会人口司．中国流动人口发展报告［R］．北京：中国人口出版社，2013.

❷ 阿不都艾尼．在京维吾尔族流动人口调查研究［D］．北京：中央民族大学，2011.

紧缺，导致穆斯林群体城市适应程度较低[1]；三是社会层面。由于文化和经济层面的矛盾，激发了城市中的不同群体之间的矛盾，导致公共安全问题、后代教育问题、穆汉关系等问题以及外界对清真文化缺乏了解从而导致伊斯兰教界称之为“侮教案”的社会冲突事件[2]。

穆斯林群体流动对城市公共管理、公共安全提出了新的要求和挑战，尤其是来自西部地区的穆斯林流动人口在文化、习俗、语言、宗教信仰、从业结构等方面存在的特殊性，在流入地的就业与生活往往处于劣势，适应并融入当地城市社会面临着更多的困难，往往容易发生矛盾。据有关部门统计，近些年来，全国出现的涉及民族因素的突发事件，大多发生在少数民族散居地区，特别是城市，一些城市发生的个别新疆流动人员“强卖切糕事件”就有一定的代表性。

（3）影响因素

阻碍流动穆斯林群体进入城市主要有以下因素：一是民族因素。语言、宗教信仰、宗教意识、生活习俗、价值观念、教派等各方面的差异对流动穆斯林适应城市生活造成一定的阻碍。按照人类学的理论，不同族群之间的了解程度越高，就越有利于形成对于他文化的宽容与尊重[3]。族群的自我认同与对他文化的认知成为族际交流的核心，成为影响流动穆斯林城市适应的重要因素。流动穆斯林不仅主观上有进行宗教生活的愿望，而且客观上有从事宗教活动的实践，宗教生活的便利性有助于其融入城市生活。但在我国的许多城市，尤其是东部地区，伊斯兰宗教活动的场所较少，宗教活动的不便，阻碍穆斯林同胞融入城市；二是自身因素。自身文化、教育水平较

---

❶ 陈晓毅．都市穆斯林文化适应问题及其解决之道——基于问卷调查的广州个案实证研究［J］．青海民族研究，2010（3）：1－19.

❷ 葛壮．城市发展中穆斯林群体的公共安全——以上海及长三角城市为例［J］．西北民族大学学报，2015（4）：17－27.

❸ 高翔，张燕，鱼腾飞，宋相奎．结构变迁理论视角下的流动穆斯林城市适应的障碍性因素分析——以兰州市回族、东乡族为例［J］．人口与经济，2011（2）：77－84.

低，生活、生产方式落后，难以在城市中就业及融入城市生活。长期以来，对少数民族的帮扶性政策导致了有些少数民族地区“依附性”发展模式，导致了部分少数民族群体消极心理和行为方式，有的拒绝依靠自身的努力提高生活水平，完全依靠政府、民间团体的救助，抑制了人口的迁居及社会发展。从历史上来看，少数民族群体通常有随遇而安的心理状态，在我国农耕文明下，农村长期以来形成自给自足、封锁内向的心理对人口流迁乃至整个民族文化的发展都起着阻碍作用；三是社会环境因素。除少数民族与汉族之间的差异之外，流动穆斯林群体依然要面对其他流动群体所面临的问题。原有的城市居民认为：外来的劳动力侵占了城市有限的资源，造成对于流动人口的社会排斥。城市居民和汉族流动人口的歧视和偏见是影响流动穆斯林融入城市的主要因素。我国都市居民对流动穆斯林存在“刻板现象”，由于所从事职业、宗教信仰、语言风俗、服饰等的差异，城市居民和汉族外来流动人口将他们视为城市的“外人”。“听听那语气：‘还不如人家少数民族来得个灵’，似乎少数民族应该是又呆又笨的，韩新月只是个偶然的特殊，罗秀竹不如韩新月，是奇耻大辱！表面看来，是赞扬了韩新月这一个‘人’，实际上却把她所属的民族贬低了。这层意思，新月是决不会毫无察觉的，长期散居在汉族地区的穆斯林对此格外敏感。”❶ 小说《穆斯林的葬礼》中对韩新月在学校遭遇的描写，正体现了城市中对穆斯林、回族等少数群体的偏见和刻板印象。伊斯兰文化与儒教文化同而未化，汉、回关系摩擦引发的矛盾事件时有发生，导致对伊斯兰文化的偏见与误解长期存在于普通民众的意识中，社会歧视和偏见的必然结果是社会排斥，这些因素在很大程度上阻碍了流动穆斯林融入城市集体❷；四是制度因素。城市中不公平的制度因素是阻碍流动穆斯林城市适应的根本原因。为实现城乡的“剪刀差”，发展重工业，中国

---

❶ 霍达．穆斯林的葬礼［M］．北京：北京十月文艺出版社，2015：134.

❷ 丁宏．从回汉民族关系角度谈加强伊斯兰文化研究的重要意义［J］．北方民族大学学报，2002（1）：39－44.

自20世纪50年代以来一直实行严格的户籍管制，抑制了城市间以及城乡间的人口流动。20世纪80年代以来，随着改革开放及城乡户籍制度的松动，大量的少数民族劳动力涌入城市。我国的民族政策保障各少数民族的合法权利和利益，维护和发展各民族的平等、团结和互助。另外，流动穆斯林的城市融入是一个双向的适应过程。一方面，是穆斯林群体融入城市市民社会；另一方面，是原有市民群体对穆斯林的接纳。但由于城市资源有限，加剧城市竞争；文化、宗教信仰不同；帮扶政策的倾斜，导致市民群体对穆斯林的排斥，也造成了民族之间、宗教之间产生的矛盾。

（三）穆斯林群体城市融入

1. 尊重文化习俗

城市首先需要对穆斯林移民的文化认同和尊重，从城市的性质和功能上看，包容是城市的重要属性。尊重穆斯林文化习俗主要包括两个方面：一是衣、食、住、行等行为模式；二是宗教信仰、婚姻制度、风俗习惯等制度特征。

2. 提供社会保障

城市外来穆斯林移民的社会地位、文化水平相对偏低，移居至城市，其自身社会地位和经济状况却没有得到相应的改善，很多第二代移民、第三代移民长期生活在城市郊区的贫民区，缺乏良好的受教育条件，也没有相应的就业机会，经济和文化状况一直低下。城市社会为外来移民提供上升的途径，可以对社会发展产生贡献，更可以稳定社会秩序，应从改善流动穆斯林的经济条件入手，大力发展特色民族经济，努力提高居民生活状况，强化流动穆斯林的“自我认同”和“城市归属感”，从而使其顺利适应城市社会生活，具体采取如下措施：一是打破户籍制度带来的限制，有针对地制定城市流动人口管理政策，使其在城市中感受到归属感，促使其更好地融入城市生活，以激励其更好地工作和生活；二是为外来穆斯林群体和流动穆斯林群体，尤其是儿童、青少年提供有针对性的教育、培训机会，提高其自身文化水平和就业竞争力，从而提高其生活水平。例如，在小说《穆斯林的葬礼》中，作为回族的韩新月、韩天星二人均就读于回民中学，二人的教育得到了保障，这使他们获得了更好的工作和生活的机会；三是社区改造要尊重其宗教及其生活方式，实现穆斯林社区整体的现代化，使其与现代城市相适应；四是将政府宗教工作的外在引导转移到少数民族宗教内部的自我调节上，根据城市的环境进行调试，适应城市的社会经济和文化的现实与发展，进而形成少数民族对城市化的良性适应机制❶。

参考文献

[1] 马强．现代化背景下中国城市清真寺功能转型初探［J］．青海民族大学学报，2013（4）：27－29.

[2] 马强．流动的精神社区：人类学视野下的广州穆斯林哲玛提研究［M］．北京：中国社会科学出版社，2016.

[3] 马海云．规则与教化：当代城市清真寺功能研究［D］．昆明：云南大学，2016.

[4] 魏方．北京牛街——亚社会城市公共空间要素与公众认知［J］．新建筑，2016（4）：114－119.

[5] 杨贺．都市中的亚社会研究［D］．北京：清华大学，2004.

[6] 齐一聪，马冰洋．城市学视角下的清真寺作用机制研究——以银川市为例［J］．城市研究，2013（4）：92－97.

[7] 李晓雨，白友涛．我国城市流动穆斯林社会适应问题研究——以南京和西安为例［J］．青海民族学院学报，2009（1）：80－84.

[8] 朴龙虎．我国城市中民族聚居区的居住模式研究［D］．天津：天津大学，2007.

---

❶ 周传斌，杨文笔．城市化进程中少数民族的宗教适应机制探讨——以中国都市回族伊斯兰教为例［J］．西北第二民族学院学报，2008（2）：30－36.

[9] 白凯．城市民族旅游社区的外部认同研究——以西安回坊伊斯兰传统社区为例［J］．中国人口资源与环境，2009（19）．

[10] 龚坚．外来穆斯林的城市适应状况——来自厦门市外来少数民族城市适应的调查报告知［J］．青海民族研究，2007，18（2）：42－45．

[11] 陈晓毅．都市穆斯林文化适应问题及其解决之道——基于问卷调查的广州个案实证研究［J］．青海民族研究，2010（3）：1－19．

[12] 葛壮．城市发展中穆斯林群体的公共安全——以上海及长三角城市为例知［J］．西北民族大学学报，2015（4）：17－27．

[13] 陈赟畅．有宗教信仰的流动少数民族社会适应研究——以南京流动穆斯林为例［D］．南京：南京师范大学，2009．

[14] 周传斌，杨文笔．城市化进程中少数民族的宗教适应机制探讨——以中国都市回族伊斯兰教为例知［J］．西北第二民族学院学报，2008（2）：30－36．

九、起落跌宕

——从小说《白鹿原》看乡村公共空间

隗佳（2016 级硕士研究生）

陈忠实的长篇小说《白鹿原》以陕西关中地区白鹿原上白、鹿两姓家族社会生活为核心，折射出清末民初到中华人民共和国成立50年间中国农村深刻的历史和社会文化变迁。这一时期，正是白鹿原封闭保守的宗法社会在疾风暴雨般的社会革命中衰亡、解体的时期❶。在这一过程中，祠堂和戏楼在白鹿原人们的生活中扮演了重要的角色，旧的宗法制度与新的思潮在这里激烈碰撞，重要的事件大多在这里上演。然而，现在，这些承载农村生活的主舞台却在慢慢地减少，很少为人所注意了。

（一）地址原型考证

1. 白鹿原

地理的白鹿原是小说《白鹿原》的地域原型和故事发生的主体。作者陈忠实在《白嘉轩和他的白鹿原》中写道：“自 1985 年秋天写作中篇小说《蓝袍先生》引发长篇小说创作欲念，足足用了两年半时间，我的主要用心和精力都投入我家屋后的白鹿原上。”这句话表明白鹿原这个地方是真实存在的，并不是作者的一种文学创作，书中所构思的故事都是以现实中的白鹿原为载体的。《续修蓝田县

❶ 王春阳.《白鹿原》对现代革命历史的叙述、重建与超越［D］. 重庆：西南大学，2010.

志》❶记：“白鹿原位于灞浐二川间，南北宽二十里，东西长约五十里，高出县城二百至二百五十米；西北入长安界，称灞上；东接尤风岭至将帅疙瘩，中为长水；在水北者称北原，在水南者称南原。”

白鹿原位于灞、浐二川间，即白鹿原位于灞水和浐河之间。西北入长安界，称灞上，西北方向毗邻灞上。东接尤风岭，东边和尤风岭接近。从图9－1中的标注可以看到，两条河加两个地点已经勾

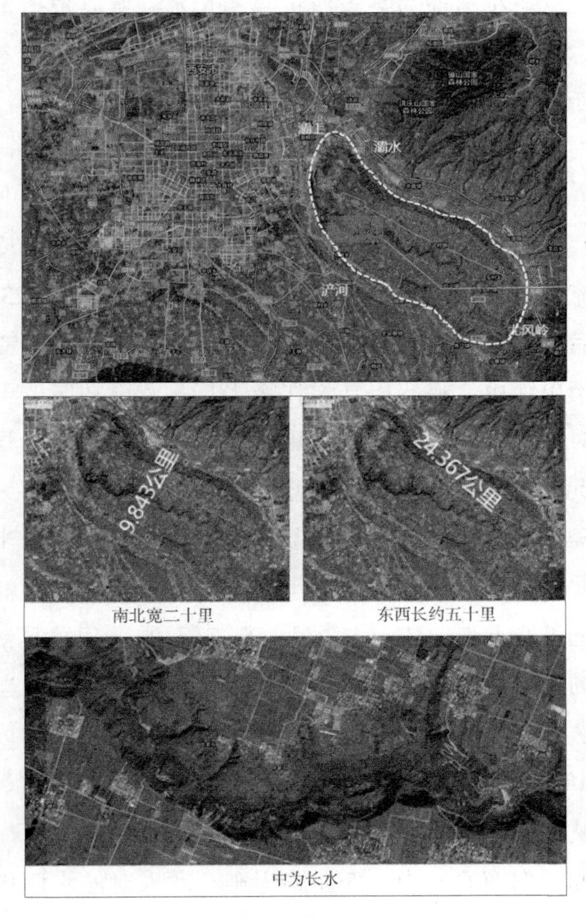

图9－1　白鹿原地理位置示意图

图片来源：作者自绘。

❶《续修蓝田县志》是陈忠实构思《白鹿原》的主要参考资料之一。

勒出一定的范围，再结合地图，可以看出两河之间的区域有很明显的隆起的原坡，从以上几点大致推断出：白色区域即为地理上的白鹿原。然后在地图上进行测距，南北向长约为9.8公里，东西向长约为24.4公里，见图9－1，与县志中所记载的“南北宽二十里，东西长约五十里”较为吻合。中为长水，我们可以看到，白鹿原中间有一条长长的沟壑，我们将这条沟壑放大，可以看到一条小河顺着沟壑流淌，这条小河即为县志所记载的长水。所以根据推断，然后加以验证，我们可以确定，白鹿原就是图9－1中白线所勾勒出的位置，小说所发生的故事就是在这片白鹿原之上。

2. 滋水与润河

小说《白鹿原》中所说的滋水县即蓝田县。蓝田县境内有一条著名的河流，古称滋水，秦穆公欲彰霸业，于公元前623年改滋水为霸水，后来才衍变为“灞水”。小说《白鹿原》的作者陈忠实以古滋水的历史缘由，将蓝田县称作滋水县。蓝田县城位于灞河中游北岸，面对鹿原，背靠横岭，玉山左峙，灞水西环，312国道穿越其间。据《元和郡县志》记载：“蓝田县城古名峣柳城。”民国时的《续修蓝田县志》进一步解释：“县城在陕西省会东南八十里，本名峣柳城，北周建德二年自县西三十里故城移治于此，后就东南隅改筑之，周三里八十步，高一丈六尺，凡三门。”蓝田最早治所约在今县城西南的白鹿原附近，为弭地。秦时初置蓝田县城，当在今白鹿原鲸鱼沟右岸。汉时蓝田县城移治今县城西15公里的白鹿原，亦说是今县北10公里处的一座小土城遗址或7公里处的故京。北周时改迁为峣柳城，即今蓝田县所在地。

在小说《白鹿原》中，鹿兆鹏为避开敌人对滋水西口通道的封锁，来到离西安市5公里的另一条河上。这条河名曰润河，自秦岭流出山来，绕着白鹿原西部的坡跟向北流去，注入滋水再流入渭河。通往古城的路上就形成一个没有渡船的渡口，也就出现了一种背人渡河的职业。这里所说的“润河”即蓝田境内仅次于灞河的第二条大河——浐河，见图 9－2。浐河是在蓝田县境外注入灞河的，是灞河最大的一级支流。作者在小说《白鹿原》中把浐河称作“润河”，显然是为对应“滋水”而取“滋润”的意思，滋水和润河滋润着白鹿原上的人们。小说《白鹿原》中记述鹿兆鹏在浐河背河的情节，这是在过去既无渡船又无渡桥，且河水又深的河边常见的一种背人过河的职业。背河的人多为离河水较近的男人，他们谙知水道路径，也略懂水性，当然也有其他无以谋生的人去从事背河。被背的多为富人，也有不敢过河的女人、孩子、老人及不识水性的普通群众等，这就有了小说《白鹿原》中在浐河背河的故事。而对鹿兆鹏背河来说，则完全是一种特殊的藏身之计和获取信息、谋求下一步革命行动的举措。

图 9－2　滋水和润河原型示意图

图片来源：作者自绘。

3. 白鹿书院与四吕庵

小说《白鹿原》中有这样一段记述：白鹿书院坐落在县城西北方向的白鹿原原坡上，亦名四吕庵，历史悠久。宋朝年间，一位河南小吏调任关中，路经滋水县，见一只白鹿从原坡跃过。后来小吏就买下这块风水宝地，修房、筑坟，并在此定居下来，后世果然发达，出了四个进士。四进士死后，修“四吕庵”祠以祭祀。朱先生

便是利用“四吕庵”改建为“白鹿书院”并在此讲学的。（p22）小说《白鹿原》中说的上述故事确是依据了一个真实的历史记载写成的。《蓝天县志》引《府志》记载：北宋有一位名叫吕贲的河南汲郡人，任刑部四司北部郎中，从河南去西安，路经蓝田，见蓝田风光锦绣，人杰地灵，遂在县城西北三公里的桥村购地置舍，后来吕贲娶妻剩下五子，四子中了进士，即吕大忠、吕大防、吕大钧、吕大临。“四吕”登第前后，曾在今蓝田县西北五里头读书讲学，“四吕”死后，于此建祠，即“四献祠”，也叫“吕氏庵”。《续修蓝田县志》记载：“芸阁学舍即本宋‘四献祠’而拓修者，在县西北六里。”在这段记载中，之所以用了一个“本”字，是因为《续修蓝田县志》就是由牛兆濂主纂的，而纂修地点就是当时牛兆濂讲学的芸阁学舍，今蓝田县城西北的五里头小学即为原芸阁学舍的遗址。从图上看出，五里头小学所在的五里头村距离蓝田县城为3.2公里，与记载的“西北六里”较为吻合。也就是说，小说《白鹿原》中的“四吕庵”的原型便是被当地人俗称为“吕氏庵”的“四献祠”。“白鹿书院”的原型就是在“四献祠”基础上拓修而成的“芸阁学舍”。小说中所说的“四吕”先祖在白鹿原坡置田产、筑墓地，而实际上是在与之一川相隔的三里镇北面的桥村。小说中的白鹿书院实际位置并不在五里头村，而是在红色线条区域。因为小说中记载，白嘉轩去县城的路上，可以看见原坡上的白鹿书院，即白鹿书院应该是在红色区域的原坡上，而不是在现实中的五里头村，见图9－3。《白鹿原》的作者经过这样的“移植”，就把“白鹿书院”从名称到地点都与“白鹿原”这个主题联系在一起，更加突出了“白鹿原”这个祥瑞宝地及小说《白鹿原》故事的完整，足见作者在艺术构思上的独到和态度上的一丝不苟。

图9-3　白鹿书院原型示意图

图片来源：作者自绘。

4. 白鹿村

“白鹿村”是《白鹿原》作者杜撰出的一个村名，在书中并没有具体的地理方位及特征描写，在白鹿原上也没有以白、鹿两姓组成的村子。不过许多读者推断，“白鹿村”的原型是白鹿原西北部的蓝田县孟村乡康禾村。这个村有史以来，就有詹、赵两大族姓的相互共处和对峙，而且也是《白鹿原》中许多故事的发生地，早期的康禾村村民思想积极先进，地下党活动异常活跃、影响深远，他们以大无畏的革命激情，把白鹿原的地下革命工作做得风生水起，引领着整个蓝田的革命发展。但是如果间接地按照小说《白鹿原》故事中有关地理方面的描写推断，白鹿村应该在白鹿原东部，而且应该在北岸的北原，并距离原坡不远的地方。小说对白鹿村的方位有这样一段大概介绍：从白鹿村朝北走，有一条被牛车碾压得车辙深陷的官路直通到白鹿原北边的原边，下了原坡涉过滋水就离滋水县城很近了（P26）。按照这个地理方位来看，今安村乡的白村应该是“白鹿村”的村址所在。因为从白村村北下白鹿原坡，正好是小说《白鹿原》中描写的“白鹿书院”的位置和路线，也符合从“白鹿书院”过滋水、上大道，西行25公里到“朱家砭”的大体方位和里程，朱家砭为小说中朱先生的家乡，朱先生原型即牛兆濂，牛兆濂家乡为蓝田县新街村，见图9－4。由此看来，可以这样说：“白鹿村”是小说《白鹿原》作者大体以白村为村址，以康禾村为事由地而虚构的一个村名。

图9－4　白鹿村原型示意图

图片来源：作者自绘。

五间大厅
台阶
西厢房
东厢房
院门
戏台前空地
戏台

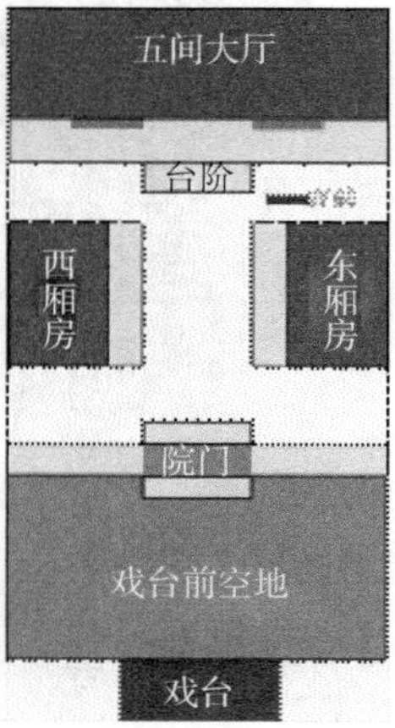

图9－5　祠堂示意图

图片来源：作者自绘。

（二）乡村祠堂研究

1. 祠堂位置

“祠堂”在《白鹿原》中出现次数多达上百处，白鹿原上的故事自始至终也都与这里有着千丝万缕的关系。祠堂作为建筑物，是宗族、宗法的物化，它的产生使得尊重祖先的传统和儒家思想的教义由抽象概念凝聚成为庄严、肃穆的物理性场所，并彰显出独有的精神特质❶。这种特质的形成，不仅离不开白鹿原上世代生活的乡民，需要历史的沉淀积累，也离不开白鹿原上丰厚的水土，广阔的

❶ 罗艳春. 祠堂与宗族社会［J］. 史林，2004（5）：42－51，123.

地貌，还有无边的苍穹和大地。

根据小说《白鹿原》的描述可以推断一下白鹿村的祠堂格局，还原小说中所发生的许多故事的建筑物的风貌。“碑子（仁义白鹿村）栽在白鹿村的祠堂院子里……”（P94）祠堂是一座院落，当白嘉轩想把祠堂改成学堂时，“那座祠堂年久失修，虽是祭祀祖宗的神圣的地方，却毕竟又是公众的官物没有谁操心，五间大厅和六间厦屋的瓦沟里落叶积垢……”（P61）从这里可以看出，祠堂有五间大厅和六间厦屋。“整个神位占满了五间大厅的正面墙壁。西边三间厦屋，作为学堂，待日后学生人数发展多了装不下，再移到五间正厅里去，东边三间厦屋居中用土坯隔开来，一边作为先生的寝室，一边作为族里官人议事的官房。”（P66）六间厦屋分别坐落在东、西方向各三间，至于五间大厅是南边还是北边，根据“乡村坐南朝北方向为最好”的原则，大厅应该是朝北开，在院落南边。“黑娃领头走进祠堂大门……他没有迟疑就走上台阶，又一锤砸下去，祠堂正厅大门上的铁索也跌落在地上……”（p216）祠堂正厅前是有台阶的，正厅应该高于院落地面。“白嘉轩又请来两位石匠，凿下两方青石板碑，把《乡约》全文镌刻下来，镶在祠堂正门的两边，与栽在院子里的‘仁义白鹿村’竖碑互为映照。”（p94）可以知道《乡约》在正门两旁，那么“仁义白鹿村”竖碑在什么地方，小说中没有详细的描述，这座竖碑应当与《乡约》青石板的位置比较靠近，且位置醒目，毕竟是一块表彰白鹿两家美德的石碑，因此这块竖碑应立在五间正厅前台阶一侧较为合理。“黑娃站到戏楼当中大声宣布：‘白鹿原农民协会总部成立了。一切权力从今日起归农民协会！’锣鼓与鞭炮声中，一块白地绿字的牌子由两位兄弟抱扶着，从戏楼上走下梯子，穿过人群挂到祠堂大门口。”（p217）从戏台到祠堂之间有一片空地，戏台和祠堂在空间上遥相呼应。这样祠堂的院落布局与外部环境就基本弄清楚了[1]。祠堂外部场所的开场、公共性与祠堂

[1] 张文波.《白鹿原》祠堂的场所精神［J］. 建筑与文化，2014（9）：38－41.

院落内部的私密、肃穆、历史感的场所特性形成了对比。乡民们正是在密闭的祠堂内部集聚着传统的精神能量，在外部则可以围绕在戏台下，释放农忙时的劳累，体会在精神束缚之后的放纵。因此，祠堂与戏台犹如一对矛盾着的事物，对立但又和谐地存在着。

2. 祠堂功能

就祠堂的功能而言，从历史来看，其功能有一种微妙的转化，即由礼法向世俗的转化❶。祠堂由最初的祭祖逐渐演变成为集会、唱戏、拜神、聚餐等多重功能于一身，传统的礼法观念更多地融入了世俗色彩，促使祠堂的社会功能不断上升，从而成为族众生产、生活的公共空间，其具体包括如下功能。

一是祭祀功能。毫无疑问，祠堂最开始、最基本的功能是家族组织祭祀活动的地方。祖先死后，神位入祠堂，接受后世子孙的祭祀。在小说《白鹿原》中，白嘉轩通过祠堂的祭祀活动，强化宗族成员尊祖敬宗的观念，凝聚族人❷。每逢传统节日，这里按照祖传习俗举行各种祭祖仪式，村民们在族长的带领下祭拜先祖，并祈求先祖赐福保佑。毫无疑问，祠堂在村民心中就是祖先的“住所”。朴素的祖先崇拜使得祠堂成了维系村里宗族内部团结、以集体利益为大的公共场所。正是因为这种对祖先的虔诚信仰，使得祠堂成为一处“神性”场所，寄托着村民朴素的热爱生活、尊重生命的夙愿，汇聚了“集体无意识的深层记忆”。这样，祠堂的意义已不仅仅局限于“祖先住宿”的建筑功能，更大意义上深入民心，尊祖的信仰已经与祠堂融为一体，世代深植于老百姓的心中，祠堂成了村民心中的“教堂”，灵魂的寄托之所。

二是教育功能。白鹿村祠堂对幼童是作为学堂存在的。白鹿祠堂在故事中的出现刚开始并非是以庄重严肃的“祭祖”仪式出现的，

---

❶ 马向科．《白鹿原》宗法文化悲剧与寻根之旅［D］．西安：西北大学，2012.

❷ 叶澜涛．试论《白鹿原》中家族与个人的互动关系［J］．广东海洋大学学报，2008（2）：71－74.

而是族长白嘉轩“看看儿子该当读书了……”“白嘉轩正在谋划确定给白鹿村创办一座学堂，学堂就设在祠堂里。祠堂多有进行家族教育活动的情形，以鼓励本族弟子求学上进，考取功名，这也是光耀门庭、提高家族声望的重要途径。

三是教化功能。祠堂还充当了践行“乡约”、教化乡民之所。而教化靠的则是“儒家思想”，白鹿原上的大儒“朱先生”为白鹿村制定的“乡约”，便是儒家教化众生的生动表现[1]。祠堂宣传以孝、悌、忠、信为核心的伦理道德，提倡子女对父母、子孙对祖先的孝道，从而在家族中，人人视“家族”为整个单位，视“孝友”为家族行为的标准。由孝祖先，推及孝敬父母，由友爱兄弟，推及同辈，由慈爱子女，推及幼辈，逐渐形成了尊老爱幼的美德。而由孝及忠，由爱及仁，最终使人循守礼法，不逾越规矩。

四是惩治功能。白嘉轩惩治赌徒白星儿、鞭笞小娥、狗蛋、白孝文都是在祠堂里严肃地实施的。祠堂所供奉均为自己的祖辈，乡民都讲究不欺鬼神，更不用说对自己的列祖列宗了。因此，面对自己祖先所作出的决定，无论是对于族长还是村民都具有相当的约束力和公信力。族长在祖先面前执行惩罚，表示不欺瞒，乡民在祖先面前接受惩罚，表示诚心悔过。惩治功能作为教化之外更为严格的约束，对于淳朴民风的形成具有相当重要的作用。

五是集会功能。族中有重大公共事务，包括选举族长、购置族产、救济贫困族人、修族谱等，一般都会齐聚祠堂进行商议。祠堂是族长进行日常生活管理的重要场所，许多事情可以在祠堂进行宣布，而不用挨家挨户地告知。

（三）公共空间研究

乡村公共空间作为乡村空间最为核心的部分，是村民日常生活与交往的重要场所，是农民的社交中心。它涉及农民日常的经济、

[1] 李小兵．祠堂的教化功能研究［D］．重庆：西南大学，2009．

政治、文化与生活的诸多方面，对于农民的生活和乡村的和谐稳定发展都具有重要的意义。乡村公共空间是指村民能够自由进出，对所有人开放，并展开公共活动的物质空间（室内与室外）载体，如大树下、洗衣码头、祠堂等地。规划层面偏指实体空间，是供村民公共生活、户外交流的集中场所和日常社会生活公共使用的室外空间的总称，如打谷场、古井旁、大树下、洗衣码头等❶。祠堂和戏楼作为白鹿村的公共空间，丰富着白鹿村民的生活，凝聚村民的情感。然而，随着时代的发展，曾经充满活力的传统乡村公共空间日渐式微，乡村“内核”逐步衰落，村民找不到集体感与归属感，彼此之间更加独立和分化。

1. 乡村公共空间演进

乡村的公共空间也是在不断变化的，主要分为三个时段。

（1）传统乡村公共空间

传统时期的乡村是一个亲密的社群聚落，封闭、单一、同质的世界，农民的生活世界受外界干扰较少，属于“熟人”社会。其公共空间的形成往往是先满足其使用功能，进而在使用过程中达成交往，然后慢慢形成固定场所，成为公共空间。如洗衣码头是目前保留较多的传统形式之一。洗衣码头首先选择在水边满足村民日常的洗刷要求（洗刷功能），然后通过构筑亲水平台，来保证安全、放置物品等需要，至此形成洗衣码头的物质形态。同时，在洗涮过程中，人们通过互助、聊天等互动，产生交往，交往形成的固定化从一定意义上来说公共空间的精神要素已蕴含其中并逐步形成。最后，物质与精神要素不断完善，形成名副其实的公共空间。因此，传统公共空间既含有公共性也含有交往性。又如，水井能够满足人们的用水要求（供水功能），在水井周边通常会由于逗留而形成一定人群，

---

❶ 王东，王勇，李广斌．功能与形式视角下的乡村公共空间演变及其特征研究［J］．国际城市规划，2013，28（2）：57－63．

在其周边的场所形成公共空间，其形成机制也是先满足使用功能，进而形成交往的场所，最终成为乡村的公共空间。诸如此，戏台演出能够满足村民的文化娱乐需求（娱乐功能），大树下的空间能够满足村民夏季乘凉、聚会的需求（休闲功能）等。

这些公共空间以满足村民的使用功能需求为前提，通过发生互助、聊天等互动使村民产生交往、促进感情、增强交流固化成交往场所，进而形成具有公共生活属性的公共空间，这是大多传统乡村公共空间形成的基本规律。使用、信息和乐趣是村民传统公共空间的三个基本功能特征，其中使用功能是基本前提。它们的形式与内在功能在农民生活经验下不断完善，两者之间的契合度较高，达到相对“共存”的状态。

（2）“计划经济时期”的乡村公共空间

中华人民共和国成立后，我国实行了很长时间的计划经济，这种制度模式的背后是强大的国家干预，而在这一时期的乡村公共空间主要体现为两种功能：生产功能和政治功能。由于效仿苏联的社会主义制度，“公共性”和“集体性”空前提高，田间地头、麦场等生产劳动场所都成为乡村重要的公共空间。在人民公社运动、大集体化的推动下，农村的社会生活也是单一模式的推广、集体动员的体制，在这一背景下，农民的生活活动与政治是紧密相连的。传统的乡村公共空间由于政治的全面控制和集体生产制度的影响，开始有一定的弱化，宗教之类的公共空间遭到严重破坏与消灭。这一时期也产生一系列新形式的公共空间，如保管室、供销合作社、露天电影放映地等。从功能上看，传统意义的公共空间弱化，使用功能不再是主要因素，政治、生产性公共空间增强，形成当时特色化的公共空间。从空间上看，如宗祠之类的公共空间遭到破坏，受当时破四旧、破除迷信的社会背景的影响，其他的公共空间的使用频率也有所降低，相对应的是供销社、稻（麦）场等的大量增加，村民在田间地头、麦场等地的交往时间变长。但这一时期是一个过渡

期，很多空间在改革开放之后均不复存在[1]。所以可称这个时期的乡村公共空间的功能与形式保持着一种临时性的“特殊”关系。从功能与形式的契合度来看，这种功能需求并非自发的，而是由国家控制，所以主体自发功能与形式之间的契合度相对下降，其形式有一定程度的异化。

（3）改革开放之后的乡村公共空间

改革开放之后，随着农村“家庭联产承包责任制”的推广，大集体时期的公共空间逐渐消亡，制度变迁、市场经济和技术进步成为这一时期公共空间变动的主导因素。从制度变迁角度看，人民公社瓦解减弱农民的集体意识，集体意识解体导致乡村难以组织公共集体活动，村民彼此之间的集体感与集聚力逐步弱化，公共空间出现萎缩。而曾经承担集体活动的祠堂在上一时期已经大肆被破坏，使得村民集会难以形成。而对乡村具有重要社会控制作用的舆论也难以发挥作用，村民间的联系一步步弱化和减少。从市场经济角度来看，随着市场经济的兴起，乡村劳动人口大量外流，日常交往主体大幅减少。人口频繁流动，有出有进，同质圈变异质圈。我们很容易发现，以前我们所熟悉的农村慢慢出现许多的生面孔，房子也慢慢由矮变高，在这熟人迁出、生人迁进的过程中，村子慢慢变了样。以前熟人社会中的关系纽带逐渐断裂，公共空间的作用也不再显得那么重要，使用的频率也在降低。从技术进步的角度来看，随着新技术的运用，人民的生活方式发生着转变，需求层次提高，传统公共空间的使用功能已不再重要。如电扇、空调的购置使得大树下的公共乘凉功能弱化，进而阻止其交往的潜在性，也就难以汇聚人气。又如，自来水的使用改变了人们去水井取水的生活习惯，洗衣机与自来水的使用使得洗衣码头也变得萧条；诸如此，信息、娱

---

[1] 张纯刚，贾莉平，齐顾波．乡村公共空间：作为合作社发展的意外后果［J］．南京农业大学学报（社会科学版），2014，14（2）：8－14.

乐工具的出现也使人们不再依赖公共空间获取信息与生活乐趣等[1]。

2. 乡村公共空间衰落

改革开放之后，社会诸多因素构成“合力”共同推动传统公共空间走向衰落：一是国家政权抽离，使得乡村治理弱化，以往公共集体活动难以组织；二是制度变迁，使得集体意识解体；三是市场经济发展，致使乡村劳动人口大量外流，交往主体减少；“现代化”的侵入，带来新技术的运用和传媒的普及，使得人们的生活方式发生转变，需求层次提高，传统公共空间的形式与功能之间产生脱节现象，“旧”形式已经成为“新”功能的窠臼。主体将功能需求从传统公共空间“抽离”，旧形式日益衰落，功能与形式之间的契合度不断下降[2]。

乡村公共空间的衰落看似已经不可避免，但这并不可怕，可怕的是村民间交往的减少、人情的丧失，没有了公共空间的乡村将会和现代城市一样冷漠。白鹿原公共空间的改变，其背后是中国社会近五十年发生的深刻的社会变迁，而现代乡村公共空间的改变背后是技术进步，生产力提高所带来的空间改造和更新。现代农村是否也需要城市中的那些广场、服务中心及乡村行政中心不得而知，但可以肯定的是，村民之间是需要一个交往的舞台的，而且这个舞台必须贴合村民的实际需求，不应该是“形象工程”。时代在进步，乡村空间的演变不是一件坏事，过去某种形式的消失，是农民自然而然的选择，而乡村规划所进行的公共空间的设计，也应该满足乡村发展的要求。

---

❶ 张良．乡村公共空间的衰败与重建——兼论乡村社会整合［J］．学习与实践，2013（10）：91－100．

❷ 巨生良，赵雪雁．我国乡村公共空间演变特征及动力分析［J］．中国农村研究，2016（2）：195－206．

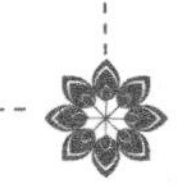

参考文献

[1] 王春阳.《白鹿原》对现代革命历史的叙述、重建与超越［D］. 重庆：西南大学，2010.

[2] 罗艳春. 祠堂与宗族社会［J］. 史林，2004（5）：42－51，123.

[3] 张文波.《白鹿原》祠堂的场所精神［J］. 建筑与文化，2014（9）：38－41.

[4] 马向科.《白鹿原》宗法文化悲剧与寻根之旅［D］. 西安：西北大学，2012.

[5] 叶澜涛. 试论《白鹿原》中家族与个人的互动关系［J］. 广东海洋大学学报，2008（2）：71－74.

[6] 李小兵. 祠堂的教化功能研究［D］. 重庆：西南大学，2009.

[7] 王东，王勇，李广斌. 功能与形式视角下的乡村公共空间演变及其特征研究［J］. 国际城市规划，2013，28（2）：57－63.

[8] 张纯刚，贾莉平，齐顾波. 乡村公共空间：作为合作社发展的意外后果［J］. 南京农业大学学报（社会科学版），2014，14（2）：8－14.

[9] 张良. 乡村公共空间的衰败与重建——兼论乡村社会整合［J］. 学习与实践，2013（10）：91－100.

[10] 巨生良，赵雪雁. 我国乡村公共空间演变特征及动力分析［J］. 中国农村研究，2016（2）：195－206.

十、谁主沉浮

——从长篇小说《白鹿原》看乡村权力结构

曲桐辉（2014 级本科生）

小说《白鹿原》呈现了清末民初乡村中以族长专制“自治”为特征的一种单中心的权力结构，族长白嘉轩是乡村权力的中心，他主管着白鹿村大大小小的公共事务。这种乡村权力结构是在清代“国权不下县”的前提下才得以成立的，“中华民国”成立后，随着军阀割据、抗日战争的历史进程，国家权力也渐渐侵入乡村，官治冲击了乡村“自治”，原有的乡村权力结构和相对安稳的“自治”局面也不复存在。

（一）地址人物原型考证

1. 地址原型考证

（1）白鹿原

长篇小说《白鹿原》的陈忠实出生于陕西西安东郊白鹿原下的蒋村，年少时，他常在白鹿原上挖野菜、拾柴火，对这片土地十分熟悉。成为职业作家后，他通过走访老人、查阅县志，去了解白鹿原这片历史悠久的土地的历史，将县志和老人们记忆中曾经真实存在过的人物和事迹，转化为小说《白鹿原》中个性鲜明的人物、浓墨重彩的情节。现实中白鹿原这一区域确实存在，按现今的行政区划，应分属西安市的长安区、灞桥区和蓝田县的一处黄土台原，见图 10－1，整个原面走势呈东南—西北延伸，并逐渐缓慢变低，是渭河南岸秦岭山脉北麓延续而成的黄土台原的一部分。白鹿原面积较大，其毗邻古都西安，因其历史、文化沉积深厚且久负盛名。

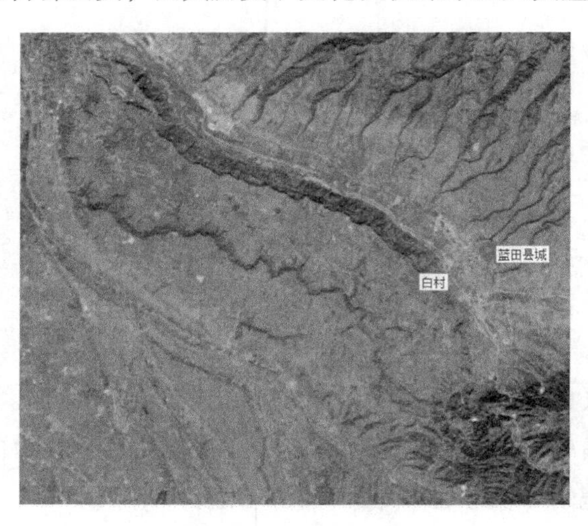

图 10-1　白鹿原卫星图

图片来源：搜狗地图卫星图像。

（2）白鹿村

小说《白鹿原》中最主要的舞台白鹿村，在现实中则并不存在，“白鹿村”这一村名是小说作者陈忠实杜撰的。但通过对照小说中对白鹿村位置的描写：“从白鹿村往北走、下原坡、涉滋水，就离滋水（蓝田）县城很近了”（P21），可以发现，白鹿村的位置大致与现实中的白村相符。同时，也有读者发现，白鹿原上的康禾村，在清末有两大家族相争的往事，与《白鹿原》中白、鹿两家相争的情节相似，且康河村曾是白鹿原上革命事业的中心，发展出了白鹿原上最活跃的一批共产党员，这与小说中白鹿村的革命活动一致，因此，可以推断白鹿村的地理原型为白村，事由原型为康禾村[1]。

2. 人物原型考证

小说《白鹿原》中的朱先生、白灵、鹿兆鹏、黑娃等人均有原型，其原型人物都是曾经在白鹿原上真实存在过的人。具体来说，

[1] 卞寿堂．走进白鹿原［M］．陕西：太白文艺出版社，2005：2-6.

朱先生的原型是关中大儒牛兆濂（1867—1937 年），白灵的原型是生于蓝田县宋家嘴村的张静雯烈士（1911—1935 年），鹿兆鹏的形象则糅合了侯德普、赵伯平、汪峰、胡田勋等几位蓝田县地下党领导人，黑娃的部分事迹则来自于 1949 年参与起义的蓝田县自卫团一营营长郑春霆和革命领导人许中权部下一位同样名叫“黑娃”的警卫员。

此外，小说中的众多情节，如鸡毛传贴交农事件、火烧粮台、祸陕军阀刘振华围困西安、1928 年连续的旱灾和瘟疫等，均为历史上真实发生过的事件。作家陈忠实结合白鹿原上的历史和记忆碎片，经过艺术加工和创作，最终形成了《白鹿原》这样一部风起云涌的民族史诗。

（二）乡村基础权力结构特征

1. 作为“权力核心”的族长

（1）族长产生

小说《白鹿原》的主人公白嘉轩，是白鹿村族长白秉德的儿子，在白秉德去世后，白嘉轩继任成为族长。族长在关中地区又称“官人”，管理一村中的祭祀、赈灾、婚嫁及其他公共事务，相当于村主任。自王安石变法至清代末年，中国地方实行“国权不下县，县下惟宗族，宗族皆自治，自治靠伦理，伦理造乡绅”[1] 的治理模式。县为最基层的行政组织，县以下以宗族为组织基础，以士绅为权力核心，建立起了一种接近于“自治”的乡村政治形态[2]。在和平时期，每个村只要按期交够“皇粮”即可，村中其他事务由族长管理，基本不受皇权干涉。而这种“自治”，并不是真正的自治，不是由村

[1] 秦晖．传统中华帝国的乡村基层控制：汉唐间的乡村组织［M］．北京：商务印书馆，2003：3.

[2] 唐鸣，赵鲲鹏，刘志鹏．中国古代乡村治理的基本模式及其历史变迁［J］．江汉论坛，2011（3）：68.

民共同管理公共事务，而是由族长一人独揽权力，是一种专制的“自治”。

族长通常由农村中宗族势力较强的一家产生，且族长的位置会由族长的长子继承。在小说《白鹿原》中，白鹿村曾有两个亲兄弟相争，最终调解的办法是哥哥改姓白、弟弟改姓鹿（为的是享有白鹿传说中的祥瑞），并规定今后族长均由白家长子担任，以此避免纷争。（P52）可见，族长之位本身就意味着权力和对权力的争夺，这种争夺以宗族势力为基础，只有势力强的家族才有资格参与这场权力的角逐。白鹿村的族长虽然已经确定，但白嘉轩作为族长仍然面对着压力，他必须保证自家的势力与地位相匹配。小说开头，白嘉轩娶妻六次，但均以妻子早亡告终，为此散尽家财；随后又经历了父亲白秉德的去世，白家只剩下白嘉轩和母亲白赵氏，家道惨淡使白家在村中的地位一落千丈，白嘉轩主持祭祀的时候“总是不由得心里发慌尻子发松”（P52），这使得一直与白家暗中较量的鹿家十分得意。直到白嘉轩娶到第七任妻子仙草并顺利生下两个儿子，最终通过种植罂粟发了财，白家重现人丁兴旺的景象，其地位才得以巩固，白嘉轩的族长之位才终于坐得心安理得。

（2）族长职权

作为族长，白嘉轩的职权包括以下四个方面。

一是主持祭祀。这一职权非常重要，在白鹿村，人们并没有确定的、虔诚的宗教信仰，精神上的归属都交给了祖先和皇权。而在小说开始不久，辛亥革命爆发、皇帝退位，村民们曾经颇为困惑，认为：“皇帝再咋说是一条龙啊！龙一回天，世间的毒虫猛兽全出山了。”（P70）在这种情况下，祖先就成为村民们唯一的精神归宿。小说中提到，在灾荒、瘟疫连续袭击白鹿原的几年间，几乎家家都失去了亲人，村民都沉浸在悲伤和无望中，这时的白嘉轩仍然主持祭祀，并将灾难中去世的村民填入族谱、超度亡灵，参加过祭祀的村民由此重新树立了对生活的希望。传统的农耕文明仰赖经验，对祖先和祖先传承下来的规矩强调绝对的尊奉，具有显著的传承性❶。而族长在这种对祖先的尊奉中，扮演着和基督教神父类似的角色，即传达祖先旨意、弘扬祖先规矩的人。因此，主祭权是族长权力的来源和标志。

二是教化村民。这一职权承接了主祭权，白嘉轩在邀请朱先生编写《乡约》、教村民学习《乡约》、惩罚烟鬼赌鬼和偷情男女的过程中，实际上是在执行一套已有的行为规范，这套行为规范，可以理解为儒家的处事原则❷，也可以理解为祖先留存下来的规矩。可以说，这二者是互相融合、难分彼此的，而《乡约》的内容是建立在这二者之上的。根据陈力丹提出的中国古代的历史传播结构，见图10-2，古代文化遗产（A）在传播中始终居于核心地位，后代必须完完全全地继承，不能有任何违逆，而后代的创新（B和C）必须建立在古代遗产的基础上，作为传统的因袭和衍生物，对遗产进行补充和发扬。而朱先生在《乡约》中提出的“德业相劝”“过失相规”“礼俗相交”❸等内容，其实也是对祖先规矩、儒家礼法的全盘继承；白嘉轩对村民的教化，无疑也是在执行这一套因袭下来的行为规范。

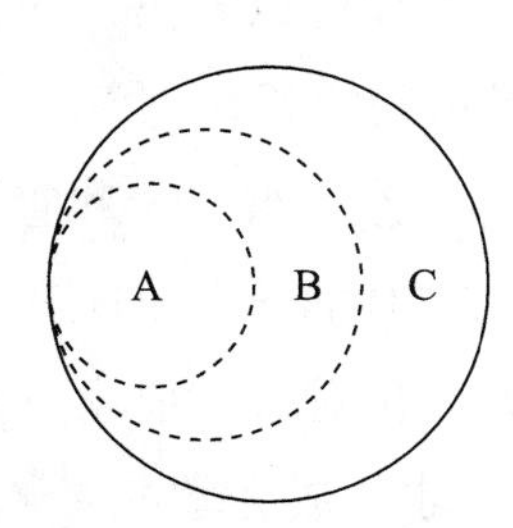

图10-2　中国古代的历史传播结构

图片来源：陈力丹．新闻理论十讲［M］．上海：复旦大学出版社，2008：19.

三是主持婚礼。这一项在《白鹿原》中表现得十分重要，新婚

---

❶ 胡曦嘉．浅析农耕文明和海洋文明的差异［J］．科技创新导报，2010：24.
❷ 刘华荣．儒家教化思想研究［D］．兰州：兰州大学，2014：94.
❸ 陈忠实．白鹿原［M］．北京：作家出版社，2012：77.

夫妇必须到祠堂在族长白嘉轩的主持下拜列祖列宗，拜过祖宗其婚姻才得到族长及族人的承认。西安求学回来的鹿兆鹏反感这种封建仪式，不肯去拜，被其父鹿子霖狠狠抽了一巴掌，只得去拜；黑娃带外村地主的小妾回到白鹿村，二人结为夫妻，白嘉轩不允许这二人进入祠堂拜祖宗，因此二人的婚姻没有得到承认，成为受尽全村指点的“狗男女”。另外，婚姻在乡村生活中是非常重要的一项内容，这是因为：一方面，婚姻关系到生儿育女、血缘传承、家族存续；另一方面，婚姻也是发展、巩固宗族势力的重要手段。族长所拥有的主婚权，其重要性也就不言而喻了。

四是组织和管理其他公共事务，包括修缮祠堂和学校、管理族产、赈灾、调解纠纷、组织自卫等。白嘉轩在一次次主持白鹿村的公共事务的过程中，履行着自己的职责，也树立着自己的权威。在他掌权初期，建立学堂为他赢得了全村人的美誉；在他组织村民加固围墙、巡逻、防白狼、用族产接济困难家庭的过程中，族长的权力和号召力都在乡村公共事务中发挥了作用。由族长一人掌权的管理模式在今天看来并不可取，但在小说《白鹿原》中白嘉轩的合理决策还是颇有成效的。

总的来说，从族长的职权可以看出，族长在村庄的权力结构中扮演着这样的角色：他是祖先的“代言人”，他是村民的道德模范和道德教师，他是村庄公共事务的组织者和管理者。这三个角色是顺次承接的，只有作为祖先“代言人”的族长，才有资格教化村民；同样，按照中国古代儒家文化对人的要求，只有在道德上堪称“模范”和“表率”的族长，才能成为掌权者❶，才能妥善管理乡村事务。而族长的权力及其范围本身是没有任何成文的法律予以规定和确认的，是一种“礼俗”，而非“法治”❷。族长的权力和权力的边界是约定俗成的，是在多年的乡村政治实践中逐渐形成的。族长的

---

❶ 刘华荣．儒家教化思想研究［D］．兰州：兰州大学，2014：89.

❷ 马华，王红卓．从礼俗到法治：基层政治生态运行的秩序变迁［J］．求实，2018（1）：52.

权力得以成立，需要村民们对这一套约定俗成的规范有高度的认同，这种认同源自高度封闭的小农经济和以血缘为纽带的宗族聚居形式[1]。

2. 其他乡绅的政治参与

在族长的管辖之下，乡村政治同样还有着其他乡绅的参与，这些参与者，无疑都是依靠着富足的财力和宗族势力或社会关系的。小说第四章，白嘉轩与鹿子霖因同买李寡妇家的半亩水地发生纠纷，二人在田间发生肢体冲突，随即演变成白、鹿两家近门亲族几十人的斗殴。一般来说，村里的纠纷会由族长出面调解，而这时身为族长的白嘉轩是纠纷的一方，这场纠纷最终由药铺老板冷先生和学者朱先生调停（冷先生与白家是世交，凭借其出色的医术在白鹿原上颇受敬重；朱先生则是白嘉轩的姐夫，德高望重善于规劝），使得白嘉轩和鹿子霖最终达成了和解。可见，在乡村权力由族长一人独揽的体制中，没有成文的法律法规来规定具体事宜的处理方法，一切全凭族长个人的道德和智慧。而当某个问题超出了族长权力和能力的边界时（比如，族长本人同他人发生了纠纷），族长本人已无法处理这个问题，而问题本身又牵涉到乡村中的很多人，必须给出一个说法，这时乡绅阶层的其他成员就会出面，凭借自己的身份和社会关系帮助最终解决问题。

另外，族长的权力并不是完全令行禁止的，族长往往要借助“熟人社会”[2] 的号召力，通过拉拢、鼓动另一个大家族的当家，得到绝大多数宗族的支持，才能把一个决策推行下去，才能把一件事情办成。在白嘉轩主持修建白鹿村学堂时，首先需要向鹿家当家人鹿泰恒提出自己的方案，获得鹿泰恒的首肯，才和与自己同辈的鹿子霖共同主持修建学堂；在祸陕军阀刘振华扫荡白鹿原并最终战败

[1] 费孝通．乡土中国［M］．北京：生活・读书・新知三联书店，1985：71．

[2] 费孝通．乡土中国［M］．北京：生活・读书・新知三联书店，1985：21．

撤退后，白嘉轩也是联合鹿子霖一同组织村民进行了村庄重建、赈济灾民等工作，鹿子霖也在这项工作中起到了很重要的组织和动员的作用。毕竟，白鹿村主要是由白、鹿两族组成，作为族长的白嘉轩要想调动鹿姓村民参与公共事务，就必须获得鹿家当家人的支持。这也从侧面体现出了族长的权力并没有明文法律的支持和限定，很多时候有着灵活、可变、模糊的边界，只有充分融入“熟人社会”、从中借力，才能很好地发挥作用。

除此之外，当遇到一些族长也解决不了的问题时，乡绅阶层会提出自己的意见，公共事务会在祠堂中商议，族长也会参考其他乡绅的意见和建议。比如，连年灾荒瘟疫，白嘉轩组织村民祭天求雨均无果，族人认为是田小娥的鬼魂诅咒导致，三位德高望重的老者联合鹿子霖和冷先生向白嘉轩提议给田小娥修庙，而白嘉轩则将族人召集到祠堂，重申《乡约》精神，提出在田小娥曾经住过的窑洞上造塔祛鬼镇邪。也就是说，在这个协商的过程中，白嘉轩参考了其他乡绅的意见，同意灾荒瘟疫并非上天旨意，而是田小娥鬼魂作祟，因此放弃了原有的祭天路线。同时，白嘉轩身为族长，始终坚持己见，坚决不赞成给田小娥这样一个“道德败坏”的女性修庙，而直接做出了造塔镇鬼驱邪的决定。

3. 单中心的乡村权力结构

综上可以发现，清末的乡村权力结构，是以族长为中心的单中心结构。族长依靠地位继承和代言祖先，拥有天然的权威，同时，也凭借其个人的道德和能力，巩固建立自己的权威，从而总揽了绝大多数乡村公共事务的决策权和执行权。乡村政治中不乏其他士绅的参与，但士绅们更多的是扮演着调解、建言和协助的角色，很难影响族长的决策，也很难动摇族长的权威。

同时，相对于国家的行政权力，乡村处于一种“自治”的状态。由于国家权力的彻底退场，在乡村生活中，宗族权力一手遮天，外族人和不被宗族权力驱逐的人，难免在乡村熟人社会中生活得十分艰难。如药铺老板冷先生，他本身是既不属于白家也不属于鹿家的外族人，冷先生的父亲在白鹿原落脚时，依靠着白嘉轩父亲、当时白鹿村族长白秉德的认可和帮助，才顺利立足；而自由恋爱的黑娃、田小娥夫妇，因为其婚姻不受族长白嘉轩的承认，二人在身份上被整个白鹿村的宗族势力排斥为“他者”，而受到权力的驯服和打压❶，遭到了整个白鹿村人的排挤和嫌弃。可见，族长的权力根植于宗族势力，同时族长的权力也在宗族聚居的乡村中维护着本族的利益和体面，只有受到族长认可的人才能顺利融入本族生活，而那些违反规范的人也会遭到宗族和族长的驱逐。以族长为单中心的乡村士绅“自治”，是集权统治的外围范畴❷，在乡村这个微缩的政治系统里，同样奉行着集权统治的逻辑。

（三）官治对乡村“自治”的冲击

中国古代乡村形成了一种由族长专制的“自治”政治形态，而在辛亥革命之后，清帝统治宣告结束，最初建立的国民党政府将县令改为县长，县下设仓，仓下设保障所，基层行政人员均由上级任命，“国权不下县”的旧状态被打破了。鹿子霖被任命为“乡约”，这也就意味着国家权力到了乡村。

1. 辛亥革命时期

辛亥革命之后，袁世凯、黎元洪、徐世昌等人先后颁布《地方自治实行条例》《县自治法》《县自治法施行细则》等法规，但世人皆称其“名为自治，实为官治”❸，地方官员（县长）通常会对乡绅采取拉拢、利用的手段，将乡绅任命为村干部，并依靠这些乡绅反复征粮征丁；在蒋介石统治时期，为了剿共，甚至还建立了类似于秦朝的“保甲制”，总的来说，民国时期的历任当权者对乡村的控制

---

❶ 张剑．西方文论关键词　他者［J］．外国文学，2011（1）：121.
❷ 李盈昊．论中国古代的绅士自治制度［J］．法商论坛，2010（2）：108.
❸ 王培棠．江苏省乡土志［M］．上海：商务印书馆，1938：220.

是越来越强的。鹿子霖就任白鹿仓第一保障所乡约后，和总乡约田福贤一起，在白鹿镇中始终在做三件事：征粮、征丁、训练团丁。他们的上司一换再换，有时是国民党派来的县长，有时是围困西安的军阀刘振华；重复征粮让白鹿原上的老百姓不堪重负，为此，白嘉轩也组织过反抗，比如第一次征粮时的“鸡毛传贴交农事件”，就是白嘉轩依靠自己作为族长和乡绅的影响力组织的一次游行示威。但到后来，鹿子霖和田福贤组织了武装团丁，这些扛着枪的地痞使征粮行动畅通无阻，白嘉轩所代表的乡绅势力也就渐渐退场了，乡村的“自治”渐渐瓦解，官治全面接管了乡村，白嘉轩能做的只有军阀来征粮时拒绝敲锣带路这种消极的不配合。

值得注意的是，《白鹿原》以白、鹿两家的争斗为主线，但极少描写两家家长的正面冲突。除去白嘉轩和鹿子霖在小说开头处因李寡妇家的半亩水地发生的那次斗殴外，二人始终维持着表面的和平。在鹿子霖担任乡约、组织征粮征兵期间，白嘉轩身为族长，从未对这些举措提出过异议，只在每一次动乱结束后，继续履行族长的职责，重整白鹿村的秩序。这一方面和人物本身的设定和性格有关，另一方面也反映了在官治逐步建立的过程中，宗族权力的自觉退让。面对官治权力的增长，白嘉轩始终没有维护宗族权力的想法和举动，尽管白鹿村的宗族结构和村民对宗族的归属感还在相当长一段时间中存续着，但族长白嘉轩组织公共事务的权力已经逐渐瓦解、消减。他对国民党政府的合法性有所怀疑，但始终恪守着一个农民的“本分”，不去同当权者较量抗衡，在变革的时代中，白嘉轩选择扮演了一个退让、妥协的角色。

2. 蒋介石统治时期

到了蒋介石统治时期，国民党政府为了“剿共”，在农村地区建立了“保甲制”。1932 年 8 月，“豫鄂皖三省剿匪总司令部”发布《“剿匪”区内各县编查保甲户口条例》，规定：以户为单位，十户编为一甲，十甲编为一保；户长由家长充任，甲长由区长委任，保长由县长委任；保长受区长指挥监督，甲长受保长指挥监督，负责维持秩序、征收赋税、训练壮丁、兴修工事等。户长必须联名加入《保甲规约》，并与甲内其他户长五人以上共具《联保连坐切结》，声明：“结内各户互相劝勉监视，绝无通匪或纵匪情事。如有违犯者，他户应即密报惩办；倘瞻徇隐匿，各户愿负连坐之责。”保甲内十八岁以上、四十五岁以下的男子被编入壮丁队，接受军事训练，平时由保长、甲长率领修筑工事，必要时编成武装民团。1934 年，国民政府将这套保甲制度推向全国❶。大规模的征丁征粮，这使得白鹿原上民不聊生，百姓为了逃避征粮和征丁甚至纷纷逃难，白嘉轩将未逃的族人召集到祠堂，声明：“从今日起，除大年初一敬奉祖宗之外，任啥事都甭寻孝武（白嘉轩次子）也甭寻我了。道理不必解说，木下这兵荒马乱的世事我无力回天，各位好自为之……”（P514）至此，依靠乡村宗族建立起来的“自治”彻底瓦解，而鹿子霖代表的官治则一直持续到了 1949 年。可见，从清末到民国这一时期，乡村的乡绅“自治”在国家强权面前逐渐弱化、退场，国家权力变强，乡绅“自治”渐弱❷。

（四）现代乡村治理的启示

小说《白鹿原》中展现的乡村“自治”模式，在中华人民共和国成立之后已不复存在，乡绅阶层被消灭，这一阶层依靠传统建立起来的权威也在变革的时代中倒下。而今，在农村民主自治和市场经济的大背景下，一些农村的宗族势力又有了复活的迹象❸，归根结底，我国乡村宗族聚居的模式在相当长一段时间内都不会发生大的改变，尽管市场经济加剧了人口流动，但由于户籍制度对农民落户

❶ 白寿彝．中国通史：近代后编（1919 – 1949）［M］．上海：上海人民出版社，1999：815．

❷ 马良灿．中国乡村社会治理的四次转型［J］．学习与探索，2014（9）：46．

❸ 郭武轲．清末民国乡村治理研究——以小说《白鹿原》为视角［D］．郑州：郑州大学，2010：48．

城市的限制，农村居民仍然十分重视宗族感情和家族实力的培养。在这种情况下，如何趋利避害，如何更好地利用宗族纽带进行乡村治理、落实依法治国，已成为现今农村基层工作的一个重要问题。小说《白鹿原》中所展现的清末民初乡村权力结构的形态和演变，或许能够给我们诸多启发。

首先，宗族纽带是当代中国乡村的宝贵财富。正是因为血缘、宗族的存在，村民对自己生活的乡村才有切实的认同感。正如滕尼斯提出的“社区”概念：社区是人们生活的共同体，而原始的农村其实就是真正意义上的“社区”，在农村社区共同体中的人际关系，是一种古老的、以自然意志为基础的关系，一种亲密无间、相互信任、守望相助、默认一致、服从权威并且基于共同信仰和共同风俗之上的人际关系❶。这一表述其实和小说《白鹿原》中所展现的宗族状态非常接近，学堂、祠堂、戏台等村庄的公共空间几乎囊括了一个村民从生到死所有和其他村民建立关系的场景，将“熟人社会”的亲密联系发挥到了极致。而宗族纽带所带来的凝聚力和效率，也在祭祀、乡村自卫、赈济灾民等活动中体现出来。因此，我国农村现存的宗族纽带，其实是建设滕尼斯理想中的“社区”的宝贵财富，也是建设现代乡村治理的宝贵财富❷。在农村民主自治的大背景下，宗族纽带能够充分唤起村民对公共事务的热情，促使农村居民们更好地参与公共事务。

同时，我国农村存续着几百年、上千年来积累的约定俗成的乡村习俗和规范。在强调道德、礼让的熟人社会中，许多问题可以依靠在宗族生活中积累起来的处事原则和人际关系来解决，可以避免过分上纲、上线对村民感情的冲击。乡村社会日常中需要处理的绝大多数问题是婚姻危机、邻里纠纷、水资源和土地资源纠纷等，这些问题很难诉诸法律，更适合用诸如“礼治”“规劝”“说服”等方

---

❶ 袁梦醒．滕尼斯的社区理论与中国的社区建设［J］．社会学，2005（3）：1.

❷ 魏媛．宗族“资源”与乡村治理［D］．上海：华东师范大学，2017：33.

式加以解决[1]，这样也更有利于化解矛盾、推行政策。推行“以人为本”的软性治理，才能最大限度获得村民对政府的认可，同时也节约了行政成本，培养了更多能够在乡村公共事务中发挥作用的人才。

而对于原有的乡村“自治”模式中不符合现行法律、不符合农村民主自治原则的部分，则应予以适当的扬弃。在市场经济条件下，如果出现“族长”独揽权力而无人监督检举的情况，就更容易发生贪污腐败、欺下瞒上等恶劣情节。曾经由族长统领一族的治理模式，其实有着封建社会浓厚的“家长制”色彩，如果在当代延续这种“人治”模式，可能会导致村民迫于宗族压力，无法表达自己的利益诉求，也会出现情大于法、权大于法等有违依法治国精神的情况。因此，在许多重要的、原则性的问题上，仍需政府掌舵，对农村民主自治进行适当的监督和引导。既要引导村民摒弃家长制陋习、接受新思想、学习法律知识、树立法律意识、正确认识自己的民主权利和义务，又要妥善利用我国农村现存的宗族纽带，在当代乡村治理中发挥这种源远流长的村民之间的凝聚力，更好地化解矛盾、寻求共同利益、达成共识。

参考文献

[1] 陈忠实. 白鹿原 [M]. 北京：作家出版社，2012.

[2] 卞寿堂. 走进白鹿原 [M]. 陕西：太白文艺出版社，2005.

[3] 秦晖. 传统中华帝国的乡村基层控制：汉唐间的乡村组织 [M]. 北京：商务印书馆，2003.

[4] 胡曦嘉. 浅析农耕文明和海洋文明的差异 [J]. 科技创新导报，2010：224-224.

[5] 刘华荣. 儒家教化思想研究 [D]. 兰州：兰州大学，2014.

[6] 马华，王红卓. 从礼俗到法治：基层政治生态运行的秩序变迁 [J]. 求

[1] 秦德君，毛光霞. 中国古代“乡绅之治”：治理逻辑与现代意蕴——中国基层社会治理的非行政化启示 [J]. 党政研究，2016 (3)：46.

实，2018（1）：50－59，110－111.
［7］陈力丹．新闻理论十讲［M］．上海：复旦大学出版社，2008.
［8］唐鸣，赵鲲鹏，刘志鹏．中国古代乡村治理的基本模式及其历史变迁［J］．江汉论坛，2011（3）：68－72.
［9］费孝通．乡土中国［M］．北京：生活·读书·新知三联书店，1985.
［10］张剑．西方文论关键词　他者［J］．外国文学，2011（1）：118－127，159－160.
［11］李盈昊．论中国古代的绅士自治制度［J］．法商论坛，2010（2）：107－108.
［12］王培棠．江苏省乡土志［M］．上海：商务印书馆，1938.
［13］白寿彝．中国通史：近代后编（1919－1949）［M］．上海：上海人民出版社，1999.
［14］马良灿．中国乡村社会治理的四次转型［J］．学习与探索，2014（9）：45－50.
［15］郭武轲．清末民国乡村治理研究——以小说《白鹿原》为视角［D］．郑州：郑州大学，2010.
［16］魏媛．宗族“资源”与乡村治理［D］．上海：华东师范大学，2017.
［17］秦德君，毛光霞．中国古代“乡绅之治”：治理逻辑与现代意蕴——中国基层社会治理的非行政化启示［J］．党政研究，2016（3）：42－48.

十一、笃定前行

——从《天堂蒜薹之歌》看中国农村改革

王晨跃（2016级硕士研究生）

从1978年开始，中国的改革在全国范围内起步。伴随着五个中央一号文件的出台，农村改革首先打响第一炮。小说《天堂蒜薹之歌》的时代背景是农村经济改革第一阶段的末期，它不仅反映了那个时代背景下弱势群体的生存状态，而且也反映了改革大潮下人民生活水平普遍、客观的提高。无论如何，改革的成果值得肯定，改革的步伐仍应坚定，但改革过程中暴露出的许多体制机制问题亟须我们进行深刻反思。

（一）人物关系

《天堂蒜薹之歌》是诺贝尔文学家获得者莫言的一部代表作，写成于1988年。总的来说，小说的情节分为两条主线展开：一是换亲线，主要讲述了一对乡村情侣自由恋爱，却卷入一桩乡村糟粕文化中的三换亲。女方为了自己残疾的哥哥能够娶到媳妇被迫嫁给一个自己不喜欢的男人。男女双方经历重重阻拦坚持在一起。最后，女方在自由爱情的结晶降生前自杀，男方失去生活希望，进监狱后企图越狱报仇被枪毙；二是卖蒜线，主要讲述了天堂县农民响应政府号召大量种植蒜薹。但由于市场信息不畅通，体系不健全而导致蒜薹滞销。政府的“官本位”思想严重，不但没有做好服务工作和补救措施，还胡乱征收各种名目的税费，加重滞销局面和农民不满情绪，最终爆发群体性事件，农民包围并打砸县政府，涉事农民被捕入狱[1-2]。

小说中频繁出现的主要人物有高羊、高马、金菊和方四婶。高马和金菊是一对在农村糟粕传统文化中艰难地坚持自由恋爱的情侣。不巧的是金菊要为自家大哥换亲，因此俩人的自由恋爱遭到了方家人的各种殴打阻挠，在金菊怀孕后，生米煮成熟饭，方家不得不认这个既定现实，但要求高马缴纳一万元后再将金菊娶回家。这在当时并不是一个小数目，好在高马勤劳能干，种植打理着几亩蒜薹，全将希望寄托在蒜薹被收购时能卖个好价钱。时间很快就到了收购蒜薹的那一天，高羊和方四叔走在卖蒜的路上，方四叔不幸被乡长坐的公车撞死，方四婶到乡政府向曾有些交情的乡助理哭诉，但被劝回。与此同时，另一方面，卖蒜的蒜农在路途中遭受到县政府的各种苛捐杂税，外地来收购的经销商又被拒之门外。大批蒜农忍无可忍，爆发了打砸抢烧县政府的事件，高羊、高马和方四婶都积怨已久，将满腔怒火投入到了这场浩浩荡荡的群体性事件中，最终都被捕入狱。而金菊在父亲冤死、母亲被捕、高马在逃的现实压力下终于崩溃，对未来丧失了希望，她为了避免孩子降生后也经历世事的苦难，选择在生产前上吊自杀，结束了自己的生命。方家兄弟早已财迷心窍，竟然将金菊的尸体从坟冢中刨出，出售给他人结阴亲。高马在狱中听到消息后怒火中烧，想越狱报仇，但最终被枪毙。在面对监狱暴政强权中，高羊由于受到之前“文革”活动的人性摧残，逆来顺受；而思想前卫的复员军人高马则奋起反抗。

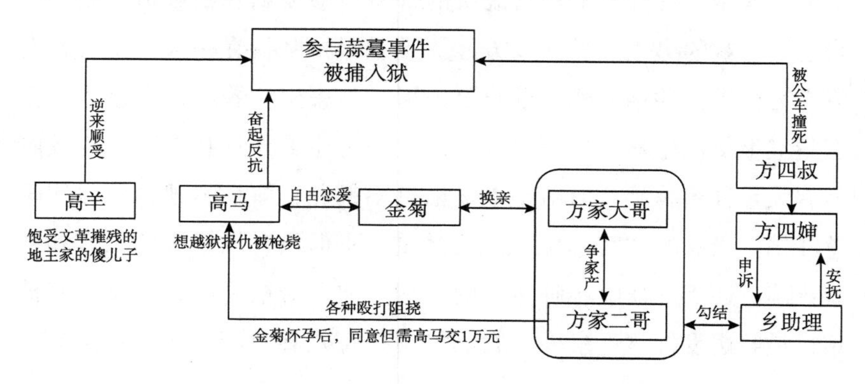

图 11－1　《天堂蒜薹之歌》人物关系示意图

（二）原型推理

1. 时间还原

通读这部小说，发现其中有不少文本细节可以反映这起“蒜薹事件”发生的时间点，通过五个线索，见表 11 －1，可以将“蒜薹事件”发生的时间确定在 1987 年。

表 11 －1　“蒜薹事件”时间推理证据一览表

序号	小说中描述（页码）	现实情况
1	那小子，有钱，花高价买的茅台，八十多块钱一瓶。（P70）	1986 年，国家核定的零售价为 8 元/瓶加 120 张侨汇券；1987 年，国家核定的零售价为 128 元/瓶
2	老邓坐天下也有十年了吧？（P88）	邓小平执政在 1977 年、1978 年左右
3	跟俺家金菊同岁，二十二，属小龙的。（P158）	小龙即蛇，1965 年出生的属蛇，1987 年正好 22 岁
4	八年前，地、富、反、坏、右都摘了帽子，土地承包到了户。（P210）	1976—1979 年，地、富、反坏、右分子“摘帽”；土地承包到户在 1980 年前后
5	大年五更里，我去高直楞家看电视，有一个不男不女的人在电视里唱“一把火，一把火，一把火烧在东北角”东北大森林起了火。（P298）	费翔的《冬天里的一把火》是在 1987 年中央电视台春节晚会上演唱的，东北大兴安岭的大火是在 1987 年 5 月 7 日发生的

2. 空间还原

“高密东北乡”并不是一个真实的地名，而是莫言心中的故乡反映，是一个属于他自己的文学地理世界。现实地理位置就是在高密的东北部，地属山东省潍坊市，泛指高密市的原大栏乡、河崖乡，即现在的疏港物流园区、夏庄镇及姜庄镇，主要河流有胶河、墨水河、胶莱河、顺溪河和郭杨河。虽然小说中许多地点在现实中都难

以考证，但是屡屡出现的“顺溪河”可以反映出，小说创作的空间背景仍是“高密东北乡”❶。

3. 人物还原

“现实生活中发生的‘蒜薹事件’，只不过是其中一根导火索，引爆了我心中郁积日久的激情。我并没有像人们传说的那样，秘密地去那个发生了‘蒜薹事件’的县里调查采访。我所依据的素材就是一种粗略地报道了‘蒜薹事件’过程的地方报纸。但当我拿起笔来，家乡的父老乡亲便争先恐后地挤进了‘蒜薹事件’，扮演了他们各自最适合扮演的角色。……小说中那位惨死于乡镇小官僚车轮下的四叔，就是以我的四叔为原型的。”❷ 尽管小说中的人物并非来自于真实发生的“蒜薹事件”，但仍是莫言身边的、那个时代的现实生活中的人，同样反映了当时的生活状态和时代背景。

4. 事件还原

从上述还原过程分析可以基本确定这部小说描写的“蒜薹事件”正是 1987 年 5 月 27 日发生在山东苍山县的“蒜薹事件”，再用小说中发生的事件与详尽记载“蒜薹事件”的文献进行对比，以及莫言 1988 年的写作时间点，可以确定这就是小说的事件原型。

表 11－2　“蒜薹事件”真实还原一览表

序号	小说中描述（页码）	文献实证
1	这已是半上午的光景，高羊的驴车几乎没有挪动，往东的路上，黑压压一片车，往西的路上，也是黑压压的车。（P246）	大量的蒜薹靠往外运，可是那几天交通混乱拥挤，如神山镇的一段公路一次堵塞长达 12 个小时，不少蒜农滞留在道路上和收购场上，形成卖不了、买不成、运不走的局面

❶ 李郭．莫言笔下的神秘大地——高密东北乡［J］．名作欣赏，2013（30）：55－56，62．

❷ 张文诺．20 世纪 80 年代中国农村的个人化书写——再读莫言的长篇小说《天堂蒜薹之歌》［J］．延安大学学报（社会科学版），2015（4）：71－77．

续表

序号	小说中描述（页码）	文献实证
2	他们还看到大铁门被撞开了，一群人拥进冷库大院。……他们听到了一阵阵吼叫，和砸碎玻璃的声响。（P250）	“蒜薹事件”发生的前一天，神山镇部分蒜农因卖不了蒜薹去找冷藏库负责人，此人躲了起来，蒜农便动手砸了冷库办公室
3	群众发了疯，上百上千捆蒜薹像生了翅膀一样，乱纷纷落在县政府大院里。（P286）	李西华将蒜薹撒到县政府大院里，成为“蒜薹事件”的导火索
4	墙边的文件柜也被一个小伙子用一个铁哑铃砸破，文件、书记，稀里哗啦流出来。（P287）	这次事件共损坏、丢失劳动人事档案 66 卷、文书档案 9 卷、物价资料 63 卷、计委中华人民共和国成立以来的资料 1112 本、文件 135 份；被砸坏或抢走的各种办公用具、物品七百多件，直接经济损失六万多元
5	青年军官为“蒜薹事件”罪犯的辩护：“一个政党，一个政府，如果不为人民群众谋利益，人民就有权推翻它”。（P342）	苍山县法律顾问处律师陈光武出庭为被告人辩护：“今天这些趁火打劫了几百元财物的罪犯受到审判，而那些因严重的玩忽职守给苍山人民造成几万元损失、给国家利益造成严重损害的官僚主义者却逍遥法外，我们对普通百姓的犯罪可以义正词严地审判，而对那些官僚们更大的犯罪却无能为力，这无疑更有损于法律的公正性和严肃性。”❶

（三）事件分析

1. 农村经济改革背景

中国农村经济改革经历了三个阶段：第一阶段（1978—1988

❶ 苍山莽莽　谁主沉浮——记山东省苍山县“蒜薹事件”［J］. 中国法制文学，1988.

年)，即小说发生的时代背景。这一阶段的整体的改革从农村起步，也偏向于农村。通过一系列体制机制的改革，农业生产效率和农民生活水平有了很大的提升。在保持社会稳定的前提下寻求改变。第二阶段（1980—1990 年代末），其主要特点是利用农村的改革成果，不损害既定城乡关系格局中的城市利益，整体改革重点进入以国企为对象的城市经济领域。在这一阶段中，人口流动政策有所放宽，城市领域改革成果明显，农村的剩余劳动力向城市转移。第三阶段(2002 年至今)，开始统筹城乡发展阶段，逐步实现城乡一体化的终极目标❶。

该小说发生的时间处于第一阶段。这一阶段的改革是“摸着石头过河”的渐进式改革❷，见表 11 - 3，农业经营体制由人民公社制度转变为家庭承包制度❸，见表 11 - 4，包产到户等于厘清了土地产权的边界，这一制度变革大大地提升了农民生产的积极性，农业的生产效率和农作物，尤其是粮食作物的总产量大大增加。除此之外，计划经济时长期以低价收购农产品对工业化建设起到一定作用但抑制了农民生产的积极性，利用工农业的“剪刀差”支持重工业发展❹。对于农产品的提价收购是政府用价格机制，用市场手段进行改革的一次尝试，价格的上升迅速提振了供给。与此同时，“价格双轨制”也在农村经济领域率先开展❺，一方面对于计划的农产品指标，政府通过提价收购；另一方面，政府也积极推进农产品市场体系的建设。1983 年，在《当前农村经济政策的若干问题》中，撤销农副产品外运由归口单位审批的规定，鼓励农民从事长途贩运等市场流

---

❶ 蔡昉，王德文，都阳．中国农村改革与变迁——30 年历程和经验分析［M］．上海：格致出版社，2008.

❷ 杜润生．杜润生自述：中国农村体制变革重大决策纪实［M］．北京：人民出版社，2005.

❸ 段志煌，黄淑英．农业：过去与未来［J］．中国经济改革，19931：24 - 65.

❹ 武力．1949—1978 年中国“剪刀差”差额辨证［J］．中国经济史研究，2001(4)：5 - 14.

❺ 张维迎．什么改变中国——中国改革的全景和路径［M］．北京：中信出版社，2012.

通行为，以解决产地挤压、销地缺货的供求矛盾[1]。

表 11－3 渐进式农业政策改革

年份	文件名称	政策目标
1982	全国农村工作会议纪要	正式承认包产到户的合法性
1983	当前农村经济政策的若干问题	放活农村工商业
1984	关于一九八四年农村工作的通知	推进农产品流动体制改革
1985	关于进一步活跃农村经济的十项政策	取消统购统销、调整产业结构
1986	关于一九八六年农村工作的部署	增加农业投入、调整工农城乡关系

资料来源：杜润生．杜润生自述：中国农村体制变革重大决策纪实［M］．北京：人民出版社，2005．

表 11－4 两种农业经营体制的比较

项目	人民公社体制	家庭承包制
生产单位	生产队	农户家庭
经营目标	完成计划指标和维护社会稳定	完成定购任务后的利润最大化
经济决策	收购计划和劳动工分制	家庭享有较高的自主决策权
土地使用	国家控制	土地使用权可以流动
劳动力	限制流动	自主决策劳动力配置和流动
资金	国家控制	家庭拥有自主决策权
专业化	高度自给自足	部分专业化获取比较收益
集贸市场	几乎全部关闭	开放集贸市场，价格“双轨制”

资料来源：段志煌，黄淑英．农业：过去与未来［A］．沃尔特·加勒森主编．中国经济改革［C］．北京：社会科学文献出版社，1993：24－65．

家庭承包制和农产品提价收购促进了生产力的提高，在解决粮食自给问题后，农民生产自主权扩大，剩余劳动力投入经济价值更高的农副产品生产中，如蒜薹，带动了农民收入的提高和农村经济的增长。同时，这种鲜活农产品供给量的增加对市场交易的要求越

[1] 中央政治局．当前农村经济政策的若干问题［Z］．1983．

来越迫切。但在小说中仍能看到政府在市场交易的过程中非但没有做好服务工作，反而处处刁难，阻碍市场运行，这种“官本位”思想在改革中仍然存在，也从一个侧面反映出中国的政治体制改革落后于经济体制改革，并且这个落差的弊端在改革步入深水区后被逐渐放大，成为现如今深化改革中难以忽视的问题[1]。1985 年对粮食统购制度改革，在降低超购加价水平的同时没有放开粮食市场，同时农业生产投入品价格上涨（化肥、农药等）快于农产品价格上涨。这无疑给初尝改革果实的农民带来了巨大负担，此时，农村经济的改革正逐渐由第一阶段转向第二阶段。“蒜薹事件”的发生正是处于这个改革方向转折的时间节点上，除了政府本身的不作为和乱作为外，不能忽视大的政策环境和制度背景。

2. 农村经济改革困局

小说中的两条故事主线其实反映了两种权力在改革中所起到的阻碍作用：一是卖蒜线中的政治权力。很多情况下，我们改革的初衷，我们的顶层设计都有很理想的政策目标，但是在政策的逐级传达过程中发生了曲解。这让我们开始思考自上而下的改革，依靠上层强大的政治意图能否让一项政策真正落到实处。农村改革的经验告诉我们，实际意义上的包产到户早在 20 世纪 50 年代就出现了，中央的家庭联产承包责任制只是一种对许多既存突破边界的“不合法行为”的事后追认，给予制度上的保驾护航与经验推广[2][3]。如今，改革步入深水区，我们仍应勿忘初心，多从地方经验中汲取精华和骨干，上升为顶层设计，并制定相应配套的制度体系，全面推广开来。制度的创新是一个由下而上的过程。制度本身是一种较为稳定的形态，这种特性也决定了它无法瞬息万变，必然是相对落后

---

❶ 周其仁．改革的逻辑［M］．北京：中信出版社，2013．

❷ 张海荣．20 世纪五六十年代包产到户合法地位缺失的多维分析［J］．当代中国史研究，2006（1）：45－53，125．

❸ 赫尔南多・德・索托．资本的秘密［M］．北京：华夏出版社，2012．

于现实情况的，它能做的就是适应正在发生的时代潮流，并且能够克服一些带有长远、公共、整体特征的个人理性盲区，引导各个个体协同共进；二是换亲线中的文化权力，在小说中，我们看到了根深蒂固的传统文化的可怕与强力，虽然这是一种非正规的制度，但是它展现出来的约束力和效应丝毫不逊色于正规制度，甚至比正规制度更加出色[1]。这告诉我们，在政策制定的过程中要充分考虑到当地特色的非正规制度，政策语言转换的过程中应该接地气、因地制宜，政策的执行是一个顺势而为的过程，这个“势”是事物运行本真的规律。若政策执行中受到的阻力太大，就应迅速进行反思而非加大力度强制推行。

总而言之，改革需要处理好正规制度与非正规制度之间的关系，继续解放思想，尊重人民群众的首创精神，并且坚持步骤上的渐进性，与经济发展阶段相适应，解决当时最紧迫且能够解决的问题，不应指望“毕其功于一役”。

参考文献

[1] 莫言．天堂蒜薹之歌［M］．北京：作家出版社，2012.

[2] 杜迈可．论天堂蒜薹之歌［J］．当代作家评论，2006（6）：55－61.

[3] 李郭．莫言笔下的神秘大地——高密东北乡［J］．名作欣赏，2013（30）：55－56，62.

[4] 张文诺．20世纪80年代中国农村的个人化书写——再读莫言的长篇小说《天堂蒜薹之歌》［J］．延安大学学报（社会科学版），2015（4）：71－77.

[5] 苍山莽莽　谁主沉浮——记山东省苍山县“蒜薹事件”［J］．中国法制文学，1988.

[6] 蔡昉，王德文，都阳．中国农村改革与变迁——30年历程和经验分析［M］．上海：格致出版社，2008.

---

[1] 章荣君．乡村治理中正式制度与非正式制度的关系解析［J］．行政论坛，2015（3）：21－24.

[7] 杜润生．杜润生自述：中国农村体制变革重大决策纪实［M］．北京：人民出版社，2005.

[8] 段志煌，黄淑英．农业：过去与未来［J］．中国经济改革，19931：24 －65.

[9] 武力．1949—1978 年中国“剪刀差”差额辨证［J］．中国经济史研究，2001（4）：5 －14.

[10] 张维迎．什么改变中国——中国改革的全景和路径［M］．北京：中信出版社，2012.

[11] 中央政治局．当前农村经济政策的若干问题［Z］．1983.

[12] 周其仁．改革的逻辑［M］．北京：中信出版社，2013.

[13] 张海荣．20 世纪五六十年代包产到户合法地位缺失的多维分析［J］．当代中国史研究，2006（1）：45 －53，125.

[14] 赫尔南多·德·索托．资本的秘密［M］．北京：华夏出版社，2012.

[15] 章荣君．乡村治理中正式制度与非正式制度的关系解析［J］．行政论坛，2015（3）：21 －24.

十二、弄里上海

——从《长恨歌》读上海城市文脉

张延（2014 级本科生）

《长恨歌》是王安忆最优秀的作品之一，主人公王琦瑶是“典型的上海弄堂”的女儿，从民国时期到建国初期的 40 年里，王琦瑶的情与爱、悲与愁也是以“摩登之都”上海为背景展开的。这座城市塑造了千千万万个王琦瑶式的儿女的性格，从王琦瑶的生平、经历及生活环境也能看出上海这座城市的精神和文脉。

（一）人物关系

《长恨歌》[1] 讲述了上海典型的女性王琦瑶在上海 40 年的人生，故事按照时间的推进和空间的转换，可以分为三个阶段。

1. 少年阶段

在懵懂的少女时代，王琦瑶经吴佩珍介绍认识了电影老板，后来又结识了程先生和李主任，图 12－1 揭示了这一阶段的人物关系。在程先生和好友蒋丽莉的帮助下，王琦瑶成了家喻户晓的“上海小姐”，从此，其人生开始了曲折多舛的旅程。她成了国民党高官李主任的外室，住进了爱丽丝公寓，然而，随着时代巨变和李主任的突然离世，王琦瑶的繁华梦破碎了。

[1] 王安忆．长恨歌［M］．北京：人民文学出版社，2004．

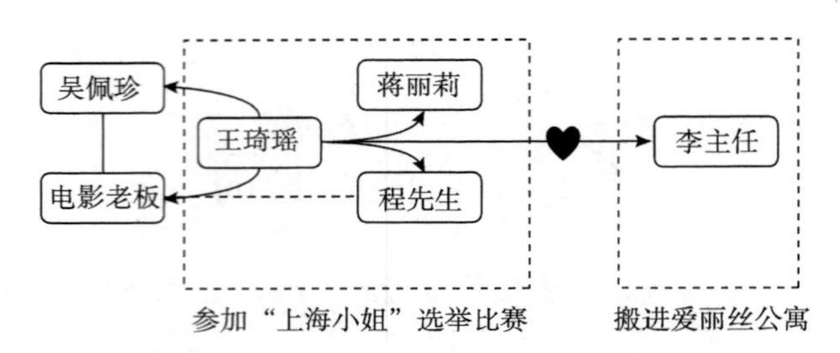

图 12－1 《长恨歌》第一阶段人物关系图

2. 中年阶段

王琦瑶人生的第二个阶段，是她从外婆的故乡邬桥回到上海后开始的。从此之后，她丢掉了“上海小姐”的美誉，住进了一个名叫“平安里”的普通弄堂，在这里，她以为人打针为生，认识了严家师母、康明逊、萨沙，见图 12－2，与他们一起绘制了一幅优美的上海日常风情画，更与其中的康明逊、萨沙两个男人展开了一段纠结的爱恨情缘，王琦瑶人生的第二个阶段以她怀孕并生下了女儿薇薇结束。

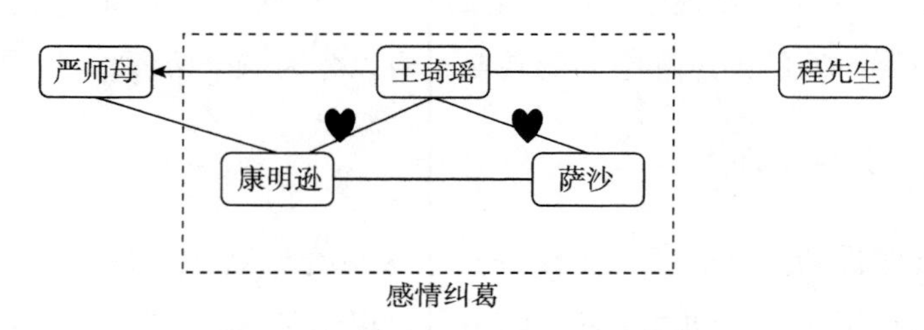

图 12－2 《长恨歌》第二阶段人物关系图

3. 老年阶段

到了王琦瑶的晚年，便成了女儿“薇薇的时代”，王琦瑶认识了一群与薇薇同龄的朋友——张永红、老克腊、长脚，甚至与老克腊展开了一段忘年恋，见图 12－3，当老克腊从这段感情中“逃”出去时，一向坚强的王琦瑶有了精神倒塌的倾向，最终，朋友长脚为了得到道听途说来的王琦瑶屋里存放着大量的金条而杀了王琦瑶。

至此，借由王琦瑶这个角色来呈现的“上海故事”也落下了帷幕。

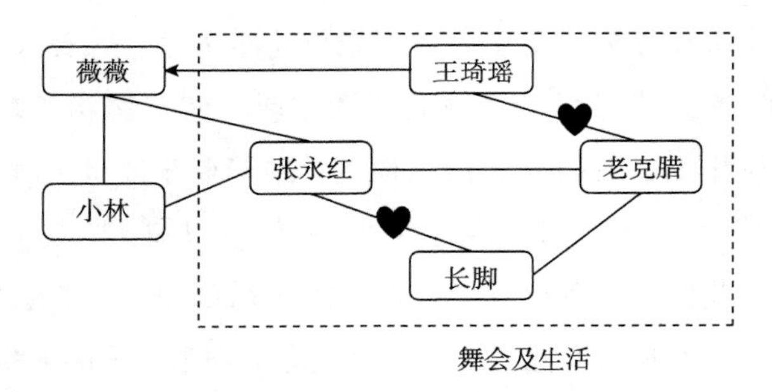

图 12－3　《长恨歌》第三阶段人物关系图

（二）原型推理

本部分小说原型推理，主要聚焦于女主人公王琦瑶和李主任两个人。

1. 王琦瑶

小说中，因为河南闹水灾，各地赈灾志愿，上海也以募集善款为名举办了一次影响力颇大的“上海小姐”选美比赛。小说女主人公王琦瑶就是因为参加了这次选美比赛，才进入公众的视野，她的人生轨迹也开始变得不一样了。回顾历史，“上海小姐”选美比赛也确有其事[1]。据记载，1946 年春末，淮河泛滥，江淮平原遭遇特大水灾，于是当时上海的青帮老大杜月笙为筹集善款，牵头举办了轰动全上海的“上海小姐”选美比赛（现在仍有当时选美的视频资料保存下来）。

据小说中记载，小说主人公王琦瑶之所以叫“三小姐”，是因为王琦瑶在“上海小姐”比赛中获得第三名，而获得第一名和第二名的，分别是某大老板的千金和某军界要人的情妇或者一位交际花。而通过对比史料发现，现实中获得第一名的是王韵梅即是当时川军

[1] 徐海凤．民国首次选美：推选“上海小姐”［J］．文史杂志，2007（6）：77－78.

军阀在重庆的老大范绍增的情妇。范绍增曾在重庆时接济过落魄的杜月笙，这次杜月笙为了还大哥范绍增这个人情，自己出钱捧这位“上海小姐”[1]。获得第二名的名叫谢家骅。谢家骅祖籍广东梅县，其父是上海化工原料的大老板谢葆生，她毕业于复旦大学商科，与小说中也是对应的[2]。对于第三名记载不详，只知道其是上海人，无从考证。因此说，作者很有可能假托第三名的身份，来进行情节故事的安排，并不是真实地记录了当时上海选秀第三名的人生故事。

2. 李主任

在王琦瑶人生的第一个阶段，王琦瑶遇到的李主任，小说中对于李主任的背景着墨不多，只能了解到是一个有军方背景的高官，原名张秉良，并在淮海战役中战亡。据历史记载，淮海战役使蒋介石嫡系南线精锐主力损失殆尽，军官死伤人数太多不可考，而网络上盛传特务头子戴笠即是李主任的原型，这是不成立的，因为戴笠1946年死于飞机失事[3]，如果按照原型是戴笠进行推理，那么小说中王琦瑶遇到李主任的时间要提前。因此，作者可能只是选取军官的身份进行内容的编排。

（三）城市文脉

1. 学术语境表达

刘易斯·芒福德认为：城市从其起源时代开始便是一种特殊的构造，它专门用来储存并流传人类的文明成果，用最小空间容纳最多的设施，保存不断积累起来的社会遗产[4]。城市作为人类文明与智

---

[1] 马宣伟．王韵梅当选“上海小姐”的幕后戏［J］．世纪，2000（1）：36－39.

[2] 上海小姐谢家骅：暗箱操作后的悲惨人生［N］．彭城晚报，2015－11.

[3] 柯云．“军统巨枭”戴笠身后事［J］．文史月刊，2008（3）：38－42.

[4] 刘易斯·芒福德．城市发展史：起源、演变和前景［M］．北京：中国建筑工业出版社，2005.

慧的结晶，在实践的不断积累中不断形成自身的历史文化，在空间的不断延续中形成本土的城市特色，在自然积累和稳定演化中实现自我调节和自我完善。在全球的化背景下，“千城一面”的现象越来越突出，如何结合城市历史文化资源打造城市特色，是未来的城市发展与建设的一个重要议题[1]。因此，城市文脉在城市形象定位的重要性日益突出，它对提升城市品质、加强城市人文关怀、增强城市凝聚力和认同感都具有非常重要的作用。城市文脉一般从城市的人、环境、历史等特性出发归纳，富有浓厚的地域特色和鲜明的形象[2]。

本文作者对城市文脉的分析分为三步，第一步分析城市历史文化资源，第二步评价历史文化资源价值，第三步历史文化资源的解读与传承。美国文化人类学家 C. 克鲁克・洪认为，文化是历史上所创造的生存式样的系统，包括显性式样和隐性式样。城市文脉的历史文化资源同样是由显性要素和隐性要素两部分组成的，显性因素和隐性因素以自己的方式演变，同时又相互制约、相互映照（苗阳，2005）。

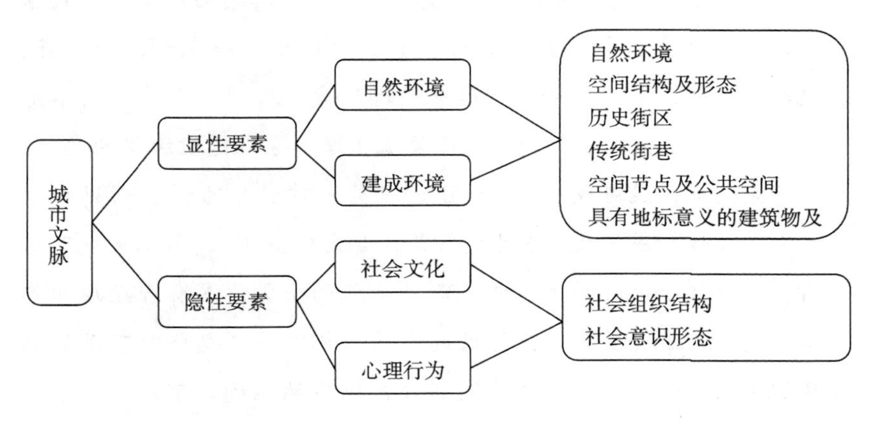

图 11-4　城市文脉构成要素

图片来源：苗阳，系同济大学建筑与城市规划学院。

---

❶ 吴云鹏．论城市文脉的传承［J］．现代城市研究，2007（9）：67-73.

❷ 苗阳．我国传统城市文脉构成要素的价值评判及传承方法框架的建立［J］．城市规划学刊，2005（4）：40-44.

2. 上海显性要素

显性要素主要指城市的自然环境和建成环境，人类对自然环境的改造和使用自然赋予城市人文和历史内涵，而城市的建成环境则体现了人与自然、社会、他人及自身种种复杂交错的文化关系、历史关系、心理关系等，往往具有“场所精神”，人们通过环境信息的解读，做出恰当的空间行为❶。

（1）自然环境分析

上海所处地区气候温润，日照充足，雨量充足。作者描述邬桥时，对这一自然环境做了大量的描写：王琦瑶去邬桥外婆家路上的时候，“走的也是这条水路，却是细雨纷纷的清明时节，景物朦胧，心里也朦胧”；（P144）王琦瑶在邬桥居住时候，“早上，晨曦从四面八方照进邬桥，像光的雨似的，却是纵横交错，炊烟也来凑风景，把晨曦的光线打乱。那树上叶上的露水此时也化了烟，湿腾腾地起来。邬桥被光和烟烘托着，云雾缠绕，就好像有音乐之声起来。”（P139）作者在描述邬桥的水时，这样写道：“江南的水道简直就像树上的枝，枝上的杈，杈上的叶，叶上的经络，一生十，十生百，数也数不过来，水道交错，围起来的那地方，就叫作邬桥。它不是大海上的岛，岛是与世隔绝，天生没有尘缘，它却是尘缘里的净地。海是苍茫无岸，混沌成一体，水道却是为人作引导的。”（P141）秋雨冬雪的气候构成了故事发生的背景，如文中描述：“第二天就下起了雪，不是江南惯常的雨夹雪，而是真正的干雪，在窗台屋顶积起厚厚一层，连平安里都变得纯洁起来。”（P199）“这坚韧不是穿越疾风骤雨的那一种，而是用来对付江南独有的梅雨季节。外面下着连绵的细雨，房间的地板和墙壁起着潮，霉菌悄无声息地生长。”（P276）故事情节的发展与自然气候是分不开的，如与严师母、康明逊和萨沙在一起吃火锅时候，“窗户上的雨点声，是在说着天气的心

---

❶ 同173。

里话，暖锅里的滚汤说的是炭火的心里话”。毛毛娘舅算命时候，“看到窗外正下雨的天，随口说：就给个天字吧！”（P182）上海人对上海湿润、水量丰富、四季分明的气候的适应和改造形成了城市的建成环境的特征，以及城市特有的生活方式和城市人的性格。

（2）建成环境分析

在建成环境的记录中，作者翔实地描述了上海的弄堂及弄堂文化。有学者曾这样比喻，弄堂之于上海等于四合院之于北京，弄堂是上海民居的形式，极具有地方特色。作者在小说的开篇便对弄堂描述有着大量的着墨，他认为弄堂是这座城市的背景，见图 12－5，“站一个制高点看上海，上海的弄堂是壮观的景象。它是这城市背景一样的东西。街道和楼房凸显在它之上，是一些点和线，而它则是中国画中称为皴法的那类笔触，是将空白填满的。”（P1）

图 12－5　弄堂高空俯瞰图

图 12－6　弄堂的老虎天窗

照片来源：https：//www. 360fdc. com/news/2650. html.

照片来源：http：//blog. sina. com. cn/s/blog_ 51a238b40100fkge. html.

从细节上看，弄堂房顶上有老虎天窗、养着花的窗台、挂着隔夜衣衫的晒台和映照着阳光的山墙，它们各具特色，充满着生活气息。“最先跳出来的是老式弄堂房顶的老虎天窗，它们在晨雾里有一种精致乖巧的模样，那木框窗扇是细雕细作的；那屋披上的瓦是细工细排的；窗台上花盆里的月季花也是细心细养的。然后晒台也出来了，有隔夜的衣衫，滞着不动的，像画上的衣衫；晒台矮墙上的水泥脱落了，露出锈红色的砖，也像是画上的，一笔一画都清晰的。再接着，山墙上的裂纹也现出了，还有点点绿苔，有触手的凉意似

的。”（P2）

从作者的描述中可以看出，弄堂在上海的地位，以及是构成这座城市文脉非常重要的元素之一[1]。弄堂又叫里弄。早期的里弄脱胎于江南一带的传统建筑，三或五开间，前后天井，空间按照中为主、侧为辅、前尊后幼的思想排序[2]，如图 12－7、图 12－8 所示。建筑造型向外使用二层或三层高的围墙围合而成，开窗较少而且稍高，构成封闭性很强的外部特征，向内则使用细长的落地长窗，配有精美细致的木刻雕花，尽可能地贴近大自然。

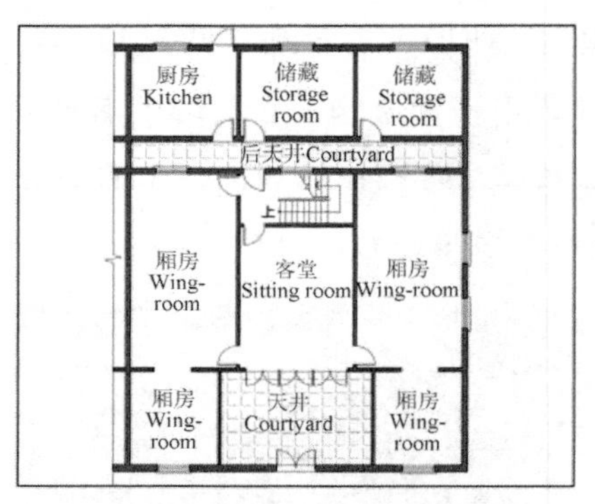

图 12－7　早期石库门兆福里一层平面图

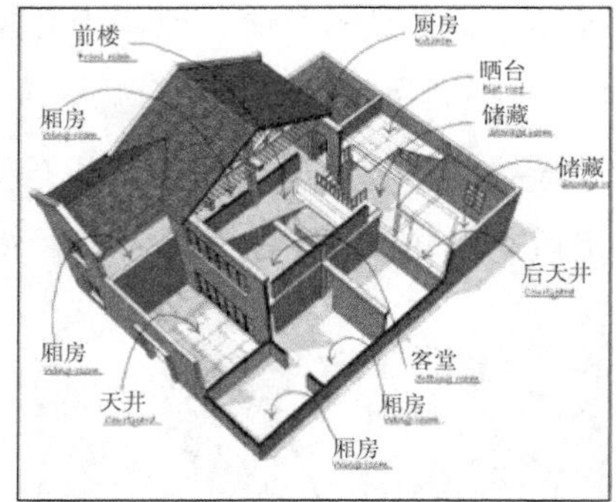

图 12－8　兆福里剖面图

图片来源：阮仪三，张景杰；上海城市规划。

阮仪三认为，早期里弄不是对江南传统住宅的一味照搬，而是有一个演变的过程的。首先是进行规模的改变，开间数不变，但尺寸缩小；然后适当地改变比例，比如缩小前天井的深度，不会出现在建筑中轴线上的楼梯也应时地进行了调整；最后，再去除不影响整体空间组织的部分，比如前天井周围房间与前天井之间的廊被取消，课堂或厢房直面天井。这种演变到了后期，变化更为明显。石库门后期，建筑由于家庭单位的缩小而被缩减为单开间或双开间，一侧

[1] 张晨杰．基于遗产角度的上海里弄建筑现状空间研究［J］．城市规划学刊，2015（4）：119－126.

[2] 阮仪三，张晨杰．上海里弄的世界文化遗产价值研究［J］．上海城市规划，2015（5）：13－17.

或两侧的厢房被取消，位于原建筑中轴线的一个开间基本不变，轴线序列仍然在前后天井、课堂所串联的空间序列上，以保证轴线的存在，图 12－9。单体的弄堂连在一起建设，前门对前门建设形成一条巷子，见图 12－10，每个弄口都有极具风貌特色的立面，见图 12－11❶。

图 12－9　后期石库门平面图

图片来源：阮仪三，张景杰

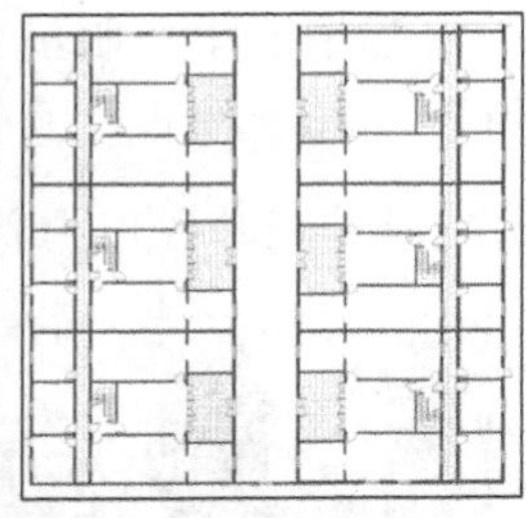

图 12－10　里弄构成图

图片来源：作者自绘。

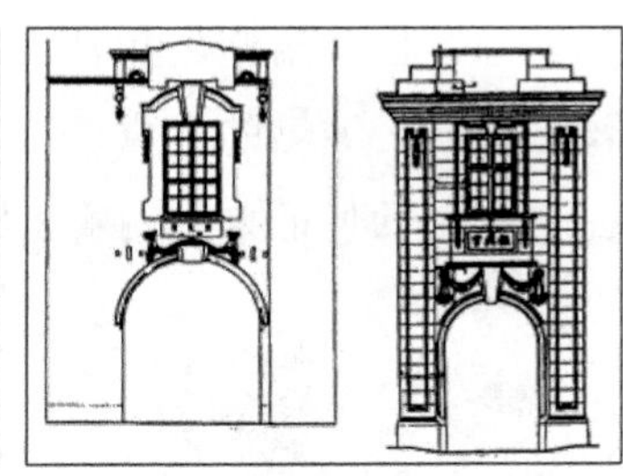

图 12－11　弄口立面图

图片来源：于敏飞创造的《时代建筑》。

王安忆在《长恨歌》中为我们介绍了三种不同的弄堂样式，各有自己的特色，却也总有相似的地方。一是石库门弄堂。是上海最有权势的弄堂之一，他们带有一些深宅大院的遗传，一副官邸的脸面，他们将森严壁垒全坐在一扇门和一堵墙上。根据王安忆的描述，笔者找到建国西路和岳阳路交界处建业里，见图 12－12，从平面图来看，石库门弄堂排列整齐，从立面图来看，石库门弄堂戒备森严，弄口的有门将弄堂与外界隔绝开来，见图 12－13；二是花园式弄堂。这是接近独立私人住宅的弄堂，相比一般弄堂规格高。居住多为上流人群。王琦瑶自从认识李主任后被金屋藏娇，当时居住在爱丽丝公寓应该是坐落在复兴中路的克莱门公寓，见图 12－14、图 12－15，这是一幢很有历史韵味的法式建筑老公寓。上海东区的新式里弄是放下架子的，门是镂空雕花的矮铁门，楼上有探身的窗还不够，还要做出站脚的阳台，为的是好看街市的风景。院里的夹竹桃伸出墙外来，锁不住的春色的样子。但骨子里头却还是防范的，后门的

❶　余敏飞．里弄·房地产·旧区再开发——上海城市文脉的延续［J］．时代建筑，1995（4）：27－29.

锁是德国造的弹簧锁，底楼的窗是有铁栅栏的，矮铁门上有着尖锐的角，天井是围在房中央，一副进得来、出不去的样子；三是杂弄。《长恨歌》中的王琦瑶出生的时候，就住在弄堂，二三代同堂都挤在巴掌大的地方，他们小心地生活着，不过分地娱乐，不过分地奢侈，勤勉地维持着温饱的生活。一说起平安里，眼前就会出现那种曲折深长、藏污纳垢的弄堂。这里有一些老住户，与平安里同龄，他们是平安里的见证人，用富于历史感的眼睛，审视着那些后来的住户。

图 12－12　石库门弄堂平面图

图 12－13　戒备森严的弄口

图 12－14　克莱门公寓外景

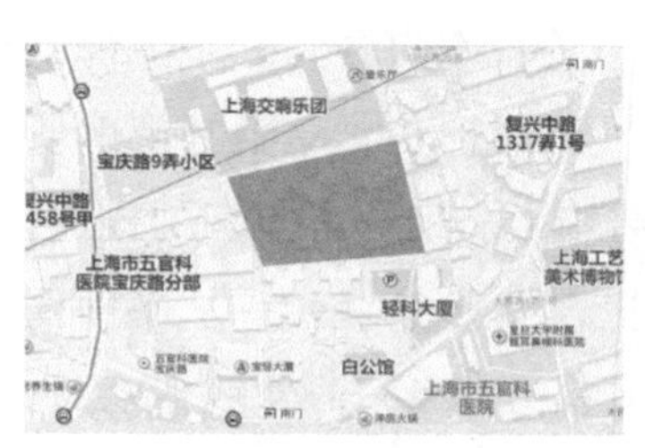

图 12－15　复兴中路克莱门公寓

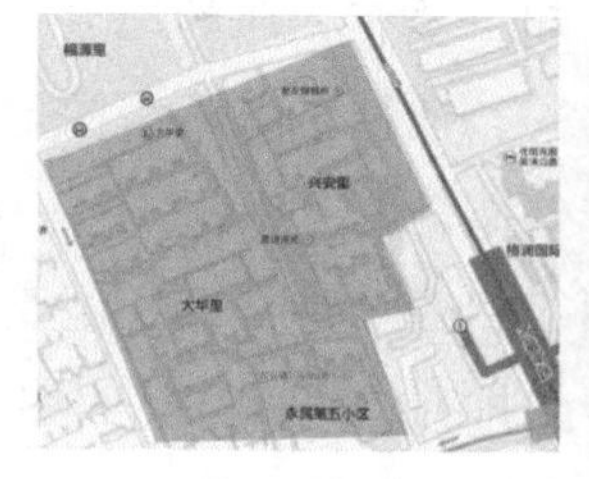

图 12－16　兴安里及大华里平面

图 12－17　兴安里大华里弄口

图 12－12、图 12－15、图 12－16 图片来源：作者基于百度地图绘制。

图 12－13、图 12－17 图片来源：百度实景图。

3. 上海隐性要素

隐性要素主要指社会文化和人的心理行为。世界建筑协会在《北京宪章》中指出[1]：“文化是历史的沉淀，存流于城市和建筑中，融汇在人们的生活中，对城市的建造、市民的观念和行为有着无心

---

[1] 吴良镛．国际建协《北京宪章》前言［J］．建筑学报，2002（11）：4.

的影响，是城市的建筑之魂。”文化并不是很抽象的东西，而是很具体的，在社会中，人们生活在一定的地域里，组成一个实体性社会，建立一定的社会制度，具有一定的意识形态，行为遵循一定的价值观的约束和引导。

（1）社会文化分析

小说《长恨歌》里描述的上海社会有开放、多元和繁华的一面，同时也展现出其在1945—1994经历了战争的伤痛、饥荒的衰落。小说对上海社会的繁盛喧嚣的景观着墨很多，在第一部分“沪上淑媛”一节中提到：“一九四五年底的上海是花团锦簇的上海，夜夜歌舞因了日本投降而变得名正言顺，理直气壮。其实那个歌舞不是不问时事的心，只由着快乐的天性。橱窗里的时装，报纸副刊的连载小说，霓虹灯，电影海报，大减价的横幅，开张志禧的花篮，都在放声歌唱，这城市不知道怎么办才好。”（P44）

在这个时期，市民娱乐的热情是不随着历史背景的变迁而减弱的，舞会是从开头贯穿到结尾的，从单位舞会到家庭舞会，好像这个城市每晚都有数不清的晚会供人们狂欢，从拉丁到迪斯科，舞会的形式也是与时俱进的，包容的吸收新的风格。在舞会上，“人们围着墙根坐了一圈，严肃而兴奋地凝视着空场子。一旦有人下去跳了，周围便爆发出笑声，笑声掩盖了羡慕的心情”（P308），“要是想经常地参加舞会，必须在社会上有着较广泛的关系，渐渐地再联络起一些志同道合者。他们提着一只也是新兴的卡式录音机，找一间空房子，就可举行一场舞会。这种舞会是真正奔着跳舞而来的，不存在任何私心杂念，你只要看那踩着舞步的认真劲便可明白。”（P308）

第一部分故事伴随着“上海小姐”的选举而一步步地推进，“上海小姐”的选举一方面演绎了上海社会的喧嚣繁盛，另一方面也反映了20世纪初上海的帮会文化。“上海小姐”选举比赛，是蒋介石政府授意下，青帮帮主杜月笙组织推进的。青帮[1]是当时上海最活

[1] 姚曙光，邱格屏．民国时期的上海青帮［J］．民国春秋，2001（3）：56－60.

跃、最重要的帮派，而在“上海小姐”选举中帮会所起到的作用是积极的，它凝聚人心、推进形成城市精神，联合市民救济苏北。凡有人群，必有秩序，20 世纪初政府和司法部门对于城市的规划管理职能实施不够完善，帮会在此起到了补充和替代作用。

（2）个体性格分析

从个体角度来分析，时尚、生活、功利、精明、虚荣、独立自主、排外的。小说中王琦瑶式、薇薇式、程先生式的上海市民是时尚的、新潮的，他们不断接受新事物、尝试新风格。程先生学习的是铁路，“迷过留声机、迷过打网球、迷过好莱坞”。

小说中的上海人处处透着精明。“王琦瑶家的老妈子，睡在楼梯下的三角间里，只能够放下一张床。老妈子是连东家洗脚水都要倒，东家使唤他好像要把工钱的利息用足了一样。”（P21）女性是自立自强的。“王琦瑶的父亲多半是有些惧内，被收服得服服帖帖，为王琦瑶树立了女性尊严的榜样。”（P21）他们是具有排外心理的。“在家生气，出了门又兴致勃勃。他就像这座城市的主人一样，最有发言权。他在马路上最看不得的是外地人，总是以白眼对待。在它看来，做外地人是最不幸的。”（P306）

上海人的时尚，是乐于接受新事物，骨子里追求潮流的时尚。王琦瑶的时尚是从“上海小姐”选举中，一件件衣饰的搭配中体现的；而薇薇的时尚，是在淮海路上一群人互相通风报信，相互学习共同进步的时尚。“淮海路上有一个新迹象，她们便通风报信。她们互相鼓励和帮助，在每一代潮流中，不让任何一个人落伍。她们之间自然是要比的，妒忌心也是难免，不过，这并不妨碍她们的友谊，反而能督促她们的进取心。切不要认为她们是没什么见解，只知跟随时尚走的女孩，她们在长期的身体力行之后，逐渐积累起一些真正属于自己的时尚观念。她们在一起时常讨论着，否则你怎么解释她们在一起的话多？其实，要是将她们在一起的闲聊记录整理出来，就是一本预测时尚的工具书，反映出朴素的辩证思想。她们一般是利用反其道而行之的原理，推算时尚的进程。比如现在流行黑，接

着就要流行白；现在流行长，紧跟着就是短；也就是从一个极端走向另一个极端。”（P309）

4. 文脉资源解读

（1）里弄文化

上海里弄是近代上海社会的重要空间，是城市的生产、发展、繁荣的见证者和主要载体，其建筑空间布局特殊，代表了一定时期大量群体的生活方式，承载着浓重的历史和人文特色，极具场所感，具有非常高的地方特色和文化价值。从建筑空间上来说，里弄脱胎于江南传统的建筑，但是随着人口规模扩大，家庭单位缩小，加入了西方联排式住宅的元素，经过一个世纪的演变，形成了里弄目前的空间特点，有中西合璧的意味❶。同时，与摩天大楼相比，里弄低矮错落，高低起伏，有序列的空间，形成非常独特的空间肌理，也赋予上海这座城市特殊、别致的美，向北京四合院一样，让上海这座城市更有识别感。学者评论说，在很长一段时间中，里弄建筑所形成的行列式布局机理，高高低低错落的坡屋顶、老虎窗，序列式的沿街商铺和弄口标志都已经成为上海在公共建筑为代表背后更为平实、更具有特色的城市风貌❷。弄堂是性感的、有温度的、生活化的和私密的，承载一种本土的市民生活。厨房后窗是老妈子现车的，前边大门是迎接贵客张贴生活告示的，晒台阳台藏着很多窃窃私语，阴沟里溢水是扶着鱼鳞片和老菜叶的，弄堂里是充满留言的。弄堂，是社会邻里和睦、小资生活生活方式的体现。❸ 在“千城一面”的背景下，人们对于林立的高楼渐渐审美疲惫。而上海这些序列的、起伏的、有历史特色的、有温度的弄堂空间，已经成了上海城市非

❶ 周海宝．近代上海里弄生态格局探析［J］．华中建筑，1998（2）：111－112.

❷ 阮仪三，张晨杰．上海里弄的世界文化遗产价值研究［J］．上海城市规划，2015（5）：13－17.

❸ 刘恩芳．难舍渐已逝去的上海里弄情怀——上海静安新福康里规划设计［J］．建筑学报，2002（10）：51－53.

常特殊的空间，它既是继承了传统建筑的特色，又随着时代发展成了现代建筑，和北京的四合院一样，是上海这个城市文化的一种表现形式，展现出了很特殊、别致、优美的上海文化。

（2）时尚文化

历史与区位为这座城市营造了良好的城市时尚氛围。通商港口、租界的存在赋予了这座城市开放、多元和更加国际化的特征。上海公共租界在中国租界史上是开辟最早、存在时间最长、面积最大、管理机构最庞大、发展最为充分的一个租界，早在19世纪初期，英、美、法等国家都在上海设立租界。租借的设立使得大量国外元素进入这座城市，现代的、时尚的、国际化的理念在潜移默化中影响了城市的人们。同时，上海交通便利，第三产业发展完善，在时尚创意、设计、服务、贸易、咨询领域具有良好的发展基础[1]。另一方面，上海本地人也更乐于追求新潮与时尚，利用这种资源优势，可以挖掘城市基因中的时尚因子，在开放包容的文化环境中发展时尚创意文化，充分挖掘城市市民群体的创意文化资源。

（3）娱乐文化

上海市民的娱乐的热情是骨子里的，是不随着历史背景的变迁而减弱的。在小说《长恨歌》中，从“上海小姐”的选举到各种节日的排队，从单位舞会到家庭舞会，从拉丁到迪斯科，好像这座城市都有数不清的机会供人们狂欢。精神娱乐文化之所以在上海得以快速发展，与这座城市发达的经济基础是密不可分的。不论是国民政府时期还是中华人民共和国成立，上海在全国城市体系中，都属于较发达、居民收入水平较高、大资本家聚集的地方，这样的地方在基础的温饱满足以后，人民往往追求更高层次的精神需求。经济的发展带动了一大批娱乐产业的发展，比如说我们耳熟能详的百乐门、夜巴黎等娱乐场所。自古而传承的市民娱乐文化，是城市文脉

---

[1] 苏智良．上海全球城市历史文化资源及其开发利用研究［J］．科学发展，2017（1）：96－104.

资源进一步发掘的基础。自上到下，资本家和老百姓们在生活富足后开始追求精神娱乐的享受，这给上海发展娱乐文化产业提供了得天独厚的条件。从目前我们的感知，在娱乐产业发展上，上海市在一些方面确实较其他城市有领先之处。比如说，上海东方卫视的诸多娱乐品牌节目，以及其拥有的国内唯一一家迪士尼乐园等，都是市民娱乐文化的进一步发展。未来可进一步结合城市文化特色，进一步发掘城市娱乐文化的潜力。

城市的文脉是独特的自然条件、历史发展和区位因素赋予城市独一无二的宝藏，在城市的建设和发展中，应当对其自然条件、社会文化、市民性格给予充分的挖掘与分析，并予以正确的认识，对不同文脉资源给予不同的保护措施，与时俱进，在时代发展的背景中，让这种资源重新焕发出新的生机。

参考文献

[1] 王安忆. 长恨歌 [M]. 北京：人民文学出版社，2004.

[2] 徐海凤. 民国首次选美：推选“上海小姐” [J]. 文史杂志，2007 (6)：77 –78.

[3] 马宣伟. 王韵梅当选“上海小姐”的幕后戏 [J]. 世纪，2000 (1)：36 –39.

[4] 上海小姐谢家骅：暗箱操作后的悲惨人生 [N]. 彭城晚报，2015 –11.

[5] 柯云. “军统巨枭”戴笠身后事 [J]. 文史月刊，2008 (3)：38 –42.

[6] 刘易斯·芒福德. 城市发展史：起源、演变和前景 [M]. 北京：中国建筑工业出版社，2005.

[7] 吴云鹏. 论城市文脉的传承 [J]. 现代城市研究，2007 (9)：67 –73.

[8] 苗阳. 我国传统城市文脉构成要素的价值评判及传承方法框架的建立 [J]. 城市规划学刊，2005 (4)：40 –44.

[8] 张晨杰. 基于遗产角度的上海里弄建筑现状空间研究 [J]. 城市规划学刊，2015 (4)：119 –126.

[9] 阮仪三，张晨杰. 上海里弄的世界文化遗产价值研究 [J]. 上海城市规划，2015 (5)：13 –17.

[10] 余敏飞．里弄·房地产·旧区再开发——上海城市文脉的延续［J］．时代建筑，1995（4）：27－29.

[11] 吴良镛．国际建协《北京宪章》前言［J］．建筑学报，2002（11）：4.

[12] 姚曙光，邱格屏．民国时期的上海青帮［J］．民国春秋，2001（3）：56－60.

[13] 周海宝．近代上海里弄生态格局探析［J］．华中建筑，1998（2）：111－112.

[14] 刘恩芳．难舍渐已逝去的上海里弄情怀——上海静安新福康里规划设计［J］．建筑学报，2002（10）：51－53.

[15] 苏智良．上海全球城市历史文化资源及其开发利用研究［J］．科学发展，2017（1）：96－104.

十三、恒久绵长

——从《长恨歌》看日常生活记忆

林麦凌（2016级硕士研究生）

王安忆的小说《长恨歌》以上海弄堂女儿王琦瑶的看似绮丽实则平淡的一生作为整本书最重要的故事线索，展现了王琦瑶16岁初入片场试镜到她57岁被入室盗窃的流氓长脚杀死的40年人生经历。围绕王琦瑶的人生境遇，小说中仔细描写了王琦瑶长期生活的上海和她短暂避难的邬桥。在作者笔下，上海和邬桥代表了两种迥然不同的生活方式，在上海繁华的外表下的“上海芯子”或许才是上海的真谛，而邬桥却象征着永恒的德行。

（一）故事背景

小说《长恨歌》记载的是王琦瑶40年间（16—57岁）的人生沧桑，五段感情经历与其随之而发生的故事及这些故事的大背景几乎构成了小说《长恨歌》的全部内容。对此，王安忆这样说道：“在那里面我写了一个女人的命运，但事实上这个女人只不过是城市的代言人，我要写的其实是一个城市的故事。”[1] 南帆也由此将王安忆的《长恨歌》作为“城市的肖像”。[2] 可以说，王琦瑶是上海的代表，而上海则是王琦瑶的舞台[3]，人和城市共同生长，彼此纠缠，却

---

[1] 吴义群．王安忆研究资料——中国新时期文学研究资料汇编［M］．济南：山东文艺出版社，2006：38.

[2] 南帆．城市的肖像——读王安忆的《长恨歌》［A］．吴义勤主编．王安忆研究资料［C］．济南：山东文艺出版社，2006：173－184.

[3] 胡雅婷．文学中的城市想象——以王安忆、池莉、铁凝小说为个案研究［D］．北京：中国矿业大学．2014.

又生生不息。

作者开篇描写了上海的弄堂、流言、闺阁和鸽子，然后青春时代的王琦瑶才款款出场，作者这样写道："上海的弄堂里，每个门洞里，都有王琦瑶在读书，在绣花，在同小姊妹窃窃私语，在和父母怄气掉泪。上海的弄堂总有着一股小女儿情态，这情态的名字就叫王琦瑶。"（P20）可以发现，王安忆是以王琦瑶代表旧上海的千千万万的普通弄堂女儿，同时用王琦瑶的人生经历来反映上海的城市文脉与变迁。文学的想象记载了城市的变迁，"纸上城市成为现实之城的镜像，充满幻觉、激情、暧昧，与现实之城互为映射，形成都市的奇观。在想象、欲望记忆、死亡、符号的笼罩之下，城市表征为一段段碎片和缝隙。"❶《长恨歌》中对上海和邬桥的描写反差巨大，引人深思，而其对城市怀旧空间的细致描绘，如弄堂、片场、照相间则会"激起消费时代的人们对记忆中城市的繁华、雅致、中西融合等现代性的迷恋和向往"。❷"空间被视为是具体的物质形式，可以被分析、被解释，同时也可以被精神所建构。"❸《长恨歌》所描绘的生活空间不仅仅只表现了其物质形式，更和人物命运与时代的转变密不可分。

1. 爱丽丝公寓阶段

王琦瑶的故事从1945年的上海开始说起。"一九四五年底的上海，是花团锦簇的上海，那夜夜歌舞因了日本投降而变得名正言顺，理直气壮。其实那歌舞是不问时事的心，只由着快乐的天性。橱窗里的时装，报纸副刊的连载小说，霓虹灯，电影海报，大减价的横幅，开张志禧的花篮，都在放声歌唱，这城市高兴得不知怎么办才

---

❶ 焦雨虹．消费文化与1990年以来的城市小说［D］．上海：复旦大学（博士论文），2007：25.

❷ 李静．"海上怀旧"与全球上海——浅析"弄堂""蓝屋"和"乐园"之空间意象［J］．当代作家评论．2013（2）：192－200.

❸ 倪燕．王安忆作品中的上海弄堂文化研究［D］．乌鲁木齐：新疆师范大学，2016.

好。”（P36）在这样的背景下，16 岁的王琦瑶去电影片场试镜但遭遇失败，产生了沧桑感。电影导演为了安慰失望的王琦瑶，介绍她去程先生那里拍照。从认识王琦瑶开始，程先生就全心全意地为她默默付出，并鼓励王琦瑶参加了“上海小姐”的选拔。王琦瑶虽然不喜欢程先生，但程先生对王琦瑶的单恋是贯穿于她的半辈子的。

1946 年，17 岁的王琦瑶在“上海小姐”选拔的激烈竞争中获得了第三名，彼时的上海在一片莺歌燕舞的和平景象中。“一九四六年的和平气象就像是千年万载的，传播着好消息，坏消息是为好消息作开场白的。这城市是乐观的好城市，什么都往好处看，坏事全能变好事。它还是欢情城市，没有快乐一天没法过的。河南闹水灾，各地赈灾支援，这城市捐献的也是风情和艳，那就是筹募赈款的选举上海小姐。这是比选举市长还众心所向的事情，市长和他们有什么关系？上海小姐却是过眼的美景，人人有份。”（P43）1948 年，19 岁的王琦瑶认识了她生命中最重要也最短暂的男人——军政要员李主任。1948 年的春天，李主任请三小姐王琦瑶为他入股的百货大楼剪彩，一个月后王琦瑶成为李主任的外室，住进豪华的爱丽丝公寓，这是王琦瑶人生中最绚烂的日子，但好景不长，时局已经开始发生变化。1948 年冬天，李主任已经预感到事态不妙，给王琦瑶留了一个装着金条的西班牙雕花的桃花心木盒，之后不久李主任飞机失事。“这些日子，报纸上的新闻格外的多而纷乱：淮海战役拉开帷幕；黄金价格暴涨；股市大落；枪毙王孝和；沪甬线的江亚轮爆炸起火，二千六百八十五人沉冤海底；一架北平至上海的飞机坠毁，罹难者名单上有位名叫张秉良的成年男性，其实就是化名的李主任。”（P110）实际上，王琦瑶并不是爱丽丝公寓的主人，“她住进爱丽丝公寓，只为成为李主任的一个附属品，在这里，她变成了福柯笔下的‘他者’形象”。[1]

[1] 胡小艳．上海弄堂里的王琦瑶们［D］．杭州：浙江大学，2007．

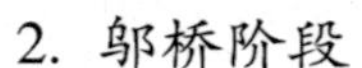

2. 邬桥阶段

1949年，被迫与爱丽丝公寓告别的20岁的王琦瑶前往邬桥避难，但王琦瑶其实并不喜欢邬桥。“邬桥这种地方，是专门供作避乱的。凡来到邬桥的外乡人，都有一副凄惶的表情。他们伤心落意，身不由己。在他们眼里，这类地方都是荒郊野地，没有受过驯化的饮食男女。他们或者闭门不出，或者趾高气扬，一步三摇。他们或是骄，或是馁，全都是浮躁浅薄。邬桥是疗病养伤的好地方，外乡人却无一不是好了伤疤忘了痛的。”（P115）在邬桥，王琦瑶认识了豆腐店老板家的儿子阿二，阿二对王琦瑶产生了朦胧的情愫，并因而前往上海求学。阿二走后，杳无音讯，王琦瑶对上海的思念之情却与日俱增。“邬桥天上的云，都是上海的形状，变化无端，晴雨无定，且美轮美奂。上海真是不可思议，它的辉煌叫人一生难忘，什么都过去了，化泥化灰，化成爬墙虎，那辉煌的光却在照耀。这照耀辐射广大，穿透一切。从来没有它，倒也无所谓，曾经有过，便再也放不下了。”（P128）

3. 平安里阶段

1952年，23岁的王琦瑶回到上海，住进了平安里三十九号三楼。“上海这城市最少也有一百条平安里。一说起平安里，眼前就会出现那种曲折深长、藏污纳垢的弄堂。它们有时是可走穿，来到另一条马路上；还有时它们会和邻弄相通，连成一片。”（P131）随后的30年，在弄堂里当起护士的王琦瑶一直在平安里过着她平凡的生活。弄底的严家师母与王琦瑶惺惺相惜，时常来王琦瑶处串门，这时王琦瑶生命中的第四个男人毛毛娘舅康明逊出现了。他是严家师母表舅的儿子，是大工厂主唯一的儿子，但由于是二太太生的，从小便通达人情世故，她和王琦瑶是真心相爱的，但由于他天性胆小懦弱，在王琦瑶怀孕后落荒而逃。王琦瑶随后希望通过嫁祸于本就不清不白的混血儿萨沙，来保全康明逊的声誉，却没想到萨沙也逃往了西伯利亚。这时，程先生再次出现了。“与程先生故人重见，是在淮海中路的旧货行。这一年副食品供应逐渐紧张起来，每月的定粮虽是不减，却显得不够。政府增发了许多票证，什么东西都有了限量的。黑市悄然而起，价格是翻几倍的。市面上的空气很恐慌，有点朝不保夕的样子。王琦瑶怀着身孕，喂一张嘴，养两个人，不得不光顾黑市。”（P192）随后，程先生又承担起了照顾王琦瑶的使命。1960 年，31 岁怀着身孕的王琦瑶举步维艰，而上海似乎也与她同甘共苦，但这样的痛苦在流淌着欢乐的血液的上海却流露出一股滑稽的韵味。“在这城市里，要说“饥馑”二字是谈不上的，而是食欲旺盛。许多体面人物在西餐馆排着队，一轮接一轮地等待上座。奶油蛋糕的香味几乎能杀人，至少是叫人丧失道德。虽然也不如“饥馑”来得严肃，终有些滑稽的色彩。不是说，喜剧是将无价值的撕碎给人看吗？这城市里如今撕碎的就正是这些东西。要说价值没什么，却是有些连皮带肉的，不是大创，只是小伤。”（P196）

1983 年，王琦瑶已经 54 岁了，这年她的女儿薇薇 23 岁随着丈夫去了美国，本该知天命的年龄，王琦瑶却感到了真真切切的孤独，也就在这样的背景下，王琦瑶结识了 26 岁的中学体育教师老克腊。老克腊虽然年轻，但是有着一颗怀旧的心，他总觉得自己是旧上海时代的人，于是他莫名对王琦瑶有种好感。时间流转到 1986 年前后，王琦瑶与老克腊渐渐熟识，并掏心掏肺地和老克腊讲了自己四十多年的过往，进而俩人发展为情人关系。王琦瑶的最后一段恋爱，不但是狼狈的，甚至是致命的。老克腊却很快就厌倦了王琦瑶，并发现王琦瑶老的惊人，但王琦瑶却奢望老克腊能陪伴自己走过最后的岁月，甚至不惜将自己在最艰苦的时候都不舍得动用的李主任留下的一盒金条送给老克腊以留住他。可惜，老克腊却再次成为王琦瑶生命中落荒而逃的男人，甚至最终是不欢而散。老克腊为了避免见到王琦瑶，就把王琦瑶家的钥匙交给他们共同的朋友小混混长脚归还给王琦瑶，没料到手头紧张的长脚则选择了偷偷潜入王琦瑶家偷窃，在他发现西班牙雕花的桃花心木盒后，王琦瑶也发现了他，

因为桃花心木盒是李主任留给王琦瑶最后的遗物，也是王琦瑶对过去最后的念想，王琦瑶和盗窃的长脚发生了激烈的语言冲突，最后王琦瑶被气急的长脚杀死，故事宣告完结。

（二）上海芯子

王安忆笔下的“上海芯子”是王琦瑶们的气质，这种气质谈不上骨气，也算不上精神，但是确实在日复一日的穿衣吃饭的岁月里印刻在王琦瑶这样平平常常的小市民的心中。历史上并没有一个真正的王琦瑶，王琦瑶算是千千万万小市民的一个代表，也是缩影，这反倒让她身上的“上海芯子”越发显得楚楚动人又令人难以忘怀。本文作者通过对王琦瑶在上海居住地的还原和小说中相关的描写来回故“上海芯子”的轮廓、内涵及那不曾远去的旧上海印迹。

1.“爱丽丝公寓”与柳迎村（1948 年）

王琦瑶在成为李主任的外室后，住进了李主任为其租住的豪华公寓，“一周之后，李主任便带王琦瑶去看了房子。房子是在静安寺，百乐门斜对面一条僻静的马路上的短弄里，有并排几幢公寓式楼房，名叫爱丽丝公寓”（P83），“这样的公寓还有一个别称，就叫作‘交际花公寓’”。通过百度地图的全景和路网信息对百乐门周边环境进行细致的观察，判断柳迎村很有可能就是作者笔下的爱丽丝公寓的原型，其原因主要有以下三个方面：一是“柳迎村”之名与“爱丽丝公寓”或者“交际花公寓”的名称在语义上不谋而合；二是柳迎村与百乐门的相对位置与小说中所记是比较接近与建筑结构也比较符合小说中所记，见图 13－1，路网信息则略有差别，可能也是时代变迁、道路重修所致；三是柳迎村的建设年代，见图 13－2、图 13－3、图 13－4、图 13－5。“爱丽丝公寓是在闹中取静的一角，没有多少人知道它。它在马路的顶端上，似乎就要结束了，走进去却洞开一个天地。那里的窗帘总是低垂着，鸦雀无声。里头的人从来不出来，连老妈子都不和人啰唆的。一到夜晚，铁门拉上，只留

一扇小门，还有一盏电灯，更不知何时何处，何人的世界。”（P85）

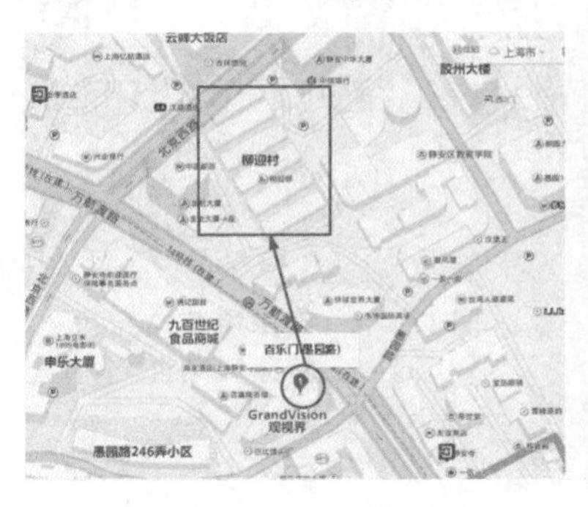

图 13－1　百乐门和柳迎村的相对位置

图片来源：百度地图（https：//map. baidu. com/）

房屋信息

小区：柳迎村	房型：4室 2厅 3卫
位置：静安 - 静安寺 - 北京西路1729弄	面积：210平方米
年代：1939年	朝向：南北
类型：新里洋房	楼层：共4层

图 13－2　柳迎村的房屋信息

图片来源：安居客

（https：//shanghai. anjuke. com/community/view/16451）

图 13－3　柳迎村的入口处及沿街的房子侧面

图片来源：作者拍摄。

图 13－4　2015 年 12 月的柳迎村西北面

图片来源：百度地图

（https：//map. baidu. com/）

图 13－5　2016 年 6 月的柳营村东北面

图片来源：百度地图

（https：//map. baidu. com/）

实地来看，柳迎村临街的第一排房子比较窄，西墙两片窗（无朝北亭子间），后面五排都是六片窗，见图 13－6，五联排式，每一排有五户人家，见图 13－7、图 13－8。

图 13－6　后五排的六片窗

图片来源：作者拍摄。

图 13－7　两排房子间的过道

图片来源：作者拍摄。

图 13－8　后排房子南面的院落和阳台

图片来源：作者拍摄。

图 13－9　一户的大体样貌

图片来源：作者拍摄。

图 13－9 中北面部分可以很清晰地看到上海特色亭子间的形态，图中二楼低矮的两扇窗应该就是亭子间。亭子间，它位于灶披间之上、晒台之下的空间，高度 2 米左右，面积六七个平方米，朝向北面，大多用作堆放杂物，或者居住佣人。[1] 王安忆在《长恨歌》中这样写道："在上海的弄堂房子里，闺阁通常是做在偏厢房或是亭子间里，总是背阴的窗，拉着花窗帘"（P11），"每间偏厢房或者亭子间里，几乎都坐着一个王琦瑶"（P18），"王琦瑶到家正是午饭的时候，

[1] 百度百科（http：//baike. baidu. com/item/亭子间）.

她推说已经吃过，便到亭子间里看书。亭子间是灰拓拓的，那种碱水洗过后泛白的颜色，墙和地都是吃灰的。王琦瑶的心倒格外的静，一动不动，看了一下午的书”（P74）；“那种有前客堂和左右厢房里的流言是要老派一些的，带薰衣草的气味的；而带亭子间和拐角楼梯的弄堂房子的琉檐则是新派的，气味是樟脑丸的气味”（P6）。王琦瑶在16岁之前的居所，是上海普通弄堂里的亭子间，这时的王琦瑶还是带着潮流化的感伤主义和小姊妹情谊的少女，她敏感而骄傲，聪慧而不失分寸。但在她成为李主任外室以后，她便不再居住在矮小的亭子间里。图13－10展现了小说《长恨歌》中所描写的王琦瑶居住的爱丽丝公寓的内景。王安忆这样描写王琦瑶的新家：“李主任租的是底楼，很大的客厅，两个朝南的房间，可做卧室和书房，另有朝北的一间给娘姨住。细细的柚木地板打着棕色蜡，发出幽光。家具是花梨木的，欧洲的式样。窗帘挂好了，还有些桌布，沙发巾，花瓶什么的小物件空着，等着王琦瑶闲来无事地去侍弄。给她留一份持家的快乐似的……王琦瑶走进去时，只觉得这个公寓的大和空。在里面走动，便感到自己的小和飘，无着无落似的。她有些不相信是真的，可不是真的又能是假的？”（P84）随着李主任因飞机失事而亡故，王琦瑶便被迫迁出了爱丽丝公寓，而时局动荡，王琦瑶只得逃往邬桥避难，等她再回来，已是三年后，她住进了和她儿时居所相似的弄堂平安里。

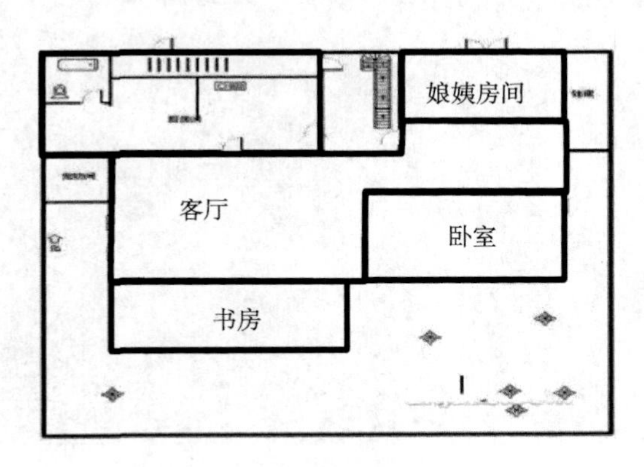

图13－10　小说《长恨歌》爱丽丝公寓的内部结构

图片来源：根据安居客底图改绘（https：//shanghai. anjuke. com/community/view/16451）

2. 平安里（1952—1986年）

小说中有很多关于上海弄堂的描述，从高处往下看，上海的弄堂是波澜壮阔的，“站一个制高点看上海，上海的弄堂是壮观的景象。它是这城市背景一样的东西。街道和楼房凸显在它之上，是一些点和线，而它则是中国画中称为皴法的那类笔触，是将空白填满的。当天黑下来，灯亮起来的时分，这些点和线都是有光的，在那光后面，大片大片的暗，便是上海的弄堂了。”（P1）而从低处往深里看，“上海这城市最少也有一百条平安里。一说起平安里，眼前就会出现那种曲折深长、藏污纳垢的弄堂。它们有时是可走穿，来到另一条马路上；还有时它们会和邻弄相通，连成一片。真是有些像网的，外地人一旦走进这种弄堂，必定迷失方向，不知会把你带到哪里。”（P131）平安里是上海弄堂中的代表，大片的弄堂分布左右，见图13－11。王琦瑶在平安里一住就是34年，见图13－12、图13－13，“王琦瑶住进平安里三十九号三楼。前边几任房客都在晒台上留下各种花草，大多枯败，也有一两盆无名的，却还长出了新叶。前几任的房客还在灶间里留下各自的瓶瓶罐罐，里面生了霉，积水里游着小虫，却又有半瓶新鲜的花生油。”（P132）

图13－11　平安里及周边区域的卫星图

图片来源：百度地图（http：//maP. baidu. com/#）

图 13－12　平安里图

图片来源：百度地图

（https：//maP. baidu. com/）

图 13－13　王琦瑶的家[1]

图片来源：百度地图

（https：//maP. baidu. com/）

失去了李主任庇佑的王琦瑶开始自谋出路，见图 13－14，“王琦瑶到护士教习所学了三个月，得了一张注射执照，便在平安里弄口挂了牌子。这种牌子，几乎每三个弄口就有一块，是形形色色的王琦瑶的营生。”（P132）她当了一名护士，并和弄堂里有来头的严家师母有了比较深的交往，见图 13－15。“常来的人中间，有一个人称严家师母的，更是常来一些。她也是住平安里，弄底的，独门独户的一幢。她三十六七岁的年纪，最大的儿子倒有十九岁了，在同济读建筑。她家先生一九四九年前是一爿灯泡厂的厂主，公私合营后做了副厂长，照严家师母的话，就是摆摆样子的”（P135）。王琦瑶的家是可以看到中苏友好大厦尖顶的红星：“王琦瑶端起康明逊喝干的茶杯到厨房添水，她从后窗看见远处中苏友好大厦尖顶上的一颗红星，跳出在夜色之上。”（P173）中苏友好大厦离王琦瑶曾经短暂租住的爱丽丝公寓不远，见图 13－16、图 13－17，不知这样的回望是否有作者的深意。根据小说中的描述将王琦瑶家的三层小楼大体轮廓制作成 CAD 图，见图 13－18，以及 3D 模型，见图 13－19。

[1] 平安里三楼中的某一户。

图 13－14　王琦瑶家的近景

图片来源：百度地图全景

（https：//map. baidu. com/）

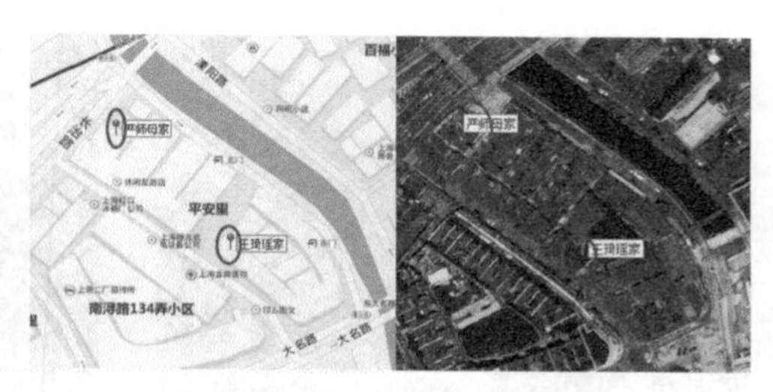

图 13－15　弄底独门独院的严家师母家和王琦瑶家

图片来源：百度地图

（https：//map. baidu. com/）

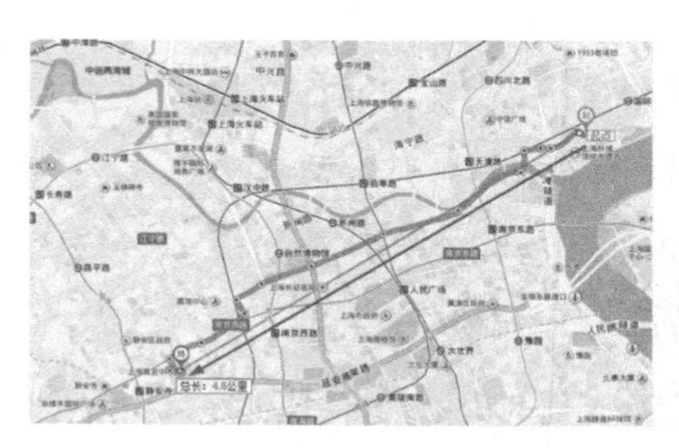

图 13－16　王琦瑶从家看向中苏友好大厦的距离

图片来源：百度地图（https：//map. baidu. com/）

图 13－17　中苏友好大厦

图片来源：百度百科（https：//baike. baidu. com/item/中苏友好大厦）

图 13－18　平安里三层小楼透视图

图片来源：作者自绘。

图 13－19　平安里三层小楼 3D 模型

图片来源：作者自制。

3. 上海芯子

“上海芯子”可以说是王安忆笔下用来代替“上海精神”的词，但是这种精神未必是宏大的、崇高的，而应是微小的、琐碎的。将王安忆在《长恨歌》中对“芯子”有关的描写摘录如下：“无论这城市的外表有多华美，心却是一颗粗鄙的心，那心是寄在流言里的，流言是寄在上海的弄堂里的。这东方巴黎遍布远东的神奇传说，剥开壳看，其实就是流言的芯子。就好像珍珠的芯子，其实是粗糙的沙粒，流言就是这颗沙粒一样的东西。”（P9）“《上海生活》选它作封里，是独具慧眼的。这照片与“上海生活”这刊名是那么合适，天生一对似的，又像是“上海生活”的注脚。这可说是“上海生活”的芯子，穿衣吃饭，细水长流的，贴切得不能再贴切”（P34－35）。“窗外是五月的天，风是和暖的，夹了油烟和泔水的气味，这其实才是上海芯子里的气味，嗅久了便浑然不觉，身心都浸透了。”（P132）“他们又都是生活在社会的芯子里的人，埋头于各自的柴米生计，对自己都谈不上什么看法，何况是对国家，对政权。也难怪他们眼界小，这城市像一架大机器，按机械的原理结构运转，只在它的细部，是有血有肉的质地，抓住它们人才有依傍，不致陷入抽象的虚空。所以，上海的市民，都是把人生往小处做的。对于政治，都是边缘人。”（P199）

寥寥数语，却写出了“上海芯子”的真谛。王琦瑶的美是上海芯子的外在体现，王琦瑶的特质是上海芯子的本质，这样的芯子是小市民的流言，是千千万万人的穿衣吃饭，是不问世事的心。这样的芯子，让上海成为一个乐观的城市，即使偶尔出现的天灾人祸也会让王琦瑶们备受折磨，但王琦瑶却能让自己艰苦却体面地生活，这种体面来源于不问世事，埋头于穿衣吃饭的性子，也正是如此，王琦瑶们才能默默走过平淡而漫长的时光。而上海也是如此，从1845年英国在上海设立了租界开始，上海便成为各方势力交织汇合的远东第一大都市，在上海繁华喧嚣的外表下，上海芯子才是真正支撑着这个城市绵延不绝地生生不息的支柱。

（三）邬桥德行

1. 邬桥乌篷

上海有个邬桥镇，但王安忆笔下的邬桥显然不在那里（去邬桥

镇不必经由苏州)。“外婆租一条船，上午从苏州走，下午就到了邬桥。王琦瑶在邬桥，是住舅外公的家。舅外公开了个酱园店，酱豆腐干是出了名的。”（P117）乌篷船的航行时速一般可达 10 千米多，因而小说中的邬桥应该在苏州周边 30—100 千米的范围。上海芯子所追求的不问世事、穿衣吃饭又和邬桥德行如出一辙，虽然上海和邬桥的外在是那么的不同，一如璀璨的星空，一如蜿蜒的大河。

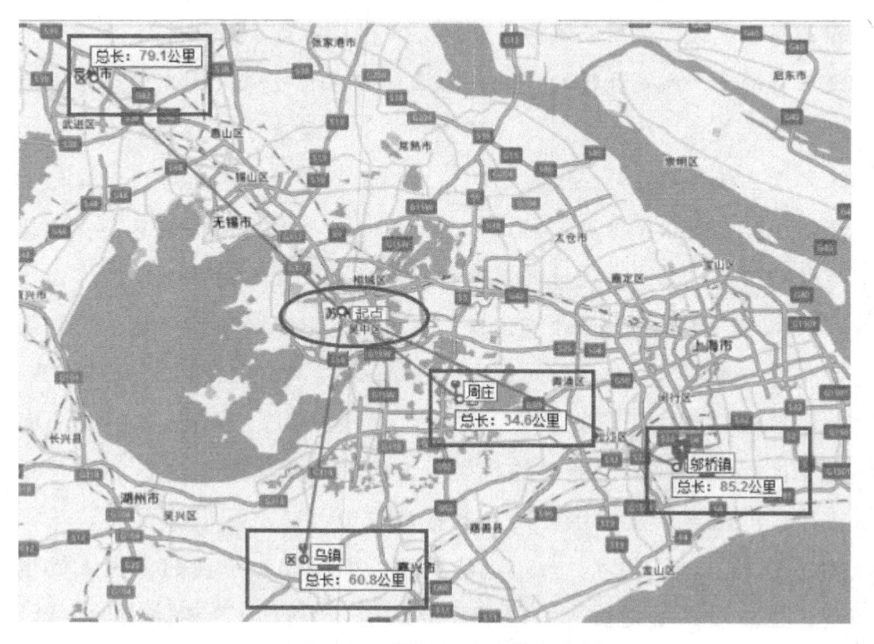

图 13－20　邬桥大致方位分析图

图片来源：作者自绘。

结合王琦瑶从邬桥镇回上海时的描述：“莲蓬又要结籽了，王琦瑶乘上回苏州的船。”“没见苏州，已嗅到白兰花的香。”（P130）“从苏州到上海的一段，王琦瑶是坐火车，船是嫌慢了，风也不顺帆的。”（P130）由此可知，王琦瑶返回上海是在五月前后，那时上海周边的主导风向是东南风，从邬桥镇去苏州是顺风而行，可知邬桥镇应该是周庄或是乌镇，结合邬桥镇的名称来看，王安忆笔下的邬桥镇很可能就是乌镇。王安忆自己在笔记中写道：“这小镇很小，而且不出名，但在抗战，上海沦陷时期水陆封锁之下，这个小镇则因其地理偏僻，成为小小的枢纽，一些地下的物质在这里交流，这使得小镇获得数年繁荣时光。它的名字叫邹桥。……李主任坠机身亡，改朝换代，我要为王琦瑶寻觅一个养伤之处，便找到了它，邬桥。我至今也没去过那里，看见它，但它却给我一个神奇的印象，它避世却不离世，虽然小却与大世界相通，它可藏身，又可送你上青天❶。”可见，邬桥是哪个地方，在哪里，其实都不重要，它象征着国家和芸芸众生的避难所和疗伤地。

2. 邬桥大德

王安忆笔下的邬桥镇是“母体的母体”，是江南水乡的大德所在，是千千万万大城市居民的生命之源。小说中有这样一段话着实写得精彩：“桥这东西是这地方最多见也最富含义的，它有佛里面彼岸和引渡的意思，所以是江南水乡的大德，是这地方的灵魂。邬桥真是有德行的。桥下的水每日价地流，浊去清来；天上的云，也是每日价地行，呼风唤雨。那桥是弯弯的拱门，桥下走船，桥上走人。屋里长长的檐，路人躲雨又遮太阳。邬桥吃的米，是一颗颗碾去壳，筛去糠，淘水箩里淘干净……邬桥的路、桥、房舍、舍里的腌菜坛、地下的酒钵都是这么一日一日、一代一代攒起的。邬桥的炊烟是这柴米生涯的明证，它们在同一时刻升起，饭香和干菜香，还有米酒香便弥漫开来。这是种瓜得瓜，种豆得豆的良辰美景，是人生中的大善之景。邬桥的破晓鸡啼也是柴米生涯的明证，由一只公鸡起首，然后同声合唱，春华秋实的一天又开始了。这都是带有永恒意味的明证，任凭流水三千，世道变化，它自岿然不动，几乎是人和岁月的真理。邬桥的一切都是最初意味的，所有的繁华似锦，万花筒似的景象都是从这里引发伸延出去，再是抽身退步，一落千丈，最终也还是落到邬桥的生计里，是万物万事的底，这就是它的大德所在。”（P114）和上海喧嚣嘈杂的繁华不同，邬桥的德行在于它的

❶ 王安忆．王安忆导修报告［M］．北京：新星出版社，2007：19．

慢，邬桥是“不偷懒、不浪费、也不贪求”的“点点滴滴、仔仔细细”的日子构成的，它追求的是“种瓜得瓜、种豆得豆”的大善，这种追求是永恒的真理，而邬桥也构成了万事万物的底子。因而，邬桥可以接纳从上海受伤而来的王琦瑶，给她一个疗伤治病的好归宿，也可以让伤好后的王琦瑶毫无顾忌地重归上海。

福柯认为，以往我们对现象的考察只着重时间的绵延顺序，仿佛空间只是一个贯彻历史意图的无生命力的场所，但实际上“我们生活的空间并非是一片可以被各式各样的光亮随意改变色调的空无，我们生活在一系列规定了场域界限的关系之中，它们彼此间不能化约，也不能凌驾于对方之上”。[1] 风格迥异的大城市上海和小地方邬桥显然是空间上异质性的典型，而实际上，上海芯子和邬桥德行的本质是共通的，都是着眼于生活，但上海芯子执拗于小我，而邬桥德行则着重于大我。王琦瑶是由上海芯子演绎出的最为精致的小人物，她其实是不那么喜欢邬桥的，但邬桥却包容了她，并在她最困难的时候接纳了她，这也体现出了上海芯子和邬桥德行的共通和不同之处。

王安忆写《长恨歌》应是结合了许许多多小人物的人生经历，这些人在历史的长河里出现过，但无大功也无大过，最终又消匿于时空中。她这样说道：“历史的面目不是由若干重大事件构成的，历史是日复一日、点点滴滴的生活的演变。”[2] 同时，王安忆还这样谈道：“生计的问题就决定了小说的精神的内容。”[3] 有些学者因此称王安忆的写作是通过描写都市生存处境与时代的巨变构建了上海的城市精神史。[4] 亦有学者这样说道：“她的上海是以女性个人的孤独和卑微为衬底、以上海虚荣与繁华为排场的悲喜交加的聚集地。”[5]

---

❶ 包亚明．后大都市与文化研究［M］．上海：上海教育出版社，2005：118.

❷ 徐春萍．我眼中的历史是日常的［N］．文学报，2000－10－26（002）.

❸ 王安忆．小说的当下处境［N］．文学报，2005－09－15（003）.

❹ 汪伟，方维保．王安忆的都市话语与城市精神史写作［J］．安徽师范大学学报（人文社会科学版），2002（6）：656－661.

❺ 徐珊．论王安忆《长恨歌》的城市景观［J］．华南师范大学学报（社会科学版），2004（4）：82－86，158.

"现实和艺术作了重新的分工，现实是行为艺术，艺术呢，是生活的复制。这是我们的处境，就像一个陷阱，生活蹈人虚构，艺术则蹈人现实。"[1] 无论是爱丽丝公寓、平安里还是邬桥，或许都是王安忆自己去过的地方，虽然这些地方亦真亦假，也可能根本就不存在，更没有一个真真切切的王琦瑶在那里生活居住过，但这样动人的故事却深深地打动了每一个读者的心，也让作者本人对故事情境的还原有了真切可感的意义。

参考文献

[1] 王安忆．长恨歌［M］．海口：南海出版公司，2010.

[2] 南帆．城市的肖像——读王安忆的《长恨歌》［A］．吴义勤主编．王安忆研究资料［C］．济南：山东文艺出版社，2006：173－184.

[3] 胡雅婷．文学中的城市想象——以王安忆、池莉、铁凝小说为个案研究［D］．北京：中国矿业大学．2014.

[4] 吴义群．王安忆研究资料——中国新时期文学研究资料汇编［M］．济南：山东文艺出版社，2006：38.

[5] 焦雨虹．消费文化与1990年以来的城市小说［D］．上海：复旦大学（博士论文），2007：25.

[6] 李静．"海上怀旧"与全球上海——浅析"弄堂""蓝屋"和"乐园"之空间意象［J］．当代作家评论．2013（2）：192－200.

[7] 倪燕．王安忆作品中的上海弄堂文化研究［D］．乌鲁木齐：新疆师范大学，2016.

[8] 胡小艳．上海弄堂里的王琦瑶们［D］．杭州：浙江大学，2007.

[9] 王安忆．王安忆导修报告［M］．北京：新星出版社，2007

[10] 包亚明．后大都市与文化研究［M］．上海：上海教育出版社，2005：118.

[11] 徐春萍．我眼中的历史是日常的［N］．文学报，2000－10－26（002）.

[12] 王安忆．小说的当下处境［N］．文学报，2005－09－15（003）.

[1] 王安忆．《长恨歌》创作谈［J］．芳草（经典阅读），2015（Z1）：32－33.

[13] 汪伟，方维保．王安忆的都市话语与城市精神史写作［J］．安徽师范大学学报（人文社会科学版），2002（6）：656－661.

[14] 徐珊．论王安忆《长恨歌》的城市景观［J］．华南师范大学学报（社会科学版），2004（4）：82－86，158.

[15] 王安忆．《长恨歌》创作谈［J］．芳草（经典阅读），2015（Z1）：32－33.

十四、杭州流变

——从《南方有嘉木》读茶馆功能演变

戴芳芳（2014级本科生）

公共空间自始至终都是城市研究的重点课题，在城市起源之初，公共空间成为控制人们日常生活甚至是控制思想的工具，“公共空间”有名无实。直到20世纪70年代末公共空间才逐渐开始成为市民文化传承与交流的场所。茶馆是一个具有中国特色的微型公共空间，《南方有嘉木》这部小说以清末至20世纪30年代为时代背景，以“绿茶之都”杭州的忘忧茶庄杭氏四代人跌宕起伏的命运变化为主线，展示了茶庄的说书、交流、交易等多种功能。茶馆是中国民俗文化的重要组成部分，茶馆功能的演变体现着时代的变迁，现代社会茶馆功能的转变与地位下降都不得不引起人们的重视。

（一）茶馆文学解读

1. 空间分布

小说《南方有嘉木》中有许多处描述故事发生地点杭州和茶馆空间分布的语句，如：①杭州距上海198千米，浙、皖、闽、赣四省的茶叶，从钱塘江顺流而下，于杭州集散。海上商埠，多赖此天时地利。这个极为美丽的城市，便也成为茶行、茶庄和茶商云集的地方（P14）；②马嘎尔尼和长毛都不会对位居杭州城羊坝头忘忧茶庄的杭老板产生实质性的影响（P15）；③杭九斋糊里糊涂加入茶漆会馆的时代，杭州的茶叶店，数起来，也有三四十家了。稍后出了名的，有拱高桥吴振泰茶叶店老板——长子吴耀庭；有闹市羊坝头

方正大店主方冠三兄弟——矮子方仲鳌；有盐桥大街方福寿、官巷口可大茶叶店主——白脸朱文彬；还有清河坊翁隆盛女店主——女大王翁夫人（P16）；④1874 年，位于忘忧茶庄二里路远的大井巷，红顶商人胡雪岩的胡庆余堂开张营业（P29）；⑤茶楼位于钱王祠旁，不大不小，楼下手谈，楼上口谈；楼下下棋评鸟，楼上听戏说书（P43）；⑥自他迁来此地后，杭州的茶行逐渐地便多了起来。宁波的庄源润，杭州的乾泰昌，海宁使石的源记、隆兴记，又有公顺、保泰，纷纷相继而设。候潮路口，茶市一时盛极（P171）；⑦自此，春夏两季，茶商云集杭州。东北，有哈尔滨的东发合，大连的源顺德；天津卫，有泉祥、正兴德、源丰和、义兴泰、敬记；北京有鸿记；济南有鸿祥；青岛有瑞芬；潍县有福聚祥；开封有王大昌；烟台有协茂德、福增春；福州有何同泰（P171）。

茶行分布有内在的规则，小说中有这样的描述，如：①你竟不知道，新开茶叶店，必须隔开八家店面吗？（P16）；②原来茶界有规矩，女人不得上店堂应酬轧台面，林藕初虽感诸多不便，也是不敢破此行规的，每日的行情，便得赖茶清通报（P66）。

2. 发展历史

源于晋唐的中国茶馆历经一千七百多年的流变发展，在中国人的社会生活、休闲娱乐中占据着重要位置。白居易《琵琶行》中的浮梁，在今日江西景德镇，江口，乃九江的长江口。茶商把妻子一人留在九江船上，自己则带着伙计到景德镇去收购茶叶。可知浮梁不愧为唐代东南最大的茶叶集散地；更可推论，中唐晚唐，茶便开始徜徉在长江的中游和下游了。伟大的盛唐，把生活中的一切都推向高潮；宋时的《东京梦华录》《武林旧事》《都城纪盛》诸笔记均记载了宋代都城茶肆、茗坊密布的盛况，故在茶业中，故有“茶兴于唐而盛于宋[1]”之说。明清茶事，由鼎盛走向终极，尤其 19 世纪

---

[1] 朱璆．唐宋饮茶风尚与陶瓷茶具［J］．东方博物，2005（3）：83－86．

下半叶是中国茶叶和英国鸦片相互抗争的岁月，古老、优雅、乐生的山中瑞草，竟是在殖民的狂潮中被世界裹着，又在痛苦中走向近代了，文章的背景即是依托近代茶庄的发展沉浮。

3. 空间特征

茶馆是个统称名词，即有固定的地点或店铺供人们饮茶休憩，以供应的茶水作为主要商品，这样的场所就被人们称为“茶馆”。公共空间是来自西方社会科学的概念，是与私人空间相对应的概念。P. 杜理斯（Perry Duis）城市空间分类将空间划分为三种类型：一是真正“公开”的地方，像街道、路旁、公园、国家财产等；二是私人所有，像企业财产、私人住房等；三是介于“公”与“私”之间的、可称之为“半公共”（Semi－Pub1ie）的地方，它们“由私人拥有但为公众服务”，如剧场、理发店等。显然，茶馆属于第三种空间类型，是私人开办但为公众提供饮茶服务的公共场所。

王鸿泰（2008）认为，清代茶馆社会化程度高，人们更多地将茶馆作为一个社会交往的空间，而不仅仅是提供消费的场所，并探讨茶馆在城市生活中的意义❶。牛力（2002）通过对各种史料的解读，说明近代中国的茶馆已经具备了包括传播各类信息、调解各类纠纷，以及完成各类交易的社会功能。当下的茶馆社会功能单一，与民众交往程度远不如传统茶馆那样深厚❷。潮龙起（2003）认为，茶馆在近代帮会中起到重要作用，茶馆承担过往交接、传递信息、组织传播等多方面的职能❸。刘兴祝（2010）则以时间为轴线，分别阐述了茶馆在各个历史时期的兴衰状况，以及近代茶馆的特点和近代茶馆的巨大变化，认为茶馆是人类社会发展到一定阶段的社会

---

❶ 王鸿泰. 从消费的空间到空间的消费——明清城市中的茶馆［J］. 上海师范大学学报（哲学社会科学版），2008（3）：49－57.

❷ 牛力. 试论近代中国茶馆的社会功能［J］. 东方论坛. 青岛大学学报，2002（3）：42－46.

❸ 潮龙起. 近代帮会的茶馆与茶文化［J］. 江苏社会科学，2003（3）：165－169.

产物，茶馆对中国人饮茶习俗的延续和茶文化的传播、推广和普及都起到了重要作用❶。茶馆在中国近代以前的城市社会生活中扮演的角色是极其重要的，它是当时中国普及度最广的公共空间。由于近代的社会动乱，政局不稳，政治的变革，以至一些相对独立和传统的社会空间被不断挤压，茶馆经过几番周折，最早衰落直至消逝。如李晓南（2004）认为，茶馆在近、现代中国逐渐走向衰落甚至消失，在一定程度上茶馆在空间的形态上于近代已经消失。改革开放后茶馆重新出现，再现的茶馆的公共性、功能远不如从前，茶馆的功能变得单一，变成仅仅提供茶饮消费的场所❷。朱小田（1997）认为，乡镇茶馆在整个乡村社会运作中具有乡村市场的节点、社会政治的焦点和闲暇生活的热点等特点与功能❸。马斌（2002）将老舍的话剧《茶馆》作为研究对象，分析作品人物，并得出茶馆事实上是一个市民进行交往的公共空间的结论❹。周文棠（2003）最早以规模大小、风格类型及档次高低作为茶馆的分类标准❺。徐明宏（2007）在研究杭州茶馆时，认为杭州茶馆包括自然空间、社会空间和人文空间三个层面上的空间❻。鉴于西方学者对酒吧、咖啡馆这类公共空间的成功经验，很多中国的社会学者也尝试将茶馆作为一个公共空间来考察茶馆对社会所产生的影响。在有关茶馆与城市社会生活的研究中，美籍华裔学者王笛（2001）对成都茶馆的研究相对比较突出，通过对成都茶馆的形成及特点、茶馆里的群体行为、民事纠纷、阶级鸿沟，政治和经济活动等内容的分析，指出 20 世纪初

---

❶ 刘兴祝．浅谈茶馆的起源与发展［J］．科技信息，2010（22）：557－558.

❷ 李晓南．从城市公共空间的角度看今昔茶馆文化的演变［J］．社会科学辑刊，2004（1）：35－40.

❸ 朱小田．近代江南茶馆与乡村社会运作［J］．社会学研究，1997：54－61.

❹ 马斌．现代化进程中市民空间的衰退——重读老舍《茶馆》［J］．淄博学院学报（社会科学版），2002（2）：48－51.

❺ 周文棠．茶艺馆文化艺术氛围的形成——茶艺馆中的动态景观与景象［J］．茶叶，2003（1）：54－55.

❻ 徐明宏．杭州茶馆：城市休闲方式的社会学分析［M］．南京：东南大学出版社，2007.

成都的茶馆是市民日常生活的重要舞台，茶馆既是娱乐消闲的场所，亦为从事商业及社会政治活动的空间。王笛认为专制政府和改良精英对茶馆的控制和改造大多以失败告终，这显示了茶馆旺盛的生命力[1]。王笛随后发表的重点是对其中的一个部分进行深入的挖掘与分析，例如，2009 年发表的《茶馆、戏园与通俗教育——晚清民国时期成都的娱乐与休闲政治》，2010 年发表的《“吃讲茶”：成都茶馆、袍哥与地方政治空间》，以及 2014 年发表的《成都茶馆业的衰落——1950 年代初期小商业和公共生活的演变》。

（二）茶馆功能特征

国内关于茶馆的研究始于 20 世纪 90 年代初期，在发展初期所发表的文献较少，且多侧重于茶文化的探讨，但是随着社会的进步，城市空间、城市历史、城市文化等学科研究的发展与壮大，关于茶馆的研究也越来越丰富。研究涉及茶馆空间设计、茶文化传承、茶馆发展历程、茶馆地域特点、茶馆区位选址等，研究成果显著，本文主要探讨茶馆的多重功能。小说《南方有嘉木》中也有相关的描述：“中国的茶馆，也可称得是世界一绝了。它是沙龙，也是交易所；是饭店，也是鸟会；是戏园子，也是法庭；是革命场，也是闲散地；是信息交流中心，也是刚刚起步的小作家的书房，是小报记者的花边世界，也是包打听和侦探的耳目；是流氓的战场，也是情人的约会处；更是穷人的当铺。”（P78）“此话倒真是不假，偌大一个中国，杭州亦算是个茶事隆盛之地。南宋时，便有人道是‘四时卖奇茶异汤，冬日添七宝擂茶’。那时杭州的茶坊多且精致漂亮。文人墨客、贵族子弟往来于此，茶坊里还挂着名人的书画。如此说来，求是书院的才子们亦不必以师出无名为憾，原本宋朝的读书人，就是这么干的。不过那时的老祖宗还在茶坊里嫖娼，那茶楼和妓院便

[1] 王笛. 20 世纪初的茶馆与中国城市社会生活——以成都为例［J］. 历史研究，2001（5）：41－53.

兼而有之。”（P79）

1. 基本功能：吃茶放松

在茶馆，最基本的功能便是喝茶解渴，俗称“吃茶”。忙里偷闲的人们来到匹配身份的茶馆，喝上一杯香茗，舒展身心，静静地休息，可以一扫劳作的疲惫。闲人常客则品茶赏景，联络感情，往往也会感慨岂不快哉。喝茶是最基本的功能，也是茶馆的生存要务、魅力和存在价值。在茶馆喝闲茶，大多数茶客是把茶馆当作一个自由开放的极乐世界，只要不对公共空间造成恶劣影响，随心休憩，舒张身体、发泄情绪，甚至麻痹精神，都可以在茶馆里找到相应的空间。因此茶馆为人们的日常生活提供了一个休闲的公共空间，自然演变成了社交的中心场所。

小说《南方有嘉木》描写了杭州的茶馆，在杭州吃茶，除了品味茶香，更重要的是欣赏美景。民国时期的杭州，依旧代表着江南水乡的特色，街巷狭长，河流交错，房屋鳞次栉比。茶馆建址多选在交通便利的河边码头、风景优美的西湖景区，抑或是繁华热闹的商街。茶客端坐在茶馆之中，便可以欣赏风光，也可以在休息之余更多了一分闲暇趣味。顾胜楠（2017）竭力描写西湖周边的茶馆，如“既然赏景，西湖得是首屈一指，其周围遍布大小几十家茶馆，各风景点设有茶室，一年四季皆有独特之处……茶室寓于美景，品茶与品景，两者相互交融，相得益彰，游客与茶客置身景中，景佐茶，为品茶构造最佳时空，品茶也是品景的最佳意境[1]。民国时期，多数人有去茶馆的习惯，大大小小的茶馆里总能聚上一批客人，吃茶闲聊，彼此交流身边的人和事。这种吃茶的行为习惯在今天的西湖露天茶座依然可以看见，茶客们修心养身、品茗弈棋、其乐无穷。

---

[1] 顾胜楠．民国时期杭州茶馆与城市社会生活研究（1927—1949）．杭州：浙江工商大学，2017．

2. 辅助功能：娱乐表演

茶馆行业在民国时期十分流行，如何在激烈的竞争中获得成功是一件令茶馆老板们很头痛的事情。与此同时，由于茶馆公共空间的性质，很多茶客可以花上五枚铜板坐上一天，如何获取高盈利也是亟待解决的问题。于是，为了招揽生意，同时从高消费水平的顾客处获得高利润，茶馆往往与风格相适的民间艺术结合，上演杂剧、说唱，使茶馆同时具有了早期剧院和戏园的性质。小说中也有描述，如“茶楼位于钱王祠旁，不大不小，楼下手谈，楼上口谈；楼下下棋评鸟，楼上听戏说书”（P43）。“《杭州府志》记载：明嘉靖二十一年（1542 年）三月，有姓李者，忽开茶坊，饮客云集，获得甚厚，远近效之。旬月之间开五十余所。今则全市大小茶坊八百余所，各茶坊均有说书人，所说皆‘水浒’‘三国’‘岳传’‘施公案’罢了。”（P79）

茶馆里最常见的娱乐形式是说书，其他还有相声、评弹、花鼓戏、莲花落子等小曲，并有耍杂耍的和更为正式的地方戏、京剧等表演。市井文化的娱乐性与消闲性在茶馆中得到了充分的挖掘和表现。民国时期快速变化的政治、经济影响了社会风俗习惯的演变，文化娱乐活动更加社会化。戏曲说唱的表演本来就是平民百姓解乏的好办法之一，在欣赏中放松和发泄生理和心理的疲惫。小说中描述：“一曲昆腔，唱得众人一时竟说不出话来，只听到楼下一层的鸟儿重新叽叽喳喳响起。”（P45）原本要去专门的戏场剧院才能欣赏到的表演，在熟悉的茶馆里即可欣赏到，这样既可以喝茶又可以看戏，正好满足了大多数茶客的需求。所以，尽管茶馆的表演多是出于经营者拉生意的目的，但是这一巨大的进步却也无意中促进了茶馆业的蓬勃发展。

3. 衍生功能：信息交流

与现代社会不同的是，民国时期的杭州几乎没有其他成型的社

交平台，而茶馆的开放和自由除了能带给人们休闲的时光，更能为个人和团体提供足够的社交空间，在民国时期，很多信息的产生、发酵和传播都是从茶馆开始的。民国时期杭州的社会生活受到上海的影响覆盖，日益开放的思想动态与信息的匮乏形成了强烈的矛盾，各种新鲜事物不断充斥在城市的生活中，人们通过各种手段获取信息。茶馆汇集了来自四面八方的各式人等，堪称当时信息的集散地，有老话说："秀才不出门，便知天下事。"忘忧茶庄的时代，大大小小的消息能够在第一时间传遍全城，在没有现代通信手段的当时，全杭州六百余家茶馆功不可没。茶客们以茶为媒，充分发挥茶馆传播交流信息、纾解个人意见等方面的功能，这也是茶馆最重要的功能。

信息的传播靠的是聊天，而闲聊则是茶馆中最普遍的社交形式。对于权力阶级，在茶馆里谈论政务、民风，会得到听者的尊重，他们从中获得了威望和自我满足；对于劳苦民众，聊天则是一种表达和反抗的手段，他们借此机会来发泄对社会不公的不满，并在寻找支持的过程中获得逃避现实的愉悦感。茶馆的生活态势在表面上看是自由、闲适和悠然的，但实际上它是各种社会关系和社会势力摩擦的公共空间。作为近代杭州社会的公共空间，茶馆的功能既为普通民众所用，也为有关团体乃至政府所看重。民国时期，茶馆一度成为开展民众教育运动的重要场所。任振泰主编的《杭州市志》第六卷记载：1921 年杭县公署社会教育处将杭州城厢茶馆分编为四百余处，作为讲演场所。1932 年后，专门的民众教育馆在杭州各城区建立，但茶馆仍是随时举行各种民教活动的场所，其重要性并没有被立刻取代。作为拯救中国的共产党也曾以茶馆为掩护，与敌人展开周旋。20 世纪 20 年代末，胡友开在杭州登云桥旁新开了一家小茶店，这家小茶馆是中国共产党的一处秘密联络交通站，他经常在茶客的聊天中，探出风声、寻找信息，多次出色地完成了党组织交代的任务。小说中有描述："这才商议以抽签方式推定每星期日由谁上茶楼读报。"（P80）

4. 间接功能：商务会谈

在茶馆聊天的人大多数都是闲聊，传播的都是小道消息。但也有一部分人，在茶馆的聊天十分神秘，窃窃私语防止他人偷听。这些人大多就是做生意的买卖人，他们在茶馆进行商业上的会谈，所谈的内容大多是各行业之间的机密，或者是关心到商人自己利益的事情。如此重要的商业谈话之所以会在茶馆进行，也是因为茶馆所具有的安全的公共空间的属性。两边的人都不必提防对方要心机，因此在公平的第三空间谈生意也是民国时期商人们的一项传统。在杭州的茶馆里，鲜有老年人光顾，多数都是青年人和中年人，并且这些人来茶馆绝不是因为他们是“有闲阶级”，整日无事，摆开“龙门阵”清谈闲聊。多数中年人忙于生意洽谈，恰恰是“有忙阶级”。但是同一个行业的习惯性碰头会倒会议绝无仅有。30—40 岁的生意人是茶馆的常客，但他们来了，就直入正题，完了事情就走。所以茶馆在推动各行业的发展中也起到重要的作用。小说中也有相关的描述：“那一天，赵寄客要把杭天醉拖去的三雅园，是杭州清末民初时著名的茶馆。就在今日的柳浪闻莺，离从前的忘忧茶楼也差不了几步。因这几年由忘忧茶楼改换门庭的隆兴茶馆江河日下，败落少有人问津，三雅园便崛起取而代之了。店主王阿毛牛皮得很，汉族青年，旗营官兵，携笼提鸟，专爱来此处雅集。赵寄客等一干学子也就乘机把这里当作了一个‘聚众闹事’的窝。”（P78）

5. 伴生功能：调解纠纷

茶馆的功能在演化的过程中早已超出了普通茶馆的功能，而是上升到了一种神圣的层次。在除了广泛渗入市民生活的各个方面外，茶馆也因为是一个公平的社交场所而演化出了处理私人恩怨的功能，突出地表现了它在民间纠纷调解中的作用。以往研究表明，在处理个人纠纷的过程中，中国人更倾向于通过私底下进行调解而不是选择法律或者官方。在民国时期，许多这类调节就发生在茶馆里，成

为一种普遍行为，称为“吃讲茶”，茶馆也因此获得了别称“小法场”。纠纷的双方邀请德高望重的长者或在当地有影响的社会精英担当裁判，在大庭广众之下陈述观点，而那些的茶客也会参与其中或做看客，被邀请的人随后对之进行调停裁决，理亏的一方不仅要接受理论的结果，而且在敬过三杯茶之后还要承担所有的茶资。小说中这样描述：“所谓吃讲茶，本是旧时汉族人解决民间纠纷的一种方式，流行在江浙一带。凡乡间或街坊中谁家发生房屋、土地、水利、山林、婚姻等民事纠纷，双方都认为不值得到衙门去打官司，便约定时间一道去茶馆评议解决，这便叫作‘吃讲茶’”。（P183）在传统的观念中，仲裁结果为人们所认可，并产生一种有制裁力量的舆论作用，这种约束力是强大而持久的，并作为依据而成为被广为接受的价值标准，获得了广泛的道德力量。

6. 其他功能：社会公益

茶馆的社会公益功能较为少见，并与经营者有关。小说中也有相关的描述：“谁知羊坝头忘忧楼府的整个情况，比茶楼有过之而无不及，嘉平大开了后门，一群南来北往的小乞丐们占据了偌大一个后花园。嘉草正指挥着他们在从前养金鱼和睡莲的池塘里洗澡。嘉和给他们在厢房里安顿地铺，他们打算建立一个孤儿院，来实践他们的无政府主义之理想。”（P408）“嘉平哪里有你的那一份子务实的心。他整天就跟做梦似的，张口都是大话。好不容易把个茶馆开了起来，一连四天，北京城里的学生都往我们那里拥，茶吃得精光不要说，茶盏也不晓得打碎多少只。什么工团主义、国家主义、科学救国、实业救国，还有列宁主义，统统都到茶馆里来辩论……医药费倒垫出去一大半，这叫什么事啊？”（P471）

（三）茶馆功能的变迁

茶馆是一个面向大众开放的以饮茶、休闲为基本功能的场所，在这里，不同阶层的人群可以自由地出入、自由地交往。因此，茶馆自明清发展成熟以来一直是作为一个公共空间存在的。随着时代的发展，这个公共空间在不断地进行自我调整，在空间形态、环境设置、功能定位等方面都有了巨大的变化。但是，开放性、公共性、可达性等基本特征还是决定了茶馆作为公共空间的本质，作为中国社会最具特色的传统公共空间之一，茶馆服务着广大人群，反映着都市社会的演变。

1. 退化

茶馆是一定时代和地域的产物，它映衬了人们的生活习惯和文化习俗，是城市的标志，地域风情的徽记；作为大众经济的一部分和承载市民文化的一种载体，它从数量的增减、场地分布的变迁，到经营特色的改变都体现出鲜明的特点，同时，又反过来折射出地域文化特征、社会都市和世俗人情百态。小茶馆，大社会。在近代的中国社会，茶馆是一个可以容纳三教九流的场所，环境设置的“随意性”和活动于其中的人们表现的“随意性”使得当时的茶馆更像一个小型的社会，它记录着人们生活、交往的方式，反映着一个地区文化的特征和社会变迁的历程。以成都市为例，遍地的茶馆是老成都的“城市名片”，大众化的茶馆定位为成都市民提供了一个公共活动的空间。森尼特在他的小说《公众的失落》中就直接抨击公共空间已不再是具有意义的场所，在这里只有抽象自由却没有持久的人际交往。同样他的理论也可以用来解释新时期茶馆公共空间信息流通功能退化的深层原因：一是随着物质条件的改善，通信设备的发展和日益精确化的社会分工使得社会上出现更多的空间载体，它们承担信息流通的功能；二是现代性这把“双刃剑”带来了人性的压抑和人与人之间的不信任，在公共空间人们不再公开发表言论，陌生人相遇不再共同抒发情感，人们都有了明确的公共底线，城市公共空间沦为“虚假伪装”的地方。

2. 转移

哈贝马斯则认为，公共领域形成的首要前提是言论和政治权利得到保障，基本权利得以实现的渠道则可以是多种多样的，既可以是十七八世纪欧洲的沙龙、咖啡馆和宴会，也可以是晚清民国或者当代中国的茶馆、媒体、学校、集会、会馆、公所、商会等❶。在他看来，政治功能是公共领域存在的首要职能，是实现政治合法性的基础。不管公共空间是否具有与生俱来的政治功能，在旧时社会统治阶层总会把公共空间作为自己有效“教化”、控制普通民众的最佳场所，这使公共空间在产生和发展的过程中都带有浓浓的政治色彩。同样，茶馆在旧时社会就是重要的政治空间，是民众调解纠纷的主要场所。“有纠纷到茶馆评理去！”在旧社会已成为普通民众的共识，在大众看来，民间力量具有更高的权威性，这种现象在中国许多地区有了一个共同的名字——“吃讲茶”。在杭州地区，“吃讲茶”现象早在民国时期就开始出现。“家里事、村中事、天下事，无所不谈。也有风波矛盾，甚至相骂斗殴。常熟有句老话：吃讲茶。意思就是有什么事情说不通，可以摆到茶馆里请众人评评理。”

现如今，茶馆不再扮演秘密活动中心的角色，也不再具有政治空间的功能，这是时代发展的必然。在法制化运行的今天，每一个社会组织都在法律规定的轨道上谨慎地前行，因此不再会出现与国家利益、人民利益相违背的非法组织，就算出现也会很快被取缔。另外，还有一个问题值得我们思考：在公民言论自由的大环境下，公民的公共话语空间究竟发展如何？老舍先生的话剧《茶馆》里曾经描述到：店堂里各处贴着“莫谈国事”的纸条，人们对不久前失败的维新变法已经很淡漠了，不过还是有北衙门办案的宋恩子与吴祥子潜伏在角落里，窥听人们的言谈。

随着人类社会从工业社会向后工业社会的转变，城市社会的时间、空间再现一种休闲式的建构，休闲早已与人们的日常生活息息相关。休闲生活的日常化、休闲设施的完善化、休闲服务的社会化

❶ 邵培仁，展宁．公共领域之中国神话：一项基于哈贝马斯公共领域文本考察的分析［J］．浙江大学学报（人文社会科学版），2013（5）：82－102．

等都反映出我们已经迎来了“大众休闲时代”。休闲在人们的生活中占据着越来越重要的地位，有需求就会有市场，更多的休闲空间在城市中建立起来。在新的时期，咖啡馆、俱乐部、酒吧等各色休闲场所如雨后春笋般地涌现出来，而休闲作为茶馆的基本功能，在新时期需要不断丰富形式以适应时代和居民的休闲需要。在环境教育化的理念下，产生了新的功能重点。比较成功的案例有，南京市政府在茶馆中引入新风格，使之成为一种高尚的休闲娱乐场所。作为一种示范，这家茶园与夫子庙其他茶馆兼具演艺的不同，它的特色是喝茶、看书、长知识，茶园里专有图书阅览室以供茶客浏览。新风格的茶园客流量使市政府备受鼓舞，于是计划利用筹设中的夫子庙民众教育馆的现有资源，再增设一所民众茶园。市政府还在夫子庙建立的新茶园里，创办首都民众艺术馆，陈列绘画、雕刻、漆器等民间艺术品，附设中心艺术教室，以培养“市民美好的良好风尚”。

3. 复兴

茶馆是以茶文化为精髓发展起来的物质和社会空间，为此茶馆公共空间的复兴一定程度上讲是对民族文化、地域文化的认同，同时也将对文化产生了一定的影响。新时期的茶馆行业应该更明确地将其界定为休闲文化产业，赋予其文化内涵，强调人群的参与，使其真正发展为体现城市文化的一个“标签”。从过去到现在，茶馆最基本的功能就是休闲与交流，但是随着时间的推移，茶馆的基本功能已渐渐地退化了。如今茶馆的改造面临着重大难题。

首先，由于技术的进步和利益的驱动，茶行业引进大量的生产机器，机器化大生产成了必然，“标准茶”逐渐代替过去的方式。“标准茶”的产生，使得茶馆的吸引力大大下降，居民选择在家享受“标准茶”而非去专门的茶馆，而咖啡厅成为现在居民交流与沟通甚至是交易的主要场所，茶馆的功能逐渐被替代。标准化的休闲是异化的休闲，它将造成人与人之间交流的减少，是非合理性的。咖啡馆以及其他公共休闲空间的出现，对茶馆产生很大的冲击。为此，

新时期茶馆休闲产业在经营过程中应强调个性化的定位、个性化的产品、个性化的服务，赋予茶馆休闲以人性、个性、丰富性。在兼顾“标准茶”的同时，加强创新提高茶馆的吸引力是茶馆业能够长期生存的必备法则。

其次，伴随着人们工作时间的增长，休闲的时间同比例的减少，人们观念的转变，更注重提高效率。“效率第一”观念成为现在大部分人的宗旨，他们注重将休闲的效率提高，在最短的时间内享受到最优质的服务。从另一个角度像，在高速运转的浮躁的社会中，茶馆的“清静”可以作为茶馆的独特性，茶的文化更是源远流长，在茶馆迎合现代化的改造过程中，保留原有的茶馆文化与内涵是必不可少。

最后，随着人民生活质量的不断提高，其消费观念也随之转变，现在大部分人与其说是来茶馆喝茶，倒不如说是来享受一种氛围、一种格调和一种身份。他们的消费行为已不仅限于“物的消费”，而转化为有关物的感性和意向的消费这一文化行为。进一步地想，我们可以抓住现在消费者的这种消费心理，对茶馆的环境进行改造，满足人们的需求，对茶产业进行包装与加工。按照马尔库塞等人的说法：“今天的生产，已经不仅仅是产品的生产了，最重要的是消费欲望和消费激情的生产，是消费者的生产。”居民对精神层面的消费，享受型消费在家庭总消费中所占的比重也在逐渐增加。

在茶馆的不断发展过程中，茶馆的一些功能也在移出，如茶馆中“吃讲茶”功能的消失，休闲娱乐功能的退化，转移到其他专门化的公共空间中。如剧院、电影院等。在这种转入与转出的过程中，茶馆的功能也在不断地发生变化。最主要的是与社会的互动。茶馆是与民众联系最紧密的公共空间形式之一。老舍把茶馆比喻成“窥视社会的窗口”“社会的晴雨表”。茶馆是社会的反映，茶馆一些功能的产生也是因社会的需求而产生，茶馆一些功能的消失也是因社会的发展对其功能的淘汰。中华人民共和国成立后，由于种种原因，茶馆在城市中几乎销声匿迹。随着改革开放的深入，茶馆又重新出现在繁华的街头，今天的茶馆在保留旧时茶馆基本功能的同时，又与旧时的茶馆有着深刻的差异。在新的时代背景下，茶馆作为公共空间的代表，其功能也在不断发生变化。这是因为人们社会生活的变迁和对公共空间的需求在不断发生变化，应该说是人主导了茶馆空间的生产，另外还有背后更深层的社会、经济和文化等各个方面的原因。

（四）发展建议思考

1. 发展建议

作者对茶馆发展主要有以下建议。

一是市场主导和政府扶持双管齐下。在充分发挥市场在资源配置中基础性作用的前提下，加强政府的宏观调控，将“看不见的手”和“看得见的手”有机结合。对于茶馆行业来说，政府要明确市场在其行业发展中的主导作用，通过充分发挥市场的价格机制、竞争机制、风险机制、供求机制等自发地调节行业资源配置，平衡供求、统一价格、提高质量，实现有效的优胜劣汰。提高茶馆服务人员素质，政府应每年举行茶艺师职业技能培训班和茶艺师资格鉴定考试，提高整体茶馆行业的服务水平，提高茶馆的竞争力。

二是增强茶馆对居民的吸引力。居民作为休闲的主体，是茶馆发展与否的关键因素。顾晓鸣认为，城市公共空间是由市民的活动和参与而创造出来的，具体来说，人是城市公共空间的主体。当代茶馆公共空间之所以能够得到复兴，在很大程度上是因为它具备现代人所需要的饮食、休闲功能。随着城市的发展，多种多样的公共空间随机产生，如咖啡厅、酒吧、网吧等，茶馆应着重发展其特色功能，重视并发挥其作为社会空间、文化空间的作用。举办茶文化交流、茶艺、茶品种交流等特色活动，吸引居民。因此，举办特色活动，活动于茶馆公共空间中的现代人，要增加与茶馆中不同人群之间的互动交流，形成良性互动和共同感知，并通过与某些静态事

物，如茶具、周边景观等的互动，感知茶馆文化、休闲文化，真正实现茶馆公共空间的复兴。

三是重视传统文化与现代经营理念的融合。当前，不少茶馆在环境塑造上大打“复古牌”，但是却忽视了其本质的文化含义，只是对近代茶馆公共空间的商业性复制，是商业化的复古，忽视了其精神内涵，这种外强中干的经营模式必定不会走远。因此，必须明确传统文化在茶馆业发展中的内核地位，重视传统文化与现代经营理念的融合。现代茶馆在经营过程中要找准定位，发展特色，将文化融入经营方式之中，实现二者的有机融合。打造“品牌效应”，挖掘并着力打造自身的优势和特色，将茶馆的产品、文化和质量等信息凝炼成一个品牌符号，实现品牌营销的目的。

2. 专业思考

中国的茶馆被赋予了更多、更复杂的功能，如果说西方社会的沙龙是带有象牙塔性质的高雅文化代名词的话，那么中国的茶馆则更贴近市民阶层，是市民文化的缩影、世俗文化的载体。而千百年来，茶馆作为中国社会独有的一种公共空间，在不断满足人们饮茶、休闲的同时，也成为中国社会向世界传播茶文化的重要载体。茶馆是集饮食空间、休闲空间、文化空间和交往空间等于一体的综合性空间实体，它在生动记录市民生活的同时也见证了中国市民社会的兴衰。当休闲时代浪潮以迅雷不及掩耳之势席卷全球之时，作为老牌休闲业的茶馆也在新时期得到重整与复兴，茶馆在成为地方经济新增长点的同时，也是对传统文化的认同与弘扬。

公共空间无疑有助于公共生活，也为社会互动创造了条件，但不自动地促成社会互动，茶馆被称为是“社会和公共生活”的灵魂。茶馆把人们聚集在一起，是人们相互依赖的公共空间，并与附近居民、社会团体、组织等发展成了相互依赖的关系，提供其他场所空间所不能提供的服务。茶馆在其经营过程中，成功地营造了一种独特的商业文化，它可以同时作为办公、市场、娱乐之地，这是其他公共空间所不能及的。茶馆之所以能衍生出如此多的功能，首先在于茶馆中的角色在不停地转换。茶馆初兴时主要是为解决饮食与休息问题，后来又增加了娱乐与信息交流等功能，但饮茶仍然是重要内容。随着茶馆的发展，更多的社会功能开始融入茶馆中来，茶水开始只在其中起一个媒介作用，饮茶的内容所有减少，地位有所下降。名为茶馆，其志在其他。

其次，茶馆注重空间的消费。茶馆出现的意义与酒店不同：酒店可以说是出于饮食之需，以供应日常性饮食为其基本功能；茶馆则可以摆脱"旧常性饮食"的基本性质，它一开始就超越饮食场所的功能，引起空间消费而产生如社交活动等其他功能，以致发展出不同的空间形态。从这个意义上说，茶馆的发展过程就是空间生产的过程。从这个意义上说，茶馆的发展过程就是空间生产的过程。

再次，与其他公共空间功能的相互转移。茶馆的产生，不仅把饮茶从室内引入固定的场所，更把许多原本其他形式公共空间的功能引入茶馆。茶馆把人们聚集在一起，是人们相互依赖的公共空间，并与附近居民、社会团体、组织等发展成了相互依赖的关系，提供其他场所空间所不能提供的服务。茶馆在其经营过程中，成功地营造了一种独特的商业文化，它可以同时作为办公、市场、娱乐之地，这是其他公共空间所不能及的。

本文作者选取小说《南方有嘉木》中出现的茶馆为例，通过这些茶馆在近代时期的表现，并透过对其功能演变的系统描述，直观地展现近代时期的杭州茶馆。在描述性研究后，对茶馆功能演变、演变原因等进行分析，对传统茶馆的保留、改造提供建议。这部小说中有大量关于茶文化的描述，还有茶所具备的那种"温和的、平静的、优雅而内生的内在精神烘托"，正是这种茶文化的内质使得喝茶人穿越了历史战争的喧嚣之后终于感悟到平静优雅的生存乐趣，小说中人物的性格与茶性品质形成了鲜明的同构性。在茶馆中发生的几代人的故事，茶馆为居民的休闲、文化的转播等都作出了巨大的贡献。

参考文献

[1] 潮龙起．近代帮会的茶馆与茶文化［J］．江苏社会科学，2003（3）：165－169.

[2] 陈永华．茶馆·市民文化·社会变迁［D］．杭州：浙江大学，2007.

[3] 陈永华．清末以来杭州茶馆的发展及其特点分析［J］．农业考古，2004（2）：185－187，198.

[4] 陈永华．作为市民公共空间的存在与发展——近代杭州茶馆功能研究［J］．杭州师范大学学报（社会科学版），2008（5）：116－120.

[5] 李晓南．从城市公共空间的角度看今昔茶馆文化的变迁［J］．社会科学辑刊，2004（1）：35－40.

[6] 刘兴祝．浅谈茶馆的起源与发展［J］．科技信息，2010（22）：557－558.

[7] 马斌．现代化进程中市民空间的衰退——重读老舍《茶馆》［J］．淄博学院学报（社会科学版），2002（2）：48－51.

[8] 牛力．试论近代中国茶馆的社会功能［J］．东方论坛．青岛大学学报，2002（3）：42－46.

[9] 邵培仁，展宁．公共领域之中国神话：一项基于哈贝马斯公共领域文本考察的分析［J］．浙江大学学报（人文社会科学版），2013（5）：82－102.

[10] 王笛．“吃讲茶”：成都茶馆、袍哥与地方政治空间［J］．史学月刊，2010（2）：105－114.

[11] 王笛．茶馆、戏园与通俗教育——晚清民国时期成都的娱乐与休闲政治［J］．近代史研究，2009（3）：77－94，3.

[12] 王笛．成都茶馆业的衰落——1950年代初期小商业和公共生活的变迁［J］．史学月刊，2014（4）：85－96.

[13] 王笛．20世纪初的茶馆与中国城市社会生活——以成都为例［J］．历史研究，2001（5）：41－53.

[14] 顾胜楠．民国时期杭州茶馆与城市社会生活研究（1927－1949）［D］．杭州：浙江工商大学，2017.

[15] 王鸿泰．从消费的空间到空间的消费——明清城市中的茶馆［J］．上海师范大学学报（哲学社会科学版），2008（3）：49－57.

[16] 吴聪萍．公共空间的变迁与城市日常生活——以近代南京茶馆为例［J］．

北京科技大学学报（社会科学版），2009（3）：1－6.
[17] 徐明宏．杭州茶馆：城市休闲方式的社会学分析［M］．南京：东南大学出版社，2007.
[18] 周文棠．茶艺馆文化艺术氛围的形成——茶艺馆中的动态景观与景象［J］．茶叶，2003（1）：54－55.
[19] 朱小田．近代江南茶馆与乡村社会运作［J］．社会学研究，1997：54－61.
[20] 朱璆．唐宋饮茶风尚与陶瓷茶具［J］．东方博物，2005（3）：83－86.

十五、前世今生

——从《英雄时代》看都市兴衰轮回

卓云霞（2014级本科生）

《英雄时代》是柳建伟“时代三部曲”《北方城郭》《突出重围》之后的第三部，记录了世纪末中国都市人的生存状态。描写了党的高级领导人、老一辈革命家陆震天的养子和儿子：史天雄和陆承伟这一对异姓兄弟不同的人生经历和道路。他们在红色家族中成长，经历了十年浩劫后，陆承伟从美国学成归国，成为金融投资业的弄潮儿；史天雄则由当年对越战争中的英雄走上了仕途，成为国家电子工业部的副司长❶。这部小说正面揭示了20世纪90年代中国转型期出现的主要矛盾，重点探讨了信仰危机、价值标准多元无序等现实问题对当代中国人的命运产生的全方位影响。本文将通过对其的解读，透视都市的兴盛和衰落，读前“世”，鉴今“生”。

（一）原型考证

1. 时空定位

在对小说进行解读前，需要找到小说中故事发生的时间地点，从小说中的一些细节描写可以进行时空定位。小说中提到重大的政治事件有“十五大刚刚闭幕”（P2），重大经济事件有亚洲金融危机，重大社会事件有长江荆州大洪水，由此可推知故事大致发生于1997—2000年。其次是地点，故事发生的主要地点为西平市，从小

---

❶ 柳建伟．英雄时代［M］．北京：人民文学出版社，2001．

说中可抽取出其几个特征，与现实中的成都市恰好吻合：（1）锦江是西平市的“母亲河”，三年治理成效显著（P85），正如成都三年的锦江治理；（2）西平市位于长江上游。小说中有这样的描述，“店老板捐了一批换季货咱们这儿是长江上游，对中下游这次大洪水恐怕该负一点责任（P273－274）”；（3）西平是西南S省的省会（P36），正如成都是四川省的省会；（4）其东郊有“三线企业”（红太阳），这与成都东郊大量的“三线企业”恰好对应（P36）；（5）人口约为1000万。小说中有这样的描述，燕平凉说：“一千万人的大家，不好当啊（P144）”，而根据1998年成都市的统计公报，成都市1997年的户籍人口为997万；（6）作者成书于成都，极可能是以自己所在城市为写作原型。因此推算，小说中的故事发生在1997—2000年的成都市。

2. 原型考证

史天雄，小说的主人公，出生于1956年（推算），父母为烈士，从小被陆震天收养，有研究生学历，戍过边，为保卫国家领土完整打过仗、受过伤，立过一等功，在十几年前是“十大新闻人物”，31岁当舟桥团团长，33岁脱下军装转业进入电子信息部，41岁当组织计划司副司长，成为党的高层后备干部人选。他是一个理想主义者，一个圣徒型的人物[1]。小说中有充足的佐证：“我还是这样一个人，生命诚可贵，爱情价更高，若为理想故，二者皆可抛。”（P100）为了理想，他舍弃了一切而只身前往远离京城的西平市从事零售业。他到大型企业天宇集团担任特派员，遭到负责人王传志抵制时，为了不让“天全面滑”而毅然弃职，转而进入“都得利”超市，但后来为了扭转天宇局势，又放弃了自己经营“都得利”的成果，毅然到天宇就职。现实中并无一个完全切合的人物原型，史天雄更多的是作者理想的化身和信念的寄托。

[1] 廖四平，史天雄．圣子式的英雄——柳建伟的《英雄时代》人物丛论之一［J］．长江师范学院学报，2007（1）：17－22．

陆承伟，是小说《英雄时代》的另一位主人公。他出身权门——童年、少年时代曾饱尝了因社会动荡而带来的苦难，后又当过知青、当过工农兵大学生、在美国留过学[1]。他运用各种关系和手段，抓住各种机遇，钻现行政策上的各种漏洞，积累财富，到他登上西平的经济舞台时，其资产已达数亿元。到西平后，陆承伟通过收购并包装陆川县的小企业、与日商合作采取各种手段调动关系操纵股票市场、给天宇集团的老总王传志行贿，以及把自己陆川实业卖给天宇集团等手段大赚一把。遗憾的是未能在现实中找到陆承伟的人物原型。

陆震天，是小说主人公陆业伟的父亲、史天雄的养父。陆震天出生于1912年，据小说介绍，其出生于一个将军县（小说中的陆川县），15岁参加革命，经历社会动荡，1987年退休（据小说中1997年退休十年推测），是老一辈无产阶级革命家、政治家（当过政治局委员）和经济专家，1997年过85岁的生日。通过多方考证，发现陆震天身上有我国老一辈无产阶级革命家张爱萍的影子。张爱萍于1910年生于四川达县（一个比较有名的将军县），是中国人民解放军高级将领。1925年春，张爱萍入达县中学，开始参加革命活动，任学生会副主席。他曾与胡耀邦、周荣鑫、万里一起合称为邓小平同志的“四大金刚”，曾历任中共第八届中央候补委员，第十一、十二届中央委员。1987年11月，张爱萍同志任中央顾问委员会常委，退居二线。此外，小说中的陆震天与现实中的张爱萍有一定的差异，其实作者在塑造这一人物时融入了多个人物的生平经历。

红太阳集团，是小说中陆承业就职的企业，位于西平东郊，隶属信息工业部，是西平的支柱企业。红太阳集团原为电子管厂，在李承业接手推进家电生产后逐步走向辉煌，陆承业也成为为“首届十大企业家”，但是在20世纪90年代日渐衰落，企业工人下岗。考证发现，红太阳集团有红光实业的影子。1983年，43岁的李铁锤被

[1] 廖四平，陆承伟．撒旦式的“英雄”——柳建伟的《英雄时代》人物丛论之二[J]．长江师范学院学报，2008（1）：121-126.

任命为773厂（成都国营红光电子管厂）厂长。李铁锤上任伊始，首先就是响应国家号召，大力推进军企转民企。在他的推动下，1984年，773厂成功引进日本黑白玻壳生产线，使工厂成为国内首屈一指的黑白显像管生产企业。1987年，他又力主引进彩色玻壳生产线。正是有了持续不断的产品升级，才让773厂在全国的显像管生产领域始终处于领先地位。1993年，773厂已经发展成为年产值4亿元以上，并拥有固定资产13亿元的大型公司。1993年，773厂完成了企业的股份化，这些技改和改革的完成，都推进了企业现代化进程，李铁锤也获得“全国优秀企业家”的光荣称号。但1996年伊始，773厂的生产经营一落千丈，产量大幅下降，亏损快速上升，到1998年，曾经风光一时的773厂，像一个巨人在几经挣扎后，终于轰然倒下了。这两家企业在名称、地点和发展历程上都有着较大的相似之处。

（二）空间解读

小说《英雄时代》再现了20世纪90年代成都市的经济和社会百态。本文将从小说中主要描写的城市空间来进行解读。如图15－1所示，故事发生的主要地点有史天雄居住的牌坊巷、毛小妹居住的银杏街、都得利百货总店和第二家分店，以及东郊红太阳集团所在地。

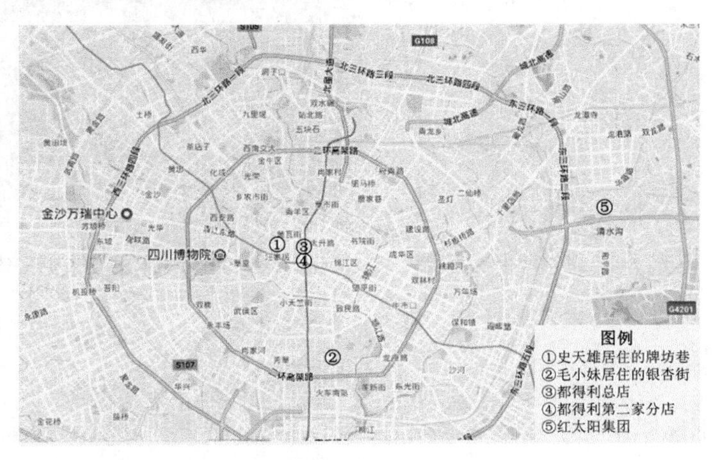

图15－1　小说《英雄时代》故事发生的主要地点

图片来源：根据百度地图自绘。

1. 牌坊巷

小说《英雄时代》主人公史天雄和梅兰、梅红雨母女等共同居住的牌坊巷地处西平市腹地。小说中描述：二十年城市大膨胀都没动到它只砖片瓦，如今依然是几十年前的老样子。街面是青石板面，两旁多是一楼一底的砖瓦房，上面住人，下面做点小生意。因附近两个商业区的兴起，小巷的店铺生意早几年就开始萧条了，整条巷子也就露了破败相。巷子中部西侧，盖着一串五座北方才常见的一进四合院，都是正房三件，左右厢房各两间，楼门内都有一个七八十平方米的小院子。（P119）经多方考察发现牌坊巷的实址可能位于东城根上街以西的街巷内，见图 15－2：一则由于此地老街巷密集，其中宽窄巷子里有不少近代修建的四合院，见图 15－3，另有传言四川提督衙门总督锡良为报答救治母亲的大夫，在东城根街修起了一座牌坊，牌坊所在的小巷就叫“牌坊巷”。

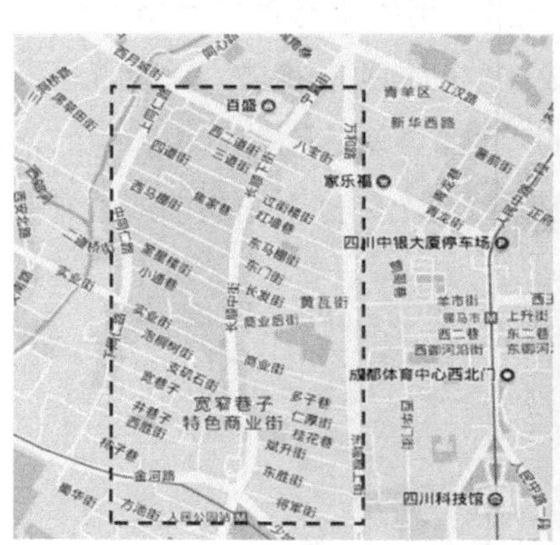

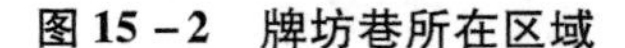

图 15－2　牌坊巷所在区域　　　　图 15－3　1998 年的宽窄巷子❶

2. 银杏街

下岗职工毛小妹及邻居所住银杏街的大杂院，其三面被现代化

---

❶ 图片来源：http：//sc. wenming. cn/jcyx/201410/t20141015_ 2232088. htm.

高楼包围，邻近银杏街古建筑保护区、青石桥报纸批发站、锦江边、蔬菜批发市场。该地的实际地址为成都市锦绣街，见图 15 -4，锦绣街因银杏而出名，见图 15 -5，附近有银杏园、跳伞塔银杏文化街区和锦江，与文中描述相符。在此空间，作者再现了成都市小市民的生活，其居住在老旧破败的四合院、无法共用的厕所，或者居住在城市中的大杂院，被现代建筑包围，旧城改造无望，正如小说中所言“十年八年内恐怕吸引不了房地产商的任何兴趣。”（P225）在其社会交往方面，邻里之间人情淡漠，相互防备。在基层城市管理方面，存在着买官现象，街道治理法治不健全。

图 15 -4　银杏街所在区域

图 15 -5　秋季的锦绣路❶

3. 都得利百货总店和第二家分店

都得利店铺所在地，金月兰“下海”后在人民中路开了“都得利”百货总店，根据小说中的描述，该总店位于人民中路七十八号，乘坐一路、十六路、六十一路公共汽车都能到达，由此判断其实际位于图 15 -6 中红色框线中。史天雄加盟“都得利”后，都得利在皇城根路开的第二家分店，其位于繁华的商业街，商业街不足两里地，聚集大、小商号一百多家，可谓寸土寸金，除了东边的雪银大厦西边的大西洋百货和多家老字号商店外，在这里能立足两年以上的商家就不多了。此外，前往皇城根路需经过总府大道（总府路）。

❶　图片来源：http：//www. mafengwo. cn/photo/10035/scenery_ 1083765/12291688. htm.

由此可推知，其位于成都市西御街（该街也名皇城根）附近，见图15－7。在此空间中，作者描绘了当时的商业图景：私营经济兴起并将进入一个“黄金发展期”，私营企业与原有国企之间进行市场竞争，如小说里六大国营商场发难“都得利”。此外，城市商业发达，竞争激烈，正如小说所描绘的：“人们都说在皇城根路经商，等于肉搏拼刺刀，招招见血。”（P152）

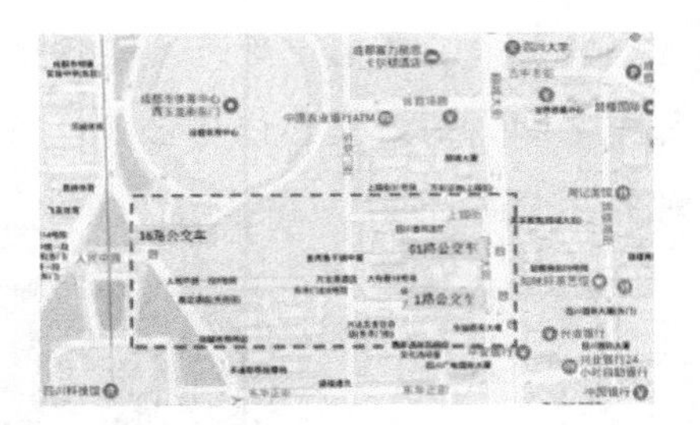

图15－6　都得利总店所在区域图

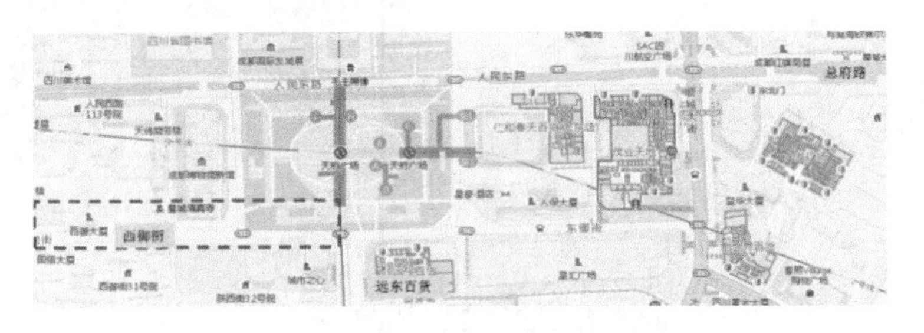

图15－7　都得利第二家分店所在区域

4. 红太阳集团

红太阳集团所在地位于西平市（成都市）东郊，是由四十多年前一个大山里的“三线”厂的车间发展演变而来，其厂址如图15－8所示。在小说所描述的时代，“厂区漆黑一片，所有的车间都锁着大门，安静得像一副副巨大的棺材。走在坟墓一样的厂区，强烈的失败感彻底把陆承业挤碎了。40多年了，在他的领导下，红太阳从大山里一个三线厂的车间，变成了西平市这个沉睡着的巨大厂区，走完了从小到大，又从盛到衰的一个轮回。”（P580）红太阳集团由一个小车间发展成为电子行业的一枝独秀，成为西平市的支柱企业，但在20世纪90年代走向衰落，价值几个亿的生产线，已经闲置两年了，企业负债累累，不得不大量裁员，最终法人代表自杀、企业破产，走向末路。

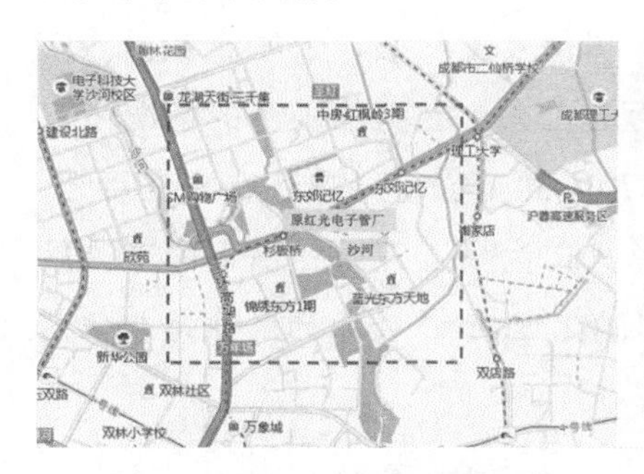

图 15-8　红太阳集团所在区域

图 15-9　红光电子管厂现存厂房[1]

（三）城市问题

1. 下岗

贯穿小说始终的是国企改革与职工下岗就业的问题。小说中的一名政府工作人员江榕在面试时曾说："十年前，我们处只有两个科，十六个人。现在呢，已经是六个科五十三个人了，这还不包括离退休的九个人。工作面还只有那么宽，只是分工越来越细了。我们行政科现在有六个人，我当代科长后，又提了一个副科长，两个领导四个兵……去年，我们的主要工作只剩通知行政方面工作这一项了。譬如平时组织大扫除啦，譬如分配义务献血名额啦，譬如组织向不同灾区捐款捐物啦……我忽然觉得时间过得太快，回想起来，这十年我只做了一件事：起草通知。"（P176）而文中西平市长燕平凉与史天雄的对话中将古代官民之比与当代对比：汉代，一比七千九；唐代，一比三千九百五；清代，一比九百一；民国，一比四百

[1] 图片来源：https：//baijiahao.baidu.com/s?id=1569714249298996&wfr=spider&for=pc.

八，而当代则是一比三十四——三十四个百姓，养一个官，养一个吃皇粮的。（P177）由此可见，政府机构臃肿，裁撤职员势在必行。而单位和企业呢？20 世纪 90 年代中期以来，正当农民流动逐渐形成以城市为中心的就业高潮时，城市由于经济结构调整，国有企业职工下岗分流，就业压力骤然增大，单位及工厂破产、国企裁员。正如小说中的红太阳集团，有两三万名工人，在濒临破产的情况下又让 1200 名工人下岗，在岗人员发 70% 的工资，每月还有四五百元，一下岗，每月只有一百五。西平总人口为一千万人，而下岗工人就有二十五万人，（P578）为总人口的 2.5%，“西平的就业形势依然十分严峻”。（P623）

2. 再就业

在小说《英雄时代》中也产生了多名下岗再就业的角色：①史天雄。原职位为信息工业部组织计划司副司长，有得力的养父（岳父），本人是研究生学历，是“十大新闻人物”，战斗英雄，为了理想主动辞职参与创业；②金月兰。原职位为国棉六厂的挡车工，后为工会主席，四年前工厂破产后为印染厂工会副主席，初中学历，是“十大新闻人物”，两年前主动下岗，“下海”开了一家百货超市；③毛小妹。原职位为国棉六厂挡车工，16 岁进厂，干了 20 年，无文化水平，不会写字，下岗后经营“毛小妹下岗一元面”，店面只有二三十平方米大小，卖着下岗面、下岗馒头和下岗净菜；④张为民。原职位为锁厂工人，被车撞后下岗，无文化水平，下岗后推着一个自制的配钥匙工具箱去修锁；⑤梅兰。原职位为红太阳集团员工，病退下岗后待业，后在史天雄的帮助下看守仓库挣钱谋生；⑥梅红雨。原职位为日资企业员工，熟练操作电脑，会三门外语，下岗后就业受阻，后来在陆承伟的帮助下成为总裁助理；⑦周小全。换了四个厂后又从工厂“跳槽”到街道帮忙，自修大学本科，向往办公室工作。抵押房子、加上几乎所有积蓄用来“买官”，在街道办事处摸清行情，凭借手中的权力从所管理的夜市摊位谋利；⑧红云

——无稳定工作，在“都得利”干了十天，嫌累；⑨小琴。无稳定工作，心太大，想在“都得利”当副总经理。

已有研究表明，以下因素在一定程度上决定了下岗职工再就业的前景：一是文化程度。文化程度一方面决定了下岗职工的专业技能，从而直接对再就业率的高低产生影响。另一方面，下岗职工的文化程度又与其就业观念及职业类别存在着很强的关联；二是性别。性别对下岗职工再就业也有一定的影响，女性的再就业难度要比男性高一点。造成女性就业困难的原因是多方面的，既有女性自身的原因，也有社会原因，如一些单位不愿接纳女职工等；三是就业观念。观念因素对下岗职工再就业的影响是很大的。下岗职工以前的职业种类对其再就业的机会有较大的影响；四是社会资本。社会资本对职工能否获得再就业有显著影响；五是职业类型。职业类型分类较多，一般分为技能型、研究型、艺术型、经营型、社交型、事务型等六种，职业类型与个人意愿存在较大相关性。参照这个五个因素对小说中的九名求职者进行打分评价，具体结果见图 15 – 10。

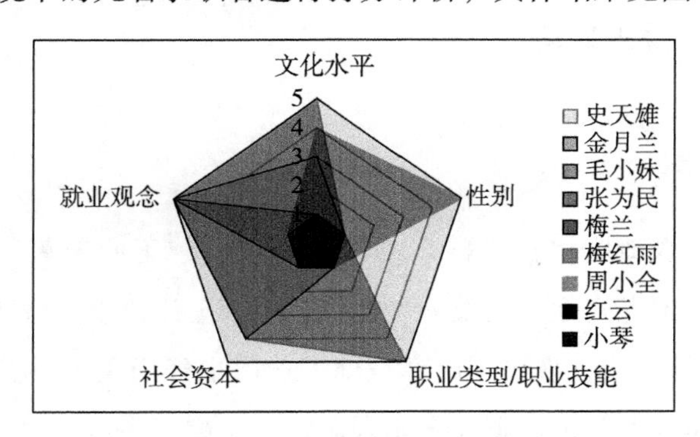

图 15 – 10　小说中求职者各项得分对比

图片来源：作者自绘。

结合小说中的实际就业情况发现就业较为成功者主要有史天雄（“都得利”总经理，后为副部级国企总裁）、金月兰（“都得利”董事长）、毛小妹和张为民（“毛小妹一元面店”老板，生意红火）以及梅红雨（陆承伟的助理），就业较为失败的主要有梅兰（下岗后身体有疾病，靠史天雄的帮助在家看守仓库）、红云（在“都得利”

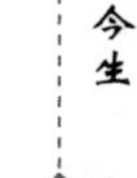

干了几天就辞职了）及小琴（在“都得利”干了几天就走了）。通过分析可以得知：就业状况最好的求职者（如史天雄、金月兰、梅红雨）主要是有较高的文化程度和充裕的社会资本；就业状况比较好的求职者（如毛小妹、张为民夫妇）具有踏实肯干、毅力强、不怕辛苦的品质，以及正确的就业观。就业状况比较差的求职者普遍受教育程度较低，此外要么是受就业观念的阻碍（小琴），要么是身体有疾病（梅兰），此外制度的漏洞也为一些人提供了牟利的机会。周小全，自修大学本科学历，向往办公室工作，换了四个厂，又从工厂“跳槽”到街道帮忙，担任一位食堂管理员，他利用职权为自己牟利，却生活得滋润。小说中角色求职成功的经验与失败的教训，可为解决当前失业问题提供借鉴：一是加强下岗人员的教育与培训，不断提高求职者的文化水平和工作技能；二是转变社会风气，引导正确的就业观念；三是加强制度建设，搭建公平、公正的就业平台，避免制度漏洞。

（四）城市发展

1. 阶段演进

小说《英雄时代》中的东郊是西平市支柱工业聚集区，集中分布了大量的国有企业，其发展经历了20世纪80年代的兴盛与20世纪90年代的衰落，现实中成都东郊工业区也经历了半世纪的发展演变，可将其发展分为以下四个阶段。

第一阶段：东郊工业区的崛起阶段（20世纪50—60年代初期）。成都东郊在中华人民共和国成立之前是耕地，中华人民共和国成立之后，尤其是“一五”规划时期，作为国家工业化重要基础的156个重点骨干工程里有10个就位于成都[1]，“二五”规划期间，前

[1] 张迁．城市旧工业区更新策略研究——以成都东郊工业区为例［D］．重庆：西南科技大学，2011：56．

苏联对我国增援的重点项目有三项布点成都东郊（即红光电子管厂、国光电子管厂和成都电机厂）。随后又陆续有工业企业在此入驻❶。

第二阶段：东郊工业区的发展阶段（20 世纪 60 年代中期—90 年代中期）。随着国家大规模的“大三线建设”（1964—1978 年），部分企业在国家战略指导下开始内迁，落户成都东郊，从此开始了工业发展的历程。至20 世纪60 年代中期，成都东郊规模（2000 人）以上工业企业达到一百六十多家，从业人员十五余万人，工业总资产三百多亿❷。成都地区先后兴建了成都电视设备厂、亚光电工厂、四川旭光仪器厂、西南电子设备研究所。小说中的红太阳集团即为这一时期的国有企业。

第三阶段：东郊工业区的衰落阶段（20 世纪 90 年代后期）。东郊工业区也陷入了发展的困境，东郊工业区逐步丧失了原有的竞争力和创新能力，经济效益不佳，2000 年，其规模以上企业亏损近 6000 万元❸，大量企业亏损。由于计划经济时代遗留的体制与机制问题，使东郊企业发展受到严重限制，“许多工厂常年处于停产状态，下岗职工多”❹，这一阶段正是小说故事发生的时期。

第四阶段：东郊工业区的转型阶段（21 世纪以来）。成都东郊不断通过转型来实现自身的发展，成都市政府自 2000 年以来开始了城市建设中的“东调”政策——对东郊工业结构进行了重大的功能性调整。在原国营红光电子管厂旧址上改建而成的现代文化产业新型园区——“东郊记忆”即是其中一个成功的尝试。

---

❶ 丁任重，李仕明. 盘活成都东郊电子工业老区资源　构建成都电子工业的战略支点——成都东郊电子工业企业改革的调查［J］. 电子科技大学学报（社会科学版），2001（3）：97 – 101.

❷ 马仁清. 凤凰是这样涅槃的——成都东郊工业区结构调整实录. 公司，2004（5）：97 – 100.

❸ 黄步瓯. 成都东郊工业区旧工业建筑改造性再利用模式浅析［D］. 重庆：西南交通大学，2006：22.

❹ 海源，袁筱薇. 工业遗产保护在中国西部——以成都东郊老工业区改造为例［J］. 四川建筑，2008（2）：8 – 10.

2. 发展策略

成都东郊工业区所面临的问题主要在于传统工厂和工业工地的集中分布，在市场环境的变化下，企业效益低下甚至濒临破产。根据成都市1998年的工业统计数据，当年，成都东郊企业的GDP增长率仅为5.6%，企业成本费用利用率仅为0.06%，劳动生产率仅为人均3.06万元，均居成都六城区之末，其他经济指标，如人均GDP、人均社会消费品零售额、资产贡献、资产负债等都处于成都六城区下流水平❶。2000年，位于东郊的成华、锦江两区内的企业亏损面为73.3%，总资产负债率达72.3%❷。

成都东郊工业区的调整和转型成为城市发展中的重大难题。2000年7月，“九三学社”成都市委在省政协会议期间，提出了《抓住有利时机，申请把成都东郊办成国家级国有企业体制改革与产业结构调整实验区》的提案。2001年8月，成都市委、市政府作出用5—10年时间实施东郊工业区结构调整（即“东调”）的决策。2001年11月，《成都市东郊工业区结构调整规划》出台，提出东郊改造后，整个城市片区结构将转变为由城市中心、城市副中心、片区中心、居住区中心四级中心组成的结构模式。落实到空间层面上则是要将原有工业用地搬迁至成都经济技术开发区等周边区县工业区，逐步降低工业用地的比重，将以工业用地为主的用地结构，转变为以居住、公共服务和绿地等用地为主的用地结构，提高城市的土地使用效率。2001年11月28日，市政府启动东郊工业区结构调整的配套措施之一的沙河改造工程；2002年1月14日，市政府印发《成都市东郊工业企业搬迁改造暂行办法》，在具体的实施策略中，强调以企业为主体，通过市场手段，利用城区土地与各区（市）县

---

❶ 于代松，黄敏．四川省成都东部国企区域改革探索［J］．经济师，2001（12）：104－105.

❷ 田洁，刘晓虹．城市用地置换的特点、问题与对策研究［J］．城市规划，2000（8）：13－16.

开发区土地的地价差额获得资金，对东郊企业实施搬迁改造，进行“腾笼换鸟”。力争科学合理地对东郊工业用地进行功能转换，变土地的低效利用为高效利用，从而优化城市用地配置，促进东郊地区的更新与持续发展。

3. 具体措施

东调之前，东郊成华、锦江两区有400家不同规模的工业企业，主要分布在市区东南部一环路至成昆铁路的区域内，用地16.5万平方米，约占两区城市建设总用地的29%[1]。东调战略确定之后，政府和工业企业各自采取策略，促进了工业区结构调整的实现，具体的用地置换模式如图15－11所示。

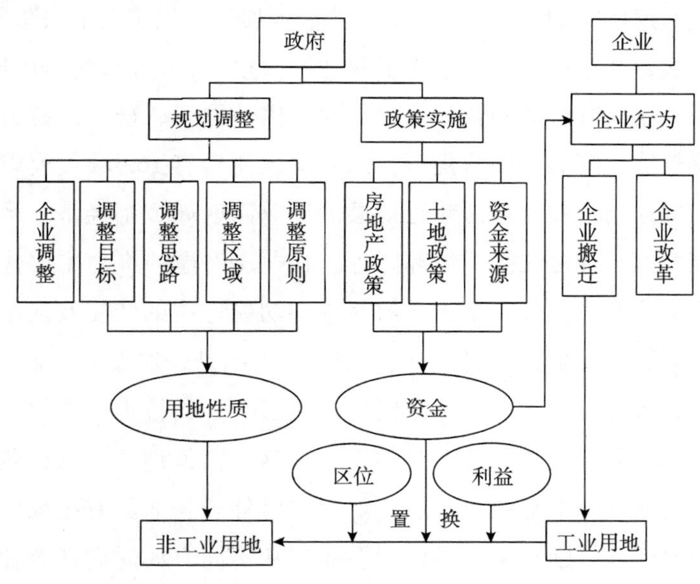

图15－11 成都市工业用地置换的模式

图片来源：王宏光，2015。

首先是政府行为，在规划调整，政府调整了产业布局，采取了“出城入园”的发展模式，在城市郊区和近郊县规划布局了许多工业

---

[1] 张晶．成都市东郊工业区结构调整规划［J］．四川建筑，2003（S1）：36－37.

园区；在功能定位上，政府从长远发展出发，结合成都市的城市规划中城市向东和向南的城市发展目标，调整了东郊的城市功能定位：由工业为主调整为东部新城，利用东郊与区县开发区土地的级差地租对企业实施“腾笼换鸟”“退二进三”（缩小第二产业，发展第三产业）战略，改善东郊城市功能❶；在环境层面，政府对境内的沙河进行了综合整治整顿，从而改善了区内的生态环境，同时结合宏观政策措施从规划、土地供应以及“包装”调控东郊王地资源增值。在政策层面，为保证东区工业用地置换的进程、化解社会矛盾，成都市政府出台了多项优惠政策来调动企业搬迁的积极性，降低了搬迁企业员工的阻碍，化解了社会矛盾和问题，加速了用地更新进程，如资金方面，将原有的工业土地进行市场化运作，并通过“基价收购，全额返还”的土地置换模式，为企业搬迁提供了资金来源❷。

再次是企业行为，在东郊工业结构调整中，企业结合自身的发展需求，出于对市场利益的追求，在迁出地推力、迁入地拉力和政府迁移鼓励政策的共同作用下，东郊地区先后有169家规模以上企业从东郊迁出到城市郊区和近郊县的工业园区如成都经济技术开发区、高新区、青白江区、新都区等。其中迁出地的推力主要体现在企业投资成本的上升，由于政府对东郊功能定位的转变及区域环境（沙河整治等）的改善，使得该区域的地价抬升，加大了企业的投资成本。迁入地（近郊和周边县区的工业园区）的拉力主要体现在城市郊区和近郊县规划布局了许多工业园区，其低地租、低税收、便利的交通条件和丰富的土地供应等优势对外迁企业具有很强的吸引力。政府迁移鼓励政策主要体现在政府从不同方面对搬迁企业制定了相关的扶持政策促进企业迁移，减轻了企业的迁移成本和负担。

---

❶ 中共成华区委宣传部课题组．成都市东郊工业结构调整与区域经济发展［J］．中共成都市委党校学报，2003（2）：29－30.

❷ 王宏光．转型期中国城市老工业区用地置换研究［D］．兰州：兰州大学，2015.

4. 实施效果

在工业企业外迁的同时，工业用地的置换也在不断展开。用地置换是科学合理地对城市各种不同性质用地进行功能配置的转换，变土地的低效利用为高效利用，从而优化城市用地配置，完善城市用地功能，促进城市更新与持续发展❶。东郊地区实施用地置换后发生了巨大改变，见表 15－1，并具有以下特点：一是进行大量居住用地和公共娱乐、教育科研、绿地广场、物流仓储等配套设施用地的置换，将东郊地区从一个工业集聚区逐步转化为配套良好、设施完善的居住区，聚集该地区的人气，完善其基础设施；二是加大商业用地的置换面积，增强地区商业活力，提升土地使用收益。利用前期发展居住区所形成的大量需求，和已经建成的较为完善的配套设施，形成了东郊地区的三大商业圈：建设路商业圈、万年场商业圈和“攀成钢”商业圈，成为经济增长中心；三是在后期，80% 的工业用地基本置换完成，用地性质调整的目标基本实现。事实证明，成都东郊的工业结构调整是成功的。一方面，实现了原有产业、用地结构的调整，老工业区成功更新，契合了城市发展目标；另一方面，在 20 世纪 90 年代后期面临衰落的企业如国光、亚光、宏明、虹波四家电子企业在东调后效益提升，重新焕发出了勃勃生机。成都东郊及时调整、有效转型的经验也值得今后旧工业区改造借鉴。

表 15－1　不同时段内各用地类型置换的面积和比例变化（单位：万平方米，%）

	2000—2006 年		2006—2010 年		2010—2014 年		2014 年以后		总计	
	面积	比例	面积	比例	面积	比例	面积	比例	面积	比例
居住用地	150.4	11.1	195.8	14.5	422.9	31.2			769.1	56.8
商业用地			21.1	1.6	92.1	6.8	46.2	3.4	159.4	11.8

❶ 田洁，刘晓虹，姜连忠．城市用地置换的特点、问题与对策研究［J］．城市规划，2000（8）：13－16.

续表

	2000—2006 年		2006—2010 年		2010—2014 年		2014 年以后		总计	
	面积	比例	面积	比例	面积	比例	面积	比例	面积	比例
行政办公	1.2	0.1	0.6	0.04	5.9	0.4			7.7	0.54
商务用地	2.3	0.2	0.3	0.02					2.6	0.22
服务设施	2.4	0.2			1.6	0.1			4.0	0.3
公共娱乐	23.8	1.8			8.2	0.6			32.0	2.4
医疗卫生	1.6	0.1	1.0	0.1			0.3	0.02	2.9	0.22
教育科研	25.1	1.9	6.0	0.4	13.7	1.			44.8	3.3
物流仓储	15.6	1.1							15.6	1.1
绿地与广场	15.8	1.1	0.3	0.02	19.3	1.4			35.4	25.2
交通设施	3.8	0.3							3.8	0.3
待开发土地							277.6	20.5	277.6	20.5

资料来源：王宏光，2015。

城市的命运与人物的命运往往有着共通之处，通过对小说《英雄时代》中所描写的人物的解读，可以帮助我们读懂一座城市。例如，主动下岗“下海”经商的金月兰、不断壮大的“都得利”都预示着城市中私营经济的兴起并不断成为重要支柱。又如，经营红太阳四十余年、最终含恨自尽的陆承业告诫着城市中传统国有企业的衰败危机。《英雄时代》中发生在一个个人物身上的故事最终拼凑成一幅完整的城市图景，带领我们探寻前一世纪成都的城市百态、城市问题与城市发展，也同样启发着我们在今后的发展进程中以古鉴今。

参考文献

[1] 柳建伟．英雄时代［M］．北京：人民文学出版社，2001．
[2] 廖四平，史天雄．圣子式的英雄——柳建伟的《英雄时代》人物丛论之一［J］．长江师范学院学报，2007（1）：17－22．
[3] 廖四平，陆承伟．撒旦式的“英雄”——柳建伟的《英雄时代》人物丛论

之二［J］. 长江师范学院学报，2008（1）：121－126.
［4］张迁. 城市旧工业区更新策略研究——以成都东郊工业区为例［D］. 重庆：西南科技大学，2011：56.
［5］丁任重，李仕明. 盘活成都东郊电子工业老区资源 构建成都电子工业的战略支点——成都东郊电子工业企业改革的调查［J］. 电子科技大学学报（社会科学版），2001（3）：97－101.
［6］马仁清. 凤凰是这样涅槃的——成都东郊工业区结构调整实录. 公司，2004（5）：97－100.
［7］黄步瓯. 成都东郊工业区旧工业建筑改造性再利用模式浅析［D］. 重庆：西南交通大学，2006：22.
［8］海源，袁筱薇. 工业遗产保护在中国西部——以成都东郊老工业区改造为例［J］. 四川建筑，2008（2）：8－10.
［9］于代松，黄敏. 四川省成都东部国企区域改革探索［J］. 经济师，2001（12）：104－105.
［10］田洁，刘晓虹. 城市用地置换的特点、问题与对策研究［J］. 城市规划，2000（8）：13－16.
［11］张晶. 成都市东郊工业区结构调整规划［J］. 四川建筑，2003（S1）：36－37.
［12］中共成华区委宣传部课题组. 成都市东郊工业结构调整与区域经济发展［J］. 中共成都市委党校学报，2003（2）：29－30.
［13］王宏光. 转型期中国城市老工业区用地置换研究［D］. 兰州：兰州大学，2015.
［14］田洁，刘晓虹，姜连忠. 城市用地置换的特点、问题与对策研究［J］. 城市规划，2000（8）：13－16.

十六、脆弱之都

——从《南渡记》看沦陷的北平城

袁伊桓（2014 级本科生）

《南渡记》是宗璞先生长篇小说《野葫芦引》的第一卷，后三卷分别为《东藏记》《西征记》和《北归记》。《野葫芦引》以 20 世纪抗日战争时期为背景，描写了北平明仑大学被迫南迁云南办学的艰苦历程，小说中塑造了一系列忧国忧民的知识分子形象，而且也较为难得地记录了被人们遗忘已久的抗战时期人民修建滇缅公路的事迹。《南渡记》作为这一系列的前传，时间聚焦于“七七事变”之后，主要描述的是北平的一些知识分子在国之将倾之际，他们的生活所发生的变迁。❶

（一）故事背景

1. 发生时间

小说《南渡记》开篇有这样一段描述：“说不出这种惴惴不安究竟是怎样一回事。它却是 20 世纪 30 年代的北平人所熟悉的一种心情。自从东北沦陷之后，华北形势之危，全国形势之危，一天比一天明显。‘塘沽停战协定’实际承认长城为中日边界。《何梅协定》又撤驻河北的中国军队，停止河北省的反日活动。日本与汉奸们鼓噪的华北自治运动更是要使华北投入日军怀抱。几年下来，北平人对好些事都‘惯’了。报纸上‘百灵庙一带日有怪机侦察’的

❶ 贺桂梅．历史沧桑和作家本色——宗璞访谈［J］．小说评论，2003（5）：42－49.

消息人们不以为奇。对街上趾高气扬的外国兵也能光着眼看上几分钟（P1）。”这段话清晰明了地揭示了故事发生的背景：20 世纪 30 年代、东北沦陷、外国兵入侵、惴惴不安，显而易见，这不是一个和平年代所发生的事情，只言片语便揭示了动荡年代的背景，“习惯但却不安”深刻揭示了北平居民的复杂心理，即最初尽管习惯了外国兵的入侵，但仍然隐隐约约觉得惴惴不安。

“南渡”源于晋建武年间，晋元帝率中原汉族臣民南渡，史称“永嘉之乱，衣冠南渡”，这是中原汉人第一次大规模南迁，衣冠，代表文明的意思，衣冠南渡即是中小说中明南迁。这和小说《南渡记》主要叙述的明仑大学由于日寇入侵而转向大后方的故事有类似之处，一个是文明的迁徙，另一个是文化的迁徙。“七七事变”之后，日寇入侵，北平沦陷，明仑大学教授孟樾一家在时代的激变中开始经历各种变故。国失之殇是当时北平人心中最为深切的悲痛，正如老舍先生在小说《四世同堂》中所说：“我不怕穷，不怕苦，我只是怕丢了咱们的北平城！一朵花，长在树上，才有它的美丽；拿到人的手里就完了。北平城也是这样，它顶美，可是若被敌人占据了，它便是被折下来的花了！”（P9）生活在亡城中的市民不仅要经历着精神情感上的折磨，日常的生产和生活也受着日寇和伪政府的严格管制。亡国之际，个人、家庭都有自己的选择，明仑大学的师生计划南渡，以避免文化遭受日寇的魔爪摧残。

2. 人物关系

小说《南渡记》涉及的人物看似比较多，但人物关系是比较简单和清晰明了的，其中孟樾一家是主线，故事也围绕着这一家的亲人和朋友的经历而展开。

孟樾，又名孟弗之，是明仑大学历史系的一名教授，吕碧初是他的妻子，俩人共育两女一男，最大的孩子在读高中，另两个孩子年龄都尚小。随着情节的慢慢发展，涉及的人物一类是俩人的亲戚，如碧初的姐姐吕绛初一家，以及她的父亲吕清非老人，此外，弗之

的外甥卫葑也是个充满神秘色彩的人物，其妻子的娘家凌京尧一家则是典型的京城富贵人家，另一类则是俩人的朋友或同事，如庄卣辰一家、李涟一家。

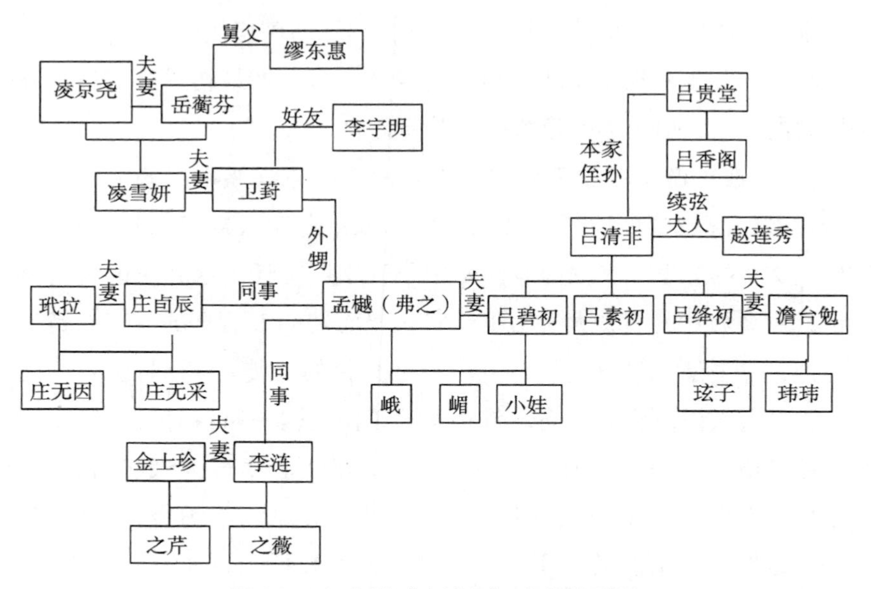

图 16－1　小说《南渡记》人物关系图

小说《南渡记》的人物以知识分子为主，反映了日寇侵占北平城之后，知识分子的生活和命运选择，小说的人物形象各有差异，色彩饱满。孟弗之是一个醉心学术、热爱教育事业的人，在明仑大学选择南迁的时候，他毫不犹豫跟上了队伍，是南渡最早时期的一批成员。吕碧初和吕绛初是性格迥异的一对姐妹，碧初内敛含蓄，绛初外放活泼，但她们都在战乱之时，尽心尽力把家庭照料得很好，井井有条。吕清非老人作为北平的名人，自然受到了日寇及其伪政权的关注，敌伪妄想利用他的名声和威望来巩固政权和统治。但吕老先生高风亮节，誓死不屈从于伪政权的压迫，不愿意为其做肮脏的事情，他在最后选择了自尽，作为最响亮和最震撼人心的反抗宣言。与其对比明显的是凌京尧，他不堪于日本人的酷刑折磨，担任了伪政权的职务，但他的女婿卫葑，在新婚不久，便选择了出逃，投身于共产主义事业而他的新婚妻子凌雪研挚爱丈夫，最终选择了与家庭断绝关系，踏上了追随丈夫的征程。几个还在读书的孩子也各有各的性格和抱负：孟弗之长女孟离己（峨）是一名将要报考大学生物系的高中生，她性格清冷，不喜与家人多交流，内心情感丰富而细腻；次女孟灵己（嵋）活泼可爱，一如名字中的“灵”字；小儿子孟合己仅有几岁，唤作“小娃”，是家里的“开心果”。吕绛初一家有一儿一女，玮玮聪明，学习能力强，性格独立，在父亲、母亲和姐姐相继离开北平后，他和姨母一起留在香粟斜街三号，协助姨母照顾弟弟、妹妹，最后也只身一人留在香港的暑期学校学习；玹子虽贪玩，活泼外放，但也沉着大方有主见，曾协助卫葑离开北平前往解放区。

3. 情节梳理

小说《南渡记》的情节起源于1937年“七七事变”，终结于1938年秋，故事横跨的时间长度并不长，但是这期间，国家、家庭和个人的命运可谓是发生了翻天覆地的变化。其中有北平沦陷、弗之南渡、碧初南渡、吕清非自尽等四个情节的爆发点。“七七事变”之后，日寇入侵北京城，北平居民进入战时状态，安定的生活被打破，不久后，北平沦陷，格局呈现出混乱的局面，南迁的人员增加，那些能够动用资源逃离北平的人，基本上都选择了南迁。因为他们预感到待在一个亡城里就是亡国奴，生活势必会受到影响，甚至可能会被强迫做一些违背民族道义的事情。孟弗之在此时也选择了随着明仑大学先行南撤，他留下妻儿在此，并约定不出多日，也将妻儿转移到南方安全的地方。弗之南渡之后，碧初和孩子们同绛初一家，和父亲吕清非一同在香粟斜街三号宅院生活，他们经历着任何一个北平人在亡城之后所经历的生活上的剧变和精神情感上的折磨。随后，绛初南行，碧初在之后也做好了前往云南与弗之相聚的计划，吕清非则拒绝一道前往，而选择了留下。但是不久，吕清非就被日本人所成立的伪政府盯上，强制下聘要求其担任职务，吕先生高风亮节，不愿受屈辱，最终选择了吃安眠药自尽，此时，碧初携孩子已经到了云南，与弗之团聚。故事的结局止于凌雪妍接到卫葑的信后，决定与家庭断绝关系，离开北平，踏上了追随丈夫的征程。

（二）原型考证

1. 明仑大学

小说《南渡记》中常常出现的一个地点，也是人物活动的中心——明仑大学，经考证，明仑大学应为清华大学，有以下三点理由。

一是地理位置。小说中对于明仑大学的地理位置有很详细的描述。首先，它是位于城外，出西直门后再往西北走。小说中马夫驾车接送孟弗之和庄卣辰的时候，沿途景色的变化是这样描述的："这天下午两点多钟，西直门过高亮桥往西往北的石子路隔着薄底鞋都发烫。这路有北平街道的特点，直来直去，尽管距离不近，拐弯不多。出西直门经过路旁一些低矮民房，便是田野了。青纱帐初起，远望绿色一片。西山在炽烈的阳光下太分明了，几乎又消失在阳光中。路旁高高的树木也热得垂着头，路上车辆很少。一辆马车慢吞吞地走着，几辆人力车吃力地跑。只有一辆黑色小汽车开得飞快，向北驶去。"（P1）其次，明仑大学紧挨着圆明园，卫葑逃离北平时，先去了一趟圆明园，明仑大学就在圆明园旁边："路上车和人都少，保罗的技术又好，功夫不大，车子到了圆明园废园边，这里往右可达明仑大学，往左通往颐和园。保罗放慢速度，回头询问地看了卫葑一眼。"（P72）由此可见，在地理位置上二者是相符的。

二是教学传统。明伦大学十分重视体育，学校移至云南，在艰苦的条件和环境下，仍然注重学生的身体素质培养和体育文化精神的建设："明仑大学有注重体育的传统。办军训，上早操，都比别的学校积极。龟回这里，宿舍集中，场地方便，每天升旗跑步，是体育课内容之一。由当地驻军一位连长任教官。不少学生懒得早起，叫苦连天。弗之素起得早，常来参加升旗仪式。他喜欢看鲜艳的国旗冉冉升空，让蓝天衬托着，迎接新的一天；觉得晨风孕满希望，朝霞大写憧憬。学生们不很整齐的步伐，显示着青春的活力和祖国的力量。”（P147）在历代校友引以为自豪的诸多清华传统中，体育便是其中之一。20 世纪二三十年代，清华体育已在华北声名鹊起，人们说清华有“三好”：校舍好、英文好、体育好。清华体育的历史始于 1911 年清华建校。在最初订立的《清华学堂章程》中，“体育手工”便已是学堂十类学科之一。1925 年，清华学校成立大学部。翌年，体育军事学系成为当时 17 个学系之一。之后校方规定体育为必修，清华成为“中国最早设正规西式体育的学校”。同年底，体育军事学系改名为体育学系，系主任正是大名鼎鼎的马约翰。而且，建校不久，清华就开始流行每日午后的“强制锻炼”。在这一个小时的时间里，清华将图书馆、教室、宿舍都锁起来，“逼”得学生出来活动。据《马约翰体育言论集》，晚年的马约翰回忆实行“强制锻炼”时仍有人躲在树荫、墙角等幽静的地方读书，到操场锻炼的人也不一定会科学的锻炼。他就“拿着本子东跑西跑，去发现这些学生……要他们好好锻炼[1]”，而且手把手地辅导。当时清华规定体育不及格者不能毕业、不能出国留学。

三是变迁历史。“七七事变”之后，明仑大学计划着南迁，首先是移至长沙：“次日上午，北平明仑大学在圆甑举行了在北平的最后一次校务会议。先生们坐在一边是落地长窗的客厅里，面对花园里满园芳菲，都不说话，气氛极沉重。听差往来送茶和饮料，大家也很少碰一碰。秦校长照例坐在那把乌木扶手椅上，用他那低沉的声音慢慢说：‘北平已失，国家还在，神州四亿，后事可图。我们责任更为重大，国家需要我们培养人才。我在庐山，和蒋先生谈到北平学校前途，蒋先生说，华北前途，很难预测，一城一地可失，莘莘学子不可失，教育者更不可失。学校在长沙已有准备，我明日往南京教育部后即往长沙等候诸公。’他说了仪器图书陆续搬运的情况，

[1] 延复．马约翰体育言论集［M］．北京：清华大学出版社，1986．

会上议决由化学系教授周森然偕同事务主任等留守学校，直至所有人离开。历史系李涟因谙日语，也参加这一工作。周森然因为父母老迈、妻子多病已决定留居北平。”（P49）尔后又迁至昆明：“碧初好不容易拆开了信，赶快看了一遍，知道平安。又一字一字再读。信中说，学校准备再迁昆明，明春也许能安定下来。嵋和小娃依偎在碧初膝边，睁大眼睛看信纸背面。”（P82）“弗之道：‘学校的图书大都运到昆明了。在龟回上课不是久长之计，还要搬家，搬到昆明。’他对碧初抱歉地一笑，‘你看，你刚到，又说搬家的事。不会马上搬，还得几个月。’”（P145）这样的变迁与抗日时期清华大学的南迁及之后成立的西南联合大学是相吻合的。国立西南联合大学是中国抗日战争期间设于昆明的一所综合性大学。1938 年 4 月，台湾北京大学、台湾清华大学、私立南开大学从长沙组成的长沙临时大学西迁至昆明，改称“国立西南联合大学”，这所学校的成立，也是经历了战火的洗礼。❶ 1935 年，北京的局势日益危急。为了防止突发的不利情况，清华大学秘密预备将学校转移至长沙。1937 年 7 月 7 日，“卢沟桥事变”后，南京国民政府在庐山召开了一系列会议讨论战局问题。北京大学、清华大学和南开大学三校校长，在召开庐山会议后并未立即返回京津，而暂时留在南京和上海。8 月 28 日，国民政府教育部分别授函南开大学校长张伯苓、清华大学校长梅贻琦和北京大学校长蒋梦麟，指定三人分别担任长沙临时大学筹备委员会委员，三校在长沙合并组成长沙临时大学。1938 年 2 月中旬，长沙临时大学开始搬迁到昆明。1938 年 4 月 2 日，长沙临时大学正式更名为“国立西南联合大学”。❷

2. 香粟斜街三号

香粟斜街是碧初的娘家，母亲去世后，父亲一人居住在此。随

---

❶ 刘娜．抗战中西南联大学人的迁徙与学术［J］．东岳论丛，2015（4）：77－80.

❷ 闻黎明．长沙临时大学湘黔滇“小长征”论述［J］．抗日战争研究，2005（1）：1－33.

着战事的打响，弗之随学校南迁，碧初携着三个孩子住进了这里，随后绛初一家也搬进了宅子，这座宅邸是小说中后期人物活动的主要场所。“粟”就是小米，品种繁多，俗称“粟有五彩”，有白、红、黄、黑、橙、紫各种颜色的小米，“香粟斜街三号”很容易让人联想到“白米斜街三号”，也就是宗璞的家。位于什刹海前海东南侧的白米斜街，是一条古老的胡同。胡同自东北至西南，略呈“S”形走向，东口在地安门外大街，与后门桥相望，西口在地安门西大街，与北海后门相对。据《燕都丛考》记述，此胡同早年有一座“白米寺”，当以此得名。

徐恒曾在小说中回忆到冯友兰夫妇入住三号院的过程：“大约是一九三三年、一九三四年间的一天，冯友兰夫妇从清华园进城来看望我的父母。我的父亲徐旭生（炳昶）在辞去北师大校长职务后，当时任北平研究院历史研究所所长。他和冯先生是小同乡，还有一点远亲，又都活跃于北平学术界，因此经常有来往。冯先生谈起想在城内买一处房子，以备不时之需，父亲就向他推荐了白米斜街三号的张之洞故居，并邀前院住的民俗学家常维钧（惠）陪冯先生一起去看房。不久房屋成交。冯先生说等房子修缮好以后，就请我父亲和常先生两家搬过去住，还是常先生住前院，我家住后院。就这样，我们成了张之洞后人卖房以后白米斜街三号的第一批住户❶。”

而《南渡记》中最初对于香粟斜街三号的描写，也明确提出了这里原始张之洞的产业：“什刹海旁边香粟斜街三号是一座可以称得上是宅第的房屋。和二号四号并排三座大门，都是深门洞，高房脊，檐上有狮、虎、麒麟等兽，气象威严。原是清末重臣张之洞的产业。三号是正院，门前有个大影壁。影壁四周用青瓦砌成富贵花纹，即蝙蝠和龟的图样。当中粉壁，原仿什刹海的景，画了大幅荷花。十几年前吕老太爷买下这房子时，把那花里胡哨的东西涂去，只留一墙雪白。大门旁两尊不大的石狮子，挪到后花园去了。现在大门上

❶ 徐恒．日寇统治时期的白米斜街3号［J］．百年潮，2004（1）：78－80.

有一副神气的红漆对联“守独务同别微见显；辞高居下知易就难”，是翁同龢的字。商务印书馆有印就的各种对联出售，这是弗之去挑的。吕老先生很喜欢这副对联，出来进去总要念一念。”（P20）徐恒对于从小生活的地方，有极其详细的描述：“房子油饰一新，相当气派。门外八字墙，大影壁，一间房宽的黑漆大门。门内是刻砖照壁，上面好像是刻有‘鸿禧’二字。往西是一个偏院，中间有垂花门，进去就是常家住的第一进房子。在两进房子间又有一个偏院，两棵大藤萝爬满架，遮天蔽日。后面就是我家住的正院了。正院北房是‘钩连搭’，双屋脊建筑，共14间，加上东西厢房共有20间。院中有槐树、海棠、丁香等植物，两边游廊，我们下学一进垂花门就可以沿着游廊一路小跑到家，下雨天一滴雨也淋不着。我们还可以踩着粗大的藤萝枝干爬到房顶上，但堂屋后面近半亩的园子却有些荒凉。北面的楼房早已倒塌，只剩下一个楼基。在这个花木较多、前后几层的大院落里，我们兄弟姐妹过了几年平静而愉快的生活，特别是后门外的什刹海给了我们极大欢乐[1]。”

这与小说中对于宅子内部的描写是高度一致的，花草繁茂的院落，后屋荒废的园子，破损的需爬楼梯上去的北楼，可以看见什刹海的美景：“正院中正房十四间，是钩连搭的样式，房子高大宽敞。院中两棵海棠、两株槐树都是叶茂根深的大树，当中一个大鱼缸，种着荷花，有两朵不经意地开着。这时院里静悄悄的，只廊上亮着灯，廊下晚香玉浓香袭人。孩子们放轻脚步。‘跑你们的，这么大的院子，惊动不了老太爷。’刘妈说。他们进了西侧月洞门，这是一个小跨院，想来原是书斋琴室一类，规模小，却很精致。院中沿墙遍植丁香，南墙有一座玲珑假山，旁边花圃中全是芍药。灯光静静地透过帘栊，照见扶疏的花木。”（P23）“一出夹道小门，虽然是红日高照，却有一种阴冷气象，蒿草和玮玮差不多高，几棵柳树歪歪斜斜，两棵槐树上吊着绿莹莹一弯一曲的槐树虫，在这些植物和动物

---

[1] 徐恒．日寇统治时期的白米斜街3号［J］．百年潮，2004（1）：78－80.

中间耸立着一座三开间小楼。楼下是一个高台，为砖石建筑，高台上建起小楼，颇为古色古香。老人让莲秀扶着，缓步登楼，刘凤才要先上去扫，他也不听。刘凤才也跟着上来。开窗户，擦椅子。窗子一开，一阵风过，确比下面凉快。老人凭窗而立，见什刹海如在院中，半湖荷花开得正盛。”（P37）由此可见，宗璞的确是把自己幼年时居住过的宅子当作了原型，从而作为小说中的重要场所之一，而其中所描绘的孩子在此嬉戏打闹的欢乐时光，也是对自己美好的童年记忆的折射。❶

（三）城市场景

1. 市民生活

沦陷期是指领土或国土被敌人占领或陷落在敌人手里，常指被敌占领一段长的时间，北平被占领之后，居民的生活也受到了多方面的影响，以往的生活秩序和氛围被打乱，可以戏称为“沦陷”的市民生活，❷ 主要从日常生活、工作和学习三个方面阐释。

第一个方面是日常生活。小说中有这样的描述：“碧初是和玳拉一起来的，车子到双榆树一带，路上站着不少日本兵，举枪拦住车，问她们往哪里去。见是英国领事馆的车，不理玳拉，单把碧初带的一个包打开检查，包内是些换洗衣服，一个兵用枪尖把衣服挑起来，又扔在地下。碧初和玳拉都不说话，眼光随着衣服往路边看时，两人都紧紧抓住了对方的手。”（P48）可见当时城内居民的行动受到了限制，处处有关卡，处处有排查，这样的管制是极其严格和不正常的，看似有序，实则暗含无序的风波。除此之外，大量日本人涌入北平城，介入了居民的生活。小说中这样的描述有很多：第一，

❶ 田文军，杨姿芳．冯友兰与抗战文化：以《南渡记》为中心［J］．长春工业大学学报（社会科学版），2008（5）：75－79.

❷ 李百浩，郭建．近代中国日本侵占地城市规划范型的历史研究［J］．城市规划汇刊：2003（4）：43－48.

是碧初带着孩子去买缎料的时候，遇见了日本兵。“忽然有人推门进来，一句听不懂的日本话，全店堂的人都愣住了。掌柜的身先士卒，忙上前躬身接待。来人是两个日本军官，还有一个显然是勤务兵。‘您来了！您坐这儿。’掌柜的敏捷地用袖子掸掸太师椅。日本人傲然四顾，络腮胡的下巴抬得高高的，嵋连忙躲在碧初身后。”（P117）第二，是吕贵堂偷偷带着孩子们去结了冰的什刹海滑冰时，遇见了一位日本女孩子。“‘来，来吧。’那女子说话了，声音仍很柔和，但语调很怪，贵堂蓦地发现，这是一个日本人！他像被什么丑怪的虫咬了一口，急忙牵了小娃的手走开。日本人势必有同伴，贵堂着急回家，又不好大声叫。在堤岸上站了一会，见玮玮和无因往女孩那边去了。又一会儿。四人高兴地跑过未。‘这里有日本人。’贵堂悄声说。气氛一下子沉重起来。”（P92）第三，是小娃生病，在医院继续做手术的时候，正好遇到另一个日本小孩子患的同样的病，同样需要做手术，双方在主刀医生的争夺上出现了很大的矛盾。“‘我们日本孩子将来的责任重大，要帮助你们建立幸福的国家，我们日本孩子，要最好的医生！’他不觉用手摸了一下腰间的手枪。刚看到日本人时，碧初有些怕。这时只觉怒气填膺，顾不得怕惧了。我们中国孩子得把生的机会让给你们，好让你们来侵略，来统治，来屠杀！她几乎嚷出来：‘你们日本孩子回日本去，回日本玩雪去，回日本得肠套叠去，回日本治病去！’但她只能克制怒火，先故意表示不大懂话，以示日本人说得不好。然后慢慢说：‘这家医院的规矩很严，我们是习惯守规矩的，何况在医院。’一面说，一面想，这些人从日本打到中国，还说什么规矩！”（P95）

第二个方面是工作。在北平沦陷时期，商人、学者等职业的工作环境都受到了冲击，大部分人选择了离开北平，而这种离开，实质上是被迫性质的，小说中有这样的描述：“‘孟先生！我们收拾了有什么用！现在还能运出去？等于给日本人整理。’一个图书馆职员抱着一摞书，看见弗之的举动，苦笑道。弗之一怔。作为教务长，他和校长、秘书长、图书馆主任等商量过不止一次，现在怎样运法却还未定，也许真的运不走了。但是他必须说一句话，这句话在他身里长大着，他似乎觉得自己的身躯也高大了。‘我们会回来！’他几乎在嚷。收拾书的人抬头看他，有人用沾满灰尘的手擦眼睛。”（P47）而留下来的人，时局变迁，以往稍有些名声的人物，都被伪政府所盯上，被迫担任伪职❶，如“‘把那张报给她看！’京尧颤颤地指着一个小螺钿柜子。蘅芬迟疑着，不情愿地走过去取出一张报纸，颤颤地递给雪妍。益仁大学法国文学教授、著名戏剧家凌京尧出任华北文艺联合会主席。”（P168）

第三个方面是学习。在北平沦陷时期，学校的教育也受到了毁灭性的改造，日本侵略者篡改历史教科书，将日军的入侵描绘成合法化的神圣之战，强迫学生学习日语，从语言上开始控制思维，妄图从低龄者入手来打造傀儡，从而摧毁民族的根基。❷如“‘同学们，这位三浦健郎先生是来教你们日语课的，他也要和你们做朋友。’校长咳了一声，‘现在北平的日语教师还不多，我们是第一批开日语课的学校。——三浦先生提议早点来认识你们。’他再想不出话讲，便伸手请日本人讲话。”（P77）“绛初看着头直发晕，只明白大意是说1931年九月十八日日军经中国人民邀请不辞辛苦远涉重洋而来协助成立满洲国，建设王道乐土。‘以后的书上也得写上我们邀请日本皇军驾临北平！’玮玮说，又翻到一页，‘您看！连二十一条条约也说是中日友好的标志！’羞辱、愤怒和无可奈何的各种情绪也在绛初心中汹涌着。”（P83）

2. 城市规划

在帝国主义列强入侵的同时，近代西方民主政治思想和先进技术也在传入，北京城市由此面临迫于西方列强要求的被动开发，以

❶ 王永兵．漂泊与坚守——论宗璞《南渡记》《东藏记》中的知识分子形象［J］．理论学刊，2004（3）：118－122.

❷ 陈丹．从伪北大档案看日伪在沦陷区思想战的三重变奏［J］．近代史学刊，2014（1）：98－113.

及知识分子、市民由于城市政治、经济、社会发展而要求的主动开放的双重压力❶。而与北京城开始迈入近代化的初期所不同的是，日伪时期，日寇入侵占领北平，让北平的居民感受到生活发生的不同于以往的、翻天覆地的变化，之后的八年统治，北平的城市规划与建设也有了新的特点。日军侵占北京后，在京日本人由 4000 人增至 4.1 万人，北京的人口因而急剧增加。❷ 为了满足大量日本人在北京的居住生活，达到长期占领北京的目的，在近、现代城市规划理论的影响下，由左藤俊久与山崎桂一提出了规划草案，伪政府在此基础上编制了《北京都市计划大纲》（以下简称《大纲》）。

《大纲》将北平定位为政治、军事中心和特殊的观光城市，规划的主要内容包括北京市概要、都市计划要纲、都市建设事业和关系诸规。规划不仅包括编制内容，也包括了实施建议和一些主要建设标准，体系完整，范围涉及内外城及四郊，实施的重点在于新街市计划，尤其是西郊的新街市建设。考虑到北京的进一步发展，以及为容纳北京迅速增加的日本侵略者军、政、商机构及日本人口和企业，决定在内城西、东郊开发建设“新街市”，并规划西部“新街市”以“容纳枢要机关及与此相适应的住宅商店”为主要功能（从现在看可理解为新行政文化中心），东部“新街市”位于旧街市东南地区和通县的西部，以工厂区为主要功能，并从长远目的出发，在规划区域内配置一部分商业地区，预备将来使东郊外成为卫星市。❸

从实施情况来看，这份计划的完成度并不理想❹，主要有以下三

---

❶ 王亚男．古都的近代化起步——1900—1911 年北京的城市建设［J］．北京规划建设，2008（2）：141－147.

❷ 齐峰．日伪时期的《北京都市计划大纲》——产生的原因与性质初探［J］．首都博物馆丛刊，2008（1）：134－145.

❸ 王亚男．日伪时期北京的城市规划与建设（1937—1945）［J］．北京规划建设，2009（4）：127－132.

❹ 孙冬虎，王均．八年沦陷时期的北平城市规划及其实施［J］．中国历史地理论丛，2000（3）：133－147.

个原因：一是因为资金困难，尤其是太平洋战争爆发后，日本侵略者集中占领地的财力用于应付规模日渐扩大的战争，而用于占领地城市建设的资金受到极大的限制；二是城市发展动力不断下降，由于战争原因，涌入北京的日籍人口在战争后期呈下降趋势，新市区发展的人口集聚大大不足[1]；三是东、西郊新市区完成的建筑比较分散，交通联系不便也使得新市区不能成规模地发展起来。

参考文献

[1] 黄延复．马约翰体育言论集［M］．北京：清华大学出版社，1986.

[2] 宗璞．南渡记［M］．北京：人民文学出版社，2000.

[3] 孙冬虎，王均．八年沦陷时期的北平城市规划及其实施［J］．中国历史地理论丛，2000（3）：133－147.

[4] 贺桂梅．历史沧桑和作家本色——宗璞访谈［J］．小说评论，2003（5）：42－49.

[5] 李百浩，郭建．近代中国日本侵占地城市规划范型的历史研究［J］．城市规划汇刊：2003（4）：43－48.

[6] 王永兵．漂泊与坚守——论宗璞《南渡记》《东藏记》中的知识分子形象［J］．理论学刊，2004（3）：118－122.

[7] 徐恒．日寇统治时期的白米斜街3号［J］．百年潮，2004（1）：78－80.

[8] 闻黎明．长沙临时大学湘黔滇“小长征”论述［J］．抗日战争研究，2005（1）：1－33.

[9] 齐峰．日伪时期的《北京都市计划大纲》——产生的原因与性质初探［J］．首都博物馆丛刊，2008（1）：134－145.

[10] 田文军，杨姿芳．冯友兰与抗战文化：以《南渡记》为中心［J］．长春工业大学学报（社会科学版），2008（5）：75－79.

[11] 王亚男．古都的近代化起步——1900—1911年北京的城市建设［J］．北京规划建设，2008（2）：141－147.

[12] 王亚男．日伪时期北京的城市规划与建设（1937—1945）［J］．北京规划

[1] 孙冬虎，王均．民国北京（北平）城市形态与功能演变［M］．广州：华南理工大学出版社，2015.

建设，2009（4）：127－132.

[13] 陈丹．从伪北大档案看日伪在沦陷区思想战的三重变奏［J］．近代史学刊，2014（1）：98－113.

[14] 刘娜．抗战中西南联大学人的迁徙与学术［J］．东岳论丛，2015（4）：77－80.

[15] 孙冬虎，王均．民国北京（北平）城市形态与功能演变［M］．广州：华南理工大学出版社，2015.

十七、山水湘西

——从《边城》看湘西城镇空间

唐一可（2014 级本科生）

《边城》这篇作品是沈从文的代表之作，入选“20 世纪中文小说 100 强”，其排名第二位，仅次于鲁迅的《呐喊》。《边城》是典型的乡村文化小说，以 20 世纪 30 年代川湘交界的边城小镇茶峒为背景，以兼具抒情和述事的优美笔触，描绘了湘西地区特有的风土人情，从中可以感受到传统湘西淳朴善良的民风民俗，能领悟自然朴素的山水风景，也能从中窥视出诸如边城的湘西依山傍水城镇的空间形态和社会生活。沈从文的作品充满了对人生的隐忧和对生命的哲学思考，一如他那实在而又顽强的生命，给人教益和启示。

（一）原型考据

1. 地址考证

根据对《边城》小说中的考证，可以初步确定小说中所描述的地址原型为湖南省湘西州花垣县茶峒镇，有以下三点证据。

一是地理位置。边城茶峒即湖南省湘西州花垣县边城镇，见图 17－1，原名茶峒，地处湘、黔、渝三省交界处，号称“一脚踏三省”。2005 年，茶峒正式更名为“边城镇”，为与国内其他以“边城”为名的地方相区别，媒体常以“边城茶峒”指称该地。这里西与重庆秀山县接壤，南与贵州松桃县接壤，界以一河相隔，以土家族、苗族、汉族人口居多，具有浓郁的少数民族风情。小说中写道：“由四川过湖南去，靠东有一条官路。这官路将近湘西边境到了一个

地方名为“茶峒”的小山城时，有一条小溪，溪边有座白色的小塔，塔下住了一户单独的人家。”（P1）这与边城茶峒的实际情况是相符合的，见图 17－2。

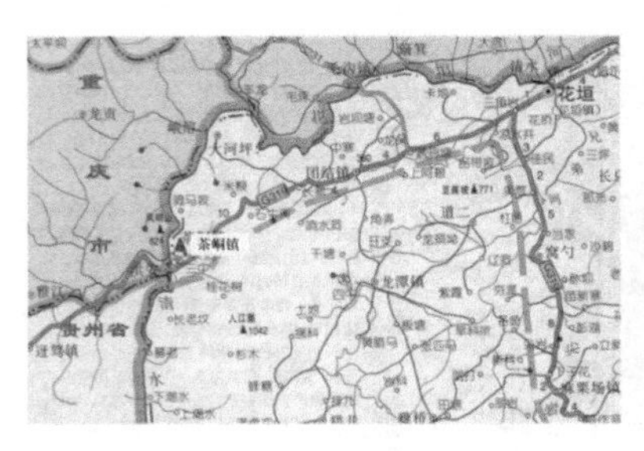

图 17－1　边城地理位置

图片来源：网易博客

图 17－2　边城白塔

图片来源：昵图网

二是城镇布局。茶峒镇保留着清水江畔的苗家吊角楼，见图 17－4、边城古镇的林立店铺及青石板街、保存完好的古镇城墙，见图 17－3。小说中写道：“茶峒地方凭水依山筑城，近山的一面，城墙如一条长蛇，缘山爬去。临水一面则在城外河边留出余地设码头，湾泊小小篷船。船下行时运桐油青盐，染色的棓子。上行则运棉花棉纱以及布匹杂货同海味。贯串各个码头有一条河街，人家房子多一半着陆，一半在水，因为余地有限，那些房子莫不设有吊脚楼。”（P4－5）由此可见，在城镇布局与传统建筑等方面，边城茶峒与小说中所描述的茶峒具有极高的相似度。

图 17－3　古城墙遗址

图片来源：新浪博客

图 17－4　边城吊脚楼

图片来源：凤凰网

三是流经河流。茶峒位于湘、黔、渝三省市交界处，酉水自南向北蜿蜒而过。小说中写到：“那条河水便是历史上知名的酉水，新名字叫作白河。白河下游到辰州与沅水汇流后，便略显浑浊，有出山泉水的意思。若溯流而上，则三丈五丈的深潭皆清澈见底。”（P5）“白河的源流，从四川边境而来，从白河上行的小船，春水发时可以直达川属的秀山。但属于湖南境界的，则茶峒为最后一个水码头。这条河水的河面，在茶峒时虽宽约半里，当秋冬之际水落时，河床流水处还不到二十丈，其余只是一滩青石。”（P6）由此可见，小说中所描述的那条河，正是流经边城茶峒的酉水河，见图 17 –5。

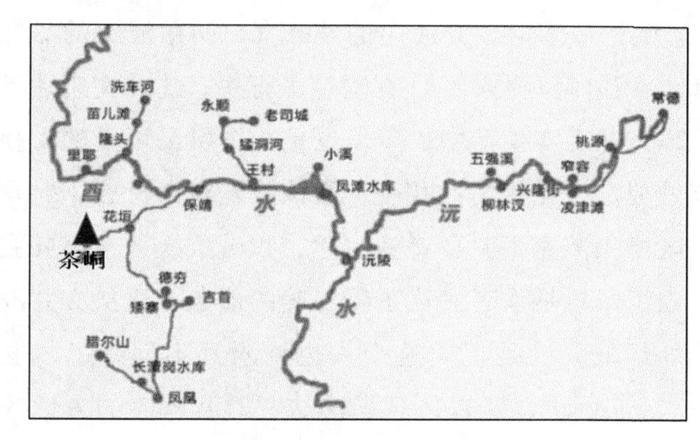

图 17 –5　酉水流域图

图片来源：蚂蜂窝

2. 人物原型

（1）翠翠原型

关于翠翠这一人物的原型，学界有不同的看法，搜集到的资料表明，翠翠的原型有可能来自三个人物。

一是张兆和。很多时候，翠翠这一人物被看作取材于沈从文的妻子张兆和。首先，在外貌与性格方面，沈从文笔下的翠翠是“在风日里长养着，把皮肤变得黑黑的，触目为青山绿水，一对眸子清明如水晶。自然既长养她且教育她，为人天真活泼　处处俨然如一只小兽物”；而张兆和在吴淞公学上学时，小名“黑猫”，年轻时也以黑里俏出名。其次，在身世方面，翠翠自幼失去双亲，跟随祖父

长大，而张兆和在十岁的时候母亲就死了，她跟着祖母长大，俩人的身世具有高度的相似性。最后，在人生经历方面，翠翠与二老傩送两次见面间隔了 2 年的时间；而沈从文给张兆和写情书的时间也正好是持续了 2 年。除此之外，沈从文在作品《水云》中记录到，“（描绘翠翠这个人物时）一面就用身边新妇作范本，取得性格上的朴素式样。”可以看出，在刻画翠翠这个人物时，身边的妻子——张兆和给了他很多灵感。

二是湘西绒线铺女孩。在《湘行散记 · 老伴》中，沈从文写道：“我写《边城》故事时，弄渡船的外孙女，明慧温柔的品性，就从那绒线铺小女孩印象得来❶”。在这篇散记中，沈从文讲述了泸溪县翠翠的故事。在现实生活中，翠翠也是一个机灵可爱的女孩，与沈从文的赵姓战友一见钟情后相爱，而该战友日渐沉迷于鸦片，使得翠翠一人既要操劳家务又要赚钱谋生，积劳成疾，最终死去。但在小说中，由于翠翠是作者倾注了爱与美的形象，沈从文并没有写出完全悲剧的结局，而是说“这个人也许永远不回来了，也许‘明天’回来”。实际上，这也体现了沈从文对真善美的人性的追求与爱护。

三是崂山乡村女孩。1948 年，沈从文为《边城》一书作了新《题记》，他在《题记》中这样说道：“民二十二至青岛崂山北九水路上，见村中有死者家人‘报庙’行列，一小女孩奉灵幡引路。因与兆和约，将写一故事引入所见。”除此之外，在另一部作品《水云》中，沈从文也写道：“故事上的人物（翠翠），一面从一年前在青岛崂山北九水看到的一个乡村女子，取得生活的必然……”❷ 由这两处记载均可以看出，在刻画翠翠这个饱含着人性真善美的形象时，在崂山偶然遇到的小女孩也给了他灵感。

虽说翠翠的形象来源于以上三位女性，但形成过程并不是简单

---

❶ 沈从文．老伴．湘行散记［M］．长沙：岳麓书社，2013.

❷ 沈从文．水云．沈从文全集（第12卷）［M］．太原：北岳文艺出版社，2005：111.

的拼合，而是要复杂得多，翠翠是代表了一个民族、一个地域、一段文化的形象的化身。正如沈从文在《题记》中所说，他对于农民与兵士怀有不可言说的爱，他所刻画的翠翠这一形象，倾注了爱与美、真与善，闪耀着人性的光辉，不单单是三个原型的整合，更多的是对湘西地区农民的人性的赞美。汪曾祺曾说，“在湘西老家，沈从文见过无数单纯善良、明慧温柔的女子，记忆里储存了很多印象，原来是散放着的，崂山那个女孩子只有一个触机，使这些散放印象聚合起来，成了一个完完整整的形象，栩栩如生，什么都不缺。含蕴既久，一朝得之，翠翠这个形象是沈先生的长时期的‘思乡情结’茹养出来的一颗明珠。”❶

（2）傩送原型

“傩送”这个人物被看作是沈从文自身的隐喻，有以下三点原因：一是在称呼方面，二老在家排行第二，而沈从文在他的许多自传性的作品中都以“二哥”的名字出现，两者有类似之处；二是在性格方面，小说中的傩送“气质近于那个白脸黑发的母亲，不爱说话，眼眉却秀拔出群，一望而知其为人聪明而又富于感情”（P10）；而沈从文在《我的家庭》这部小说中记载到：“我的气度得于父亲影响的较少，得于妈妈的似较多。”❷ 由此可见，二老与沈从文二人性情均受母亲影响大；三是傩送与沈从文俩人都有诗人气质，擅唱情歌（写情书）。《边城》中二老提出代替大老唱歌，现实中沈从文在常德时曾代替表兄黄玉书写情书。

（3）顺顺原型

关于“顺顺”这一人物的原型，学界有不同的看法，搜集查找资料后可以判断“顺顺”这个人物的原型是“湘西王”陈渠珍，主要基于以下原因：一是在年龄方面，小说中的顺顺是“一个前清时便在营伍中混过日子来的人物，革命时在著名的陆军四十九标做个

❶ 汪曾祺. 汪曾祺文集（文论卷）[M]. 南京：江苏文艺出版社，1993：100.

❷ 沈从文. 我的家庭.《沈从文文集》（国内版）第九卷 · 散文 [M]. 广州：花城出版社，1984：106.

什长”（P9），做码头执事人的代替者时，还只五十岁。而“湘西王”陈渠珍（1882—1952 年），凤凰人，1906 年任陆军四十九标队官，20 世纪 20 年代替湘西镇守使田应诏领湘西军政时 38 岁。《边城》一书写于 20 世纪 30 年代，按照时间去推算，陈渠珍和小说中顺顺的年龄能大致吻合；二是性格方面，小说中的顺顺是一个慷慨大方、乐于助人的高年硕德的中心人物，有情义，有些保守，在大儿子死后，他反对二儿子与翠翠在一起，执意要求他娶带着碾坊做嫁妆的王团总家的女儿为妻。而在当时湘西军政人员心目中，陈渠珍是个典型“父亲”的形象。他在湘西组织自治，兴办各种教育、民生、经济等事业，是湘西历史走向近代的重要一页。同时，陈渠珍性格中具有保守的一面，即对内不实行变革，沿袭清代绿营屯田制老例，人民承担赋税极重；对外又不思进取；三是人生经历方面，大老曾设想过娶翠翠为妻之后的生活，他说：“若事情弄好了，我应当接那个老的手划渡船了。我喜欢这个事情，我还想把碧溪咀两个山头买过来，在界线上种大南竹，围着这条小溪作为我的砦子!”（P50）沈从文在小说中又说大老与顺顺性情相似，这也可看作是顺顺的人生理想。这种想法很容易让人想起 1923 年陈渠珍搞的“湘西自治”。1920 年，陈渠珍任湘西巡防军统领后，整军经武，剿抚兼施，统一了湘西。他提出“保境息民”的口号，在湘西这个独立王国里关起门来建设湘西。陈渠珍兴办教育，设立了师范讲习所、联合模范中学、中级女校、职业女校等，兴办各种工厂、实业、林场等，成立了湘西农村银行和湘西农村研究所。

此外，关于小说中“祖父”与“大老”的人物原型，本文并没有得出具体的结论。“祖父”也许是沈从文心中传统、淳朴、善良的湘西老人形象的象征。而关于“大老”这一人物，有人说，“大老”的形象，是在陈渠珍的湘西军人政权里，是与沈从文大致同龄的湘西同乡军人的隐喻。从某种意义上说，沈从文的大哥沈云麓、表兄黄玉书、堂兄沈万林以及湘西青年军官顾家齐、戴季韬等都可能是“大老”的原型。

（二）城镇形态

滨水村镇是湘西较为常见的一种地方性的传统聚落，几乎都是自发而形成，历经风雨沧桑而留存，显现了顽强的生命力。它们不仅在建筑单体、构筑方式上都具有鲜明的特征，而且在整体村镇中，存在着一种自发组织的手法和原则，这是一种内在的秩序，是隐藏在变化与统一之中的各种空间组织元素之间的规律。

1. 空间格局

从《边城》开篇可以窥视出茶峒古镇的空间布局特点，小说中这样描述："茶峒地方凭水依山筑城，近山的一面，城墙如一条长蛇，缘山爬去。临水一面则在城外河边留出余地设码头，湾泊小小篷船。"（P4）可见湘西城镇空间形态是典型的带形城镇（图 17－6），不止是茶峒，类似的滨水城镇还有凤凰、王村、德夯，乾州的城镇布局也如此。

图 17－6　沿河流带形分布的茶峒古镇

图片来源：蚂蜂窝。

湘西城镇的产生依赖独特的自然条件：一是地形地貌。湘西州境地处云贵高原北东侧与鄂西山地南西端之结合部，武陵山脉由北东向南西斜贯全境，地势东南低、西北高，属中国由西向东逐步降低第二阶梯的东缘。境内多山地、丘陵地形，溪河纵横其间，两岸多冲积平原。地貌形态的总体轮廓是一个以山原山地为主，兼有丘陵和小平原，并向北西突出的弧形山区地貌；二是水文条件。水是万物之源，水孕育了生命，也构筑了人类赖以生存的物质空间环境。农业生产、日常生活和交通运输对水的需求与依赖，使得早期的人类聚居地选址和水源有着密切的联系。凡是有条件的都尽量靠近水源，临水而居，水是滨水城镇存在的前提，城镇因水道而建，因水利而兴，也因水而形成滨水形态。湖南湘西州境内河网纵横密布，流程在 5 千米以上的各级河流共计 368 条[1]，主要河流有沅江、西水、武水、猛洞河等。因此，因水而聚、枕河而居就成为湘西滨水村镇的空间特色。

滨水村镇的形成往往要经历一段比较漫长的、自发演变的过程，这个过程没有明确的起始和结束，是一直处于发展变化的过程之中的。多山多水的自然地理环境是湘西滨水城镇空间形态形成的重要原因。在城镇最初形成时，山与水即引导城镇的空间布局，又限制城镇的空间扩张，使得人们不得不向自然妥协，将聚居空间布局成依山傍水的带形。山地地形限制了城市的随意扩张，由于财力、人力及技术手段方面均无法改造地形地貌，人们能做的就是屈服，向自然让步，自己拟建的房子尽量地“屈从”于各地段的地形条件。

同时，由于水利条件丰富，湘西州村镇的建造离不开水，大多沿河一侧或两侧发展起来，建筑物与街道均平行于河道的主要走向，平面布局灵活多变。“茶峒”一词源自于苗语，原指汉人居住的小块平地，“峒”是指山中的小块平地，由此可见，茶峒城镇最初形成时布局在山前的冲积扇或是洪积扇形成的平地上，而后不断发展，形成了带形特征。这种带形城镇的空间形态又被称为并置组合形态，即河、街、房屋沿同一轴线平行。在河流的影响下，城镇的空间肌理产生一种顺应河道的线性动势，居住建筑依河而建，在河边还设置了码头、桥梁、亭子等，沿着河流围合成了城镇的带形空间形态。

---

[1] 数据来源：湘西州水利局。

在并置组合形态中，依据河、街、建筑的空间关系，其空间组合模式可分为三种：一是“河—街—房”的构成模式。最简单的一种空间模式，对外空间与对内空间合置；二是“河—房—街—房”，这种是典型的沿河商业空间模式，常常为上宅下店式，也有一些是前店后宅式；三是“河—小街—房—大街—房”，沿河小街是前店后宅式建筑的运输和生活通道，同时也是家务、休憩的场所，而大街是人流较为密集的商业性街道。两街一动一静、一主一次，流线与布局合理清晰。❶ 在《边城》这部小说中，作者描写到：“这小城里虽那么安静和平但地方既为川东商业交易接头处，因此城外小小河街，情形却不同了一点。也有商人落脚的客店，坐镇不动的理发馆。此外饭店、杂货铺、油行、盐栈、花衣庄，莫不各有一种地位，装点了这条河街。”（P7）沿河街便为商业空间，说明茶峒是第二种城镇空间布局模式。自然条件的限制导致了诸如边城的湘西滨水城镇独特的空间形态，而这种空间形态的形成也被看作是人对自然的适应，实则是人与自然和谐相处的表现。

2. 交通方式

在诸如边城类的依山傍水城镇，山路的崎岖与阻隔和水路的便利与畅通形成了鲜明的对比，因此，在现代交通方式没有传入时，人们往往选择水路出行，见图 17 - 8。在小说《边城》中，祖父就是一个守着渡船几十年的摆渡人，日日帮助从四川边境到茶峒的人过渡，运送的货物多种多样：“有时过渡的是从川东过茶峒的小牛，是羊群，是新娘子的花轿，翠翠必争看作渡船夫，站在船头，懒懒的攀引缆索，让船缓缓的过去。”（P4）除了日常的活动选择水路，来往的商业活动也常沿着水路进行，如：“小船到此后，既无从上行，故凡川东的进出口货物，皆由这地方落水起岸。出口货物俱由脚夫用杉木扁担压在肩膊上挑抬而来，入口货物也莫不从这地方成

❶ 何川．湖南滨水村镇空间形态研究［D］．长沙：湖南大学，2004．

束成担的用人力搬去。”（P6）

图 17－7　停泊在岸边的木船

图片来源：百度旅游

图 17－8　在江上行驶的小船

图片来源：百度旅游

类似边城的城镇依赖水路作为主要的交通出行方式是由两种因素共同作用的：一是河流在人们的日常生活中发挥着重要的作用，走山路出行费时费力，向外通行的山路并不便捷，而水路省时、省事、省力；二是城镇沿河建设，沿河设置了许多渡口和码头，使水路出行成为必要，也方便了水路出行。

3. 商业空间

山与水的限制使得湘西城镇沿河扩散，民居多建在山下水边，沿河街道也曾是一条繁华的商业街，沿街的每个店铺几乎都是标准设计，每店占地面较小，多为三开间，见图 17－9。临街是柜台和营业用房，经一小天井后的三开间，高程略增，是主人的住房，天井一侧设木楼梯至楼上三开间，一般为旅馆。这种前店后宅、前街后河的商业建筑，无论平面布局或空间利用，都是既经济又合理的。又以这简单的三开间标准单元，组成了丰富多变的沿街及沿河的带状商业繁华景观。正如小说《边域》中所描写的那样：“这小城里虽那么安静和平但地方既为川东商业交易接头处，因此城外小小河街，情形却不同了一点。也有商人落脚的客店，坐镇不动的理发馆。此外饭店、杂货铺、油行、盐栈、花衣庄，莫不各有一种地位，装点了这条河街。还有卖船上用的檀木活车、竹缆与罐锅铺子，介绍水手职业吃码头饭的人家。”（P7）

图 17－9　沿河商业旅馆

图片来源：百度旅游

图 17－10　临河吊脚楼

图片来源：百度旅游

4. 民居建筑

依山傍水的茶峒城镇最典型的民居建筑就是吊脚楼，见图 17－10。由于水流湍急，涨落无常，建筑物需高出河面，在湘西还形成吊脚楼悬于水面的景观。正如小说《边城》中所描述的那般："贯穿各个码头有一条河街，人家房子多一半着陆，一半在水，因为余地有限，那些房子莫不设有吊脚楼。"（P5）吊脚楼是苗族传统建筑，是中国南方特有的古老建筑形式，楼上住人，楼下架空，被现代建筑学家认为是最佳的生态建筑形式。吊脚楼是苗乡的建筑一绝，它依山傍水，鳞次栉比，层叠而上。吊脚楼群的吊脚楼均分上、下两层，上层宽大，工艺复杂，做工精细。下层随地而建，很不规则。屋顶歇山起翘，有雕花栏杆及门窗。这种建筑通风防潮，避暑御寒。体现了苗族独特的建筑工艺，具有很高的实用价值和观赏价值。由于山地多，林木资源丰富，吊脚楼等民居大多采用木质材料搭建，取材方便，建造工艺熟练。

（三）城镇文化

滨水城镇富有特色的空间布局形式形成的主要原因是湘西州独特的自然条件，滨水城镇独特空间形态形成后又会使人们产生与之相适应的社会生活。

1. 日常生活

边城是依水而建、靠水而生的城市，从早到晚、从老到少，边

城生活的每一帧画面中都有水的出现，水的形态决定了城镇的空间形态，也决定了边城人的日常生活。边城人们居住在靠水建造的吊脚楼中，买卖货物的集市沿河布置，日常出行离不开水路，节日集会也与水相关。日复一日，边城妇女利用江水洗衣洗菜、操持生活，孩童将江水当作最好的玩伴、嬉戏玩闹，青年汉子则依托江水辛勤劳作、赚取收入，水已经融入了边城生活的点点滴滴。

2. 传统节日

正如小说《边城》中所介绍的，对于湘西地区而言，最重要的节日莫过于端午、中秋和过年。其中，由于湘西在战国时属楚黔中郡，因此对于端午节又有更深的情怀，再加上河流几乎贯穿整个湘西，所以每到端午节时都会有很多传统的纪念活动：如：赛龙舟（图 17－11）、抓鸭子（图 17－12）、吃粽子、喝雄黄酒等。小说中对端午节的描述与记载十分多，故事的发展也沿着端午节的时间线进行："端午日，当地妇女小孩子，莫不穿了新衣，额角上用雄黄蘸酒画了个王字。任何人家到了这天必可以吃鱼吃肉。"（P11）"在城里住家的，莫不倒锁了门，全家出城到河边看划船。"（P11）"赛船过后，城中的戍军长官，为了与民同乐，增加这节日的愉快起见，便把三十只绿头长颈大雄鸭，颈膊上缚了红布条子，放入河中，尽善于泅水的军民人等，下水追赶鸭子。"（P12）

图 17－11　端午节赛龙舟

图片来源：湖南图片网

图 17－12　端午节捉鸭

图片来源：重庆时报

参考文献

[1] 沈从文．沈从文经典文集［M］．石家庄：河北人民出版社，2002.

[2] 何川．湖南滨水村镇空间形态研究［D］．长沙：湖南大学，2004.

[3] 黄献文．论沈从文湘西小说中的人物原型［J］．中南民族大学学报（人文社会科学版），1995（3）：112－115.

[4] 闫晓昀．论《边城》的意象选择及其叙事功能［J］．烟台大学学报（哲学社会科学版），2014（3）：66－72.

[5] 尚涤新．浅谈《边城》中的湘西地域文化［J］．戏剧之家，2016（24）：277.

[6] 刘永泰．《边城》：废弃的反现代化堡垒［J］．吉首大学学报（社会科学版），2004（2）：95－100.

[7] 晏杰雄．寻找远古的温情——论《边城》的水原型及其影响力［J］．五邑大学学报（社会科学版），2005（1）：61－64.

[8] 王雪晴．《边城》外展的诗性与隐伏的情性［J］．赤子（上中旬），2016（18）：54.

[9] 罗小军．沈从文《边城》人性美赏析［J］．教育，2016（8）：274.

[10] 唐若溪．论《边城》中人性美的局限性［J］．文学教育（下），2015（9）：14－17.

[11] 阿森．吊脚楼：中国民居的瑰宝［J］．新湘评论，2012（3）：39－41.

[12] 石柏胜．建筑在“心与梦历史上”优美城镇——《边城》中的建筑美学意蕴阐释［J］．文艺争鸣，2010（20）：110－113.

[13] 张郑波．《边城》空间叙述探析［J］．贵州民族学院学报（哲学社会科学版），2010（5）：143－145.

[14] 闫晓昀．《边城》时空维度与叙事意图［J］．海南师范大学学报（社会科学版），2008（6）：94－98.

[15] 雷雨．《边城》的空间结构及文化意义［J］．重庆科技学院学报（社会科学版），2009（12）：142，152.

[16] 李继凯．民间原型的再造——对沈从文《边城》的原型批评尝试［J］．中国现代文学研究丛刊，1995（4）：147－161.

[17] 赵连奇．一种自得之美的艺术追求——从《边城》看沈从文“乡土文学”的艺术风格［J］．保山师专学报，2005（6）：32－34.

十八、乡村本色

——从《湖光山色》看乡村旅游流弊

孟凡超（2016级硕士研究生）

周大新先生的小说《湖光山色》，关注当下农村变革的现状，以其深邃的目光，透过湖光山色的表面，揭示了乡村文明在资本冲击下日渐衰落的可悲事实。小说以丹江口水库为故事背景，以楚长城为引线，描述了乡村女性暖暖为了追求美好的生活而与命运不断斗争的艰辛历程。初读小说《湖光山色》，感叹命运的不公；再读《湖光山色》，惊诧人性的丑陋；三读《湖光山色》，留下更多的沉默。《湖光山色》全篇分为“乾卷”和“坤卷”，结构上借用五行的“水、木、火、金、土”，阴阳说是对宇宙起源的解释，五行说是对宇宙结构的解释，以此为结构，预示着人物关系和人物命运，暗示万物的此消彼长和相生相克。

（一）时空定位

1. 时间定位

小说《湖光山色》中并没有对故事发生的具体时间给予明确的表述，但是从小说的整体情节来看，故事发生在改革开放前后，在市场经济的冲击下，原本保守闭塞的小村庄楚王庄开始与外界接轨。此外，从楚长城的开发和楚王墓的挖掘时间来看，故事的发生横跨了改革开放这个历史时间节点，小说的情结也随着市场经济的进一步发展而出现了曲折。

2. 空间定位

小说《湖光山色》中的几个空间地点是必须要交代的。

一是丹湖。故事发生的背景，是在丹湖西岸的楚王庄，而小说中提到，丹湖是作为“南水北调”工程的起点，“我们是来全面检测丹湖水质的，如果水质合格，一项调水工程可能很快就会开始。”（P139）“这个旅游团全是由北京的老干部组成的，他们为了弄清这即将调往北京的水是否干净。”（P143）由此可知，小说中提及的“丹湖”应该是现实中的丹江口水库。

二是楚长城。楚长城是作为小说故事的引线，围绕楚长城，改变了小说中主人翁的命运。关于楚长城，小说有这样的描述：“这道石墙初步可以判定是楚国在其中后期时修的长城，目的是抵御秦国入侵……楚国最早的首都就在离你们楚王庄不远的地方。”（P87）楚长城是围绕南阳盆地而修建的，而在南阳盆地的西侧，正是丹江口水库，而楚长城也正是位于丹江口水库的西岸上，小说中有这样的描述：“这道长城很可能是楚国在公元前 312 年左右修的……楚国的这一带就成了与秦军对峙的前线……开始在这一带征召民夫修筑了这道长城。”（P95）

三是凌岩寺。小说中的凌岩寺被多次谈到，它是作为当地香火比较旺盛的大的寺庙。此外，主人公暖暖去凌岩寺上香，往返需要一天的时间，以丹江口水库西岸的下寺码头为起点，到达现实中的香严寺，实际距离步行往返大概需要一天的时间。而香严寺位于河南省南阳市淅川县仓房镇白崖山，香严寺便与少林寺、白马寺、相国寺并称为“中原四大名寺”，有“万顷香严寺”之称，其盛况与小说中描述的情景可谓极其相似。

四是楚王墓。小说中提及楚王墓的开发，“这是青铜鼎啊……这是编钟……它是一个楚鼎……是楚王宫里的用物”（P199）、“楚国的早期都城丹阳离你们楚王庄就很近”（P201），并由此引出楚王庄名字的由来。据记载，1977 年，淅川下寺出土了一个春秋楚墓群，

是一个春秋中晚期的楚国贵族墓群，位于河南省淅川县丹江口水库西岸的仓房镇下寺东沟村，是河南省文物保护单位。由此可定位故事发生的地点位于下寺附近。

五是聚香街。小说中频繁提及的聚香街，是位于当地乡镇的一条商业街，“P7 从楚王庄到聚香街有整整九里沙土路”，楚王庄距离聚香街 9 里地，现实中，下寺距离当地的仓房镇的距离，总共 4.5 千米，和小说中所说的距离完全契合，可见聚香街位于仓房镇。

根据以上五点空间定位，可以总结得出，周大新笔下的楚王庄就位于丹江口水库西岸的下寺附近。此外，周大新先生也是出生在南阳盆地，《湖光山色》这部小说正是作者以朴实的写作手法再现自己家乡在市场经济冲击下的一部现实力作。

（二）发展特征

乡村旅游是以农业为基础，以服务为手段，以城市居民为目标，第一产业和第三产业相结合的新型产业[1]。小说中展现了乡村旅游的基本特征。

1. 产生背景

乡村旅游产生可能基于以下原因。

一是城市化进程日益加快。都市人口快速增长，使得公园、绿地、休闲活动空间和设备不足，迫切需要开拓新的旅游空间[2]。小说中谭教授考古为楚王庄的旅游开发进行了舆论上的宣传，如“我们是看了谭文博先生发在报纸上的这篇文章和照片后……”（P91）“开田，快去看，电视上播你了……开田和后山上的石墙上电视的事情第二天就在村里传开了……”（P118）。此外，大学生的调研和城

---

❶ 郭焕成，韩非．中国乡村旅游发展综述［J］．地理科学进展，2010（12）：1597－1605.

❷ 王小军，张双双．乡村旅游对农村经济的影响及发展策略［J］．农业经济，2012（11）：81－82.

市居民的好奇心为乡村旅游提供了外在动力。

二是乡村和农业的观光休闲功能日益凸显。乡村优美的自然环境、古朴的村庄作坊、天然的农副产品、原始的劳作形态、真实的民风民俗、悠久的农耕文化和古代的村落建筑，都在乡村地域上形成了“古、始、真、土”的独特景观，具有城市无可比拟的贴近自然的优势，为游客重返自然、返璞归真提供了条件。小说中的丹湖奇观、楚长城、楚王墓、凌岩寺、播种及采摘等农事活动、楚国情景剧、农家野味等乡村文明，都吸引了城市居民的到来。

三是政府扶持力度逐步加大。随着改革开放的深入开展和产业结构的调整，中国的旅游业获得了较快的发展，而且在重视城市旅游和风景区旅游的同时，积极推动乡村旅游和农业旅游的发展[1]。小说中指出，在省文化厅和县文化局的授意下，成立了南水美景旅游开发公司，负责楚长城的保护和开发，“想就保护楚长城的事同你们商量……最好成立一个旅游公司，把楚长城旅游的事管起来”（P165）“矿家的南水美景旅游公司是半个月后正式成立的”（P169）。

2. 发展阶段与特征

小说展示了乡村旅游在中国先后经历了三个重要的发展阶段。

一是早期兴起阶段。这一阶段以资源特色为主导，主要表现为依托楚王庄的现有资源，如楚长城、楚王墓、湖中迷魂区等。小说中有这样的描述：“湖中迷魂区之游很快吸引了游客，来游楚长城的人几乎都要再游一趟迷魂区。”（P133）

二是初期发展阶段。这一阶段表现为以产业主导，在乡村旅游中加入了具有当地特色的乡村性活动，如具有乡村色彩的采摘活动和具有当地文化特色的情景剧。小说中有这样的描述：“咱们楚王庄的人年年秋收只觉得累，可这些大城市里的人见了秋收却觉得新鲜，

[1] 董志文，张萍．近年来中国乡村旅游研究热点综述［J］．安徽农业科学，2009（5）：2149－2151．

咱们就带着他们到绿豆地里摘绿豆，到辣椒地里摘辣椒，到红薯地里挖红薯……这让我想起了采摘园的事。”（P171）“第二天早饭后班船上客前……原本隐藏在丹湖近岸一片芦苇丛中的‘楚国船队’成蛇形呼的驶出来……”（P223）“楚国情景剧表演的名声越传越开，来楚王庄旅游的人也日渐增多。”（P228）

三是规范经营阶段。这一阶段经历了一次引导力量的转变，即由政府扶持主导过渡到了现今的市场主导。由最开始由县文化局倡导建立的南水美景旅游公司，到后来薛传薪带动下建立的赏心苑等一些机构，这些都体现了市场经济冲击下的旅游开发力量的转移，尤其是楚王庄后期由于盲目追求市场利益所导致的村庄风气的扭曲。

（三）产生影响

在乡村旅游中，人们普遍关注的是乡村环境的改变、村民生活富裕等正向影响，小说中则出现了负向的隐忧：楚王庄前后两任村主任詹石磴和旷开田在封建宗法专制体制下和资本主义金钱观念浸淫下灵魂扭曲的揭示，艺术地表现了乡村寻常生活在乡村旅游的冲击下出现的人性善恶和金钱异化的本质，揭示出不规范的旅游管理和市场运作所导致的乡村文明遭到破坏，以致湖无光而山无色。

1. 金钱带来的异化

小说的主人公暖暖，经受过城市文明的洗礼，见识过市场经济的力量，尤其是对命运的影响力。在楚王庄这个落后、闭塞的乡村，暖暖率先抓住了楚长城所带来的旅游契机。此外，暖暖利用村民求富的心理，通过招收员工、建杂货棚、带领游客到最穷的詹姓人家搞采摘、为全村学生购买学习用品，以及承诺增加村民收入等措施，赢得了人心，使得旷开田能够在村主任选举中一举获胜。暖暖懂得金钱的力量，金钱在选举中的作用异常突出，它战胜了宗族观念，无异于在闭塞的楚王庄发动了一场市场经济的革命。

旷开田在当上村主任之后，金钱和权力改变了他的性格。金钱的力量，使得旷开田拥有了权力，权力的至高无上，使得他能够在楚王庄呼风唤雨，促使他去攫取更多的金钱。伴随着致富后社会地位的变化，使旷开田看到了金钱的力量，对金钱的攫取也反过来助长了他的欲望。为了金钱，他不惜背弃良知，对村里的姑娘从事卖淫置若罔闻；他不顾法律规定，捕捉国家保护动物娃娃鱼。九鼎在他父亲病重之时，曾援手相助，借给了他1200元钱，青葱嫂在他新婚时不怕得罪詹家送来贺礼，无钱买油买肉包素饺子过年也没有向他讨要一分钱赔款，现在时过境迁，旷开田不念情谊，为扩大赏心苑竟要强拆他们的房屋。对金钱的膜拜使他与薛传薪狼狈为奸，充当了五洲公司的保护伞，成为不折不扣的“有权就能换来钱，有钱就能买来权”的忠实信徒。

薛传薪以“楚王庄没落的拯救者”自居，他要当楚王庄的“庄父”。然而实际上他却成了破坏楚王庄淳朴乡村文明的“幕后黑手”，通过金钱和色情业把村民引入了物欲和情欲的旋涡，褪尽了蒙在湖光山色之上的最后诗意。薛传薪作为一个商人，金钱无疑是他追逐的唯一目标，为了金钱，他可以抛弃一切道义和法律。他对暖暖管理赏心苑赞誉有加，然而当暖暖提出要赶走妓女时，为了保住这一大财源，他痛下狠手，没有留丝毫的情面，以合同中的第一责任人是旷开田为由将暖暖逐出了赏心苑。金钱已使薛传薪完全的异化，金钱是他的信仰，在他眼里“世界上没有一样东西不是为了金钱而存在的”，湖光山色和女人的肉体都只是赚钱的工具。

2. 权力带来的异化

小说《湖光山色》分为乾、坤两卷，乾卷为詹石磴掌权时代，其权力建立在封建宗法家族的基础之上。詹石磴依凭手中的权力，恣意践踏他姓村民的人格，使他们处于非人的境地。中国自古以来就是人治社会，法制观念极其薄弱，传统的因袭和当下法治的仍待完善，对掌权者的监督和约束机制的缺乏，致使乡村权势也异常庞大。詹石磴利用批准宅基地、发放生育指标及减少摊派款等作为控制村民的权力基础，在楚王庄可以一手遮天，横所无忌，鱼肉百姓。他是楚王庄的“无冕之王”，灵魂肮脏无比，他大言不惭地宣称：在楚王庄“凡我想睡的女人，还没有我睡不成的!”詹石磴城府极深，为人又阴狠毒辣，借“除草剂事件”，巧使手腕，趁当时政府重视大局稳定之机，假公济私，一步步地逼暖暖就范，直至夺去她的贞洁。之后他又凭借审批宅基地的权力，再一次占有了暖暖的身体。旷开田和暖暖依靠旅游业收入逐渐增加，他又坐收渔利，每月都需向他进贡。詹石磴凭借手中的权力，欺男霸女，乘人之危，落井下石，无所不用其极。然而他却稳坐在村主任的宝座上，与上面官场交织在一起。暖暖为了夺回旅游业的经营权，向乡、县逐级上访，却每次都被詹石磴捷足先登，致使她申诉无门。失去权力后，他为了报复暖暖，厚颜无耻地抛出了奸淫过暖暖这一杀手锏，利用贞洁观念打击旷开田和暖暖。从中我们不难体会出封建传统观念的遗毒之深，官本位思想的贻害之大。

旷开田当上村主任后，仿佛中了权力的魔咒，人性恶的一面逐渐显露，从极度自卑转向了极度自负。他原本是一个老实畏缩的农民，没有主见和自信，完全听命于暖暖，虽不乏自私、小气等弱点，但仍是一个温和朴实的农民。然而一旦权力在握，他很快便脱离了善的一面，从为到乡里开会做西服，学会抽烟，到接受黑豆叔的宴请，一步步地堕落下去。尤其是扮演楚王赀后，他更是受到传统的熏染，变得专制独断、飞扬跋扈，俨然自封为楚王庄的“村王”。旷开田无疑是走上了詹石磴的老路，利用批准宅基地的职权与悠悠勾搭成奸，背弃了结婚时的誓言，又与赏心苑里的妓女多次发生性关系，进一步地放纵自己的兽欲。为了赚取金钱，他弃乡风民俗于不顾，与薛传薪合谋把欲赶走妓女的暖暖撵出了赏心苑。当村里的姑娘经不起金钱诱惑从事卖淫或沾染性病或怀孕，以至于欲投河自尽时，他却站在赏心苑的立场上极力辩护，推脱责任。暖暖上访告状，他和五洲公司沆瀣一气，对暖暖打击报复，先后制造了“食物中毒事件”和“聚众赌博事件”，查封楚地居，并把暖暖送入了拘留所。

（四）反思建议

1. 现实思考

这不是一部兴致盎然虚构当代乡村爱恨情仇的畅销小说，不是一个偏远乡村走向温饱的“致富史”，也不是简单的扬善惩恶、因果报应的通俗故事；在这部结构严密、充满悲情和暖意的小说中，周大新先生以他对中国乡村生活的独特理解，既书写了乡村表层生活的巨大变迁和当代气息，同时也发现了乡村中国深层结构的坚固和蜕变的艰难。

主人公暖暖是一个理想的人物，也是我们在理想主义作家中经常看到的大地圣母般的人物：她美丽善良、多情重义，朴素而智慧、自尊并心存高远。这个见过世面、性格倔强、心气甚高的女性，楚王庄的文化传统养育了这个正面而理想的女性。暖暖给人印象最为深刻的，不是她决然地嫁给旷开田，不是她靠商业的敏感为家庭带来最初的物质积累，不是她像秋菊一样坚忍地为开田上告打官司，也不是她像当年毅然嫁给开田一样又毅然和开田离婚；而是她为了解救开田委曲求全被村主任詹石蹬侮辱之后，虽然心怀仇恨，但当詹石蹬不久人世之际，仍能以德报怨，以仁爱之心替代往日冤仇，甚至为詹石蹬送去了医治的费用。这一笔确实使暖暖深明大义的形象如圣母般地光焰万丈。这才是乡村文明原有的样子，是在现代文明冲击前该有的样子，也正是楚王庄发展乡村旅游而导致的乡村性缺失。

如何让乡村旅游重回它的本质，即如何维持中国传统乡村的乡村性，这不仅仅是乡村旅游需要考虑的问题，也是我国乡村可持续发展的一个重要议题。

2. 制度建议

发展乡村旅游，必须要明确旅游产业在乡村的独特性，即回归

乡村旅游的乡村属性。当前我国乡村旅游的发展，正处于一个尴尬的境地——自我发展侵蚀自我生存的根基[1]。如何将乡村旅游引入正轨，使其回归到乡村性的本质，并进一步推动乡村旅游产业的合理发展，是我们需要明确的一个议题。

完善乡村旅游发展体制。乡村旅游已经成为未来旅游业发展的重要组成部分，也是带动乡村振兴、推动精准扶贫的重要产业之一。在国家层面上应该出台针对乡村旅游的支持政策，加快推进乡村旅游的发展，建立并逐步完善促进乡村旅游发展的管理协调机制。楚王庄的开发，属于典型的搭乘了社会主义市场经济体制建立下的旅游开发快车，然而，随着市场的无序竞争，在无必要监管的条件下，楚王庄的旅游产业逐渐沦为因盲目逐利而产业荒芜的牺牲品。完善的乡村旅游发展规划，必须包含详尽的乡村旅游操作指导，对乡村旅游发展中的各个环节，各项指标进行规范，严格把控市场运营过程中的规范性和合法性，才能“人尽其才、物尽其用”地把乡村开展旅游业的潜力开发出来。

营造乡村文化保护氛围。城镇化和现代化的快速发展，尤其是市场经济的不断冲击，在为楚王庄这个原本闭塞偏僻的小村庄带来开化和振兴的同时，也造成了原有乡村传统文化的发展困境。乡村旅游区别于其他旅游形式的根源就在于其乡村性的本质，乡村文化是中华文化的源头和重要组成部分，也是乡村旅游发展的根基和依托[2]。楚王庄的地方文化旅游产业，无论是乡村采摘还是地方戏剧，都是对乡村文化的传承和保护。然而，在楚王庄发展旅游业的同时，村民的自身乡村属性却逐渐被“洋化”，原有的淳朴的本性在市场大潮中逐渐被湮没，成为一味地追逐利益的工具，直至跌破了人性的底线，上演了一出出的人性悲剧。乡村文化是乡村旅游的灵魂，乡

[1] 尤海涛，等．乡村旅游的本质回归：乡村性的认知与保护［J］．中国人口资源与环境，2012（22）：158－162.

[2] 杨艳华．新形势下乡村旅游可持续发展探析［J］．经济研究导刊，2013（24）：245－246.

村旅游是乡村文化的载体，文化价值才是乡村的核心价值，发展乡村旅游，切不可舍本逐末，断绝精神享受，而应该增加文化旅游的魅力，营造文化的氛围。

参考文献

[1] 周大新. 湖光山色 [M]. 北京：作家出版社，2006.

[2] 郭焕成，韩非. 中国乡村旅游发展综述 [J]. 地理科学进展，2010 (12)：1597 - 1605.

[3] 何景明. 中外乡村旅游研究：对比、反思与展望 [J]. 农村经济，2001 (1)：126 - 127.

[4] 钟雯. 国家旅游局推动乡村旅游持续健康发展 [J]. 农村实用技术，2009 (1)：21.

[5] 董志文，张萍. 近年来中国乡村旅游研究热点综述 [J]. 安徽农业科学，2009 (5)：2149 - 2151.

[6] 杨艳华. 新形势下乡村旅游可持续发展探析 [J]. 经济研究导刊，2013 (24)：245 - 246.

[7] 孙梅红. 乡村旅游负面产业效应及基于低碳旅游的对策研究 [J]. 安徽农业科学，2011 (25)：15544 - 15547.

[8] 朱姝. 中国乡村旅游发展研究 [M]. 北京：中国经济出版社，2009.

[9] 王小军，张双双. 乡村旅游对农村经济的影响及发展策略 [J]. 农业经济，2012 (11)：81 - 82.

[10] 陈海彬. 新农村建设背景下乡村旅游产业发展问题及对策建议 [J]. 中国农业资源与区划，2016 (12)：220 - 225.

[11] 张文等. 我国乡村旅游发展的社会与经济效益、问题及对策 [J]. 北京第二外国语学院学报，2006 (3)：17 - 24.

[12] 尤海涛等. 乡村旅游的本质回归：乡村性的认知与保护 [J]. 中国人口资源与环境，2012 (22)：158 - 162.

[13] 黄震方等. 新型城镇化背景下的乡村旅游发展——理论反思与困境突破 [J]. 地理研究，2015 (8)：1409 - 1421.

[14] 李莺莉等. 新型城镇化下我国乡村旅游的生态化转型探讨 [J]. 农业经济问题，2006 (6)：29 - 34.

[15] 张树民. 基于旅游系统理论的中国乡村旅游发展模式探讨 [J]. 地理研究, 2012 (11): 2094 - 2013.

[16] 卜丹. 我国乡村旅游发展的问题与对策研究——基于政府监管视角 [J]. 首都经济贸易大学学报, 2017 (6): 50.

十九、制度人生

——从小说《蛙》看“计划生育”国策

卢璟慧（2014 级本科生）

《蛙》是诺贝尔文学奖得主莫言选择小众题材“计划生育”而创作的一部长篇小说。小说通过叙述从事妇产科工作五十余载的乡村女医生万心（以下简称“姑姑”）的工作经历，描写了在传宗接代观念下高密东北乡上演的一出出悲喜剧，反映出国家实施“计划生育”国策所走过的艰巨而复杂的历史过程。

（一）原型推理

1. 人物原型

小说《蛙》的主要人物有高密东北乡第一代和第二代乡民、蝌蚪的文学导师杉谷义人先生和叛逃到台湾的飞行员王小倜，其中核心人物是叙事者蝌蚪的姑姑，以及包括蝌蚪在内的高密东北乡第二代乡民。此外，小说还提到了姑姑的同事黄秋雅、暗恋姑姑的秦河、为躲避人流手术身亡的耿秀莲及蝌蚪家人等人物，其人物形象饱满各异、性格鲜明，具体人物关系框架见图 19－1。

（1）“姑姑”的原型管贻兰

小说《蛙》主要围绕姑姑展开。姑姑有着矛盾的两重身份：一是乡村医生，性格爽朗。小说中对她有这样的描述：“一个手托婴儿、满袖污血、朗声大笑的女医生。”（P3）姑姑说话做事颇有男子风气，正如蝌蚪所说：“……声音嘶哑，有了几分男人嗓。”（P55）“谁在说我？一声响亮，姑姑排闼直入，强烈的灯光刺得她眯着眼

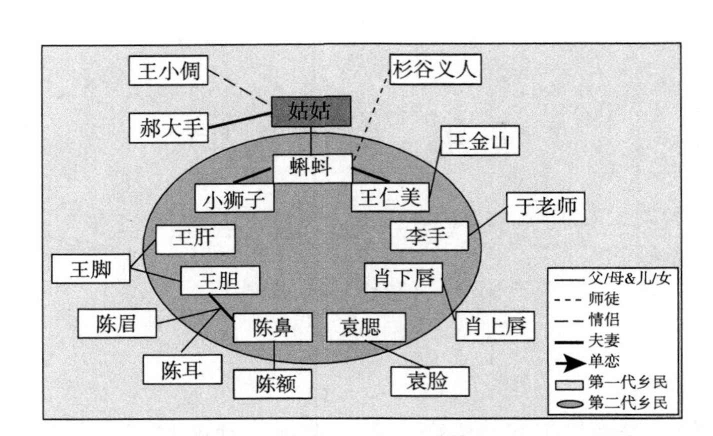

图 19－1　小说《蛙》主要人物关系图

睛。她转过身，戴上一副小墨镜，有几分酷，几分滑稽。”（P37）姑姑高明且名声远扬，接生婴儿数万，人称“送子娘娘”。小说中对应的描写有：“高密东北乡十八个村庄里，每条街道、每条胡同里都留下了她的自行车辙，大多数人家的院子里，都留下了她的脚印。”（P22）“1953 年 4 月 4 日至 1957 年 12 月 31 日，姑姑共接生 1612 次，接下婴儿 1645 名，其中死亡婴儿六名，但这六名死婴，五个是死胎，一个是先天性疾病，这成绩相当辉煌，接近完美。”（P22）“从 1953 年 4 月 4 日接下第一个孩子，到去年春节，姑姑说她一共接生了一万个孩子。”（P15）小说讲述者蝌蚪及其同年龄的孩子均由姑姑接生。蝌蚪给杉谷义人的信中写道：“姑姑接生的第一个孩子是陈鼻。”（P16）“先生，姑姑接生的第二个孩子是我。”（P20）“那天，也是她接生第 1000 个婴儿的日子。这个婴儿，就是我们的师弟李手。”（P22）二是计生干部，坚决反对超生，人称“杀人妖魔”[1]。20 世纪 50 年代初期，“那是中国的黄金时代，也是姑姑的黄金时代”（P22），姑姑事业有成，与飞行员王小倜相爱；但好景不长，由于王小倜的叛逃，姑姑的忠诚性遭受了质疑，最终以割腕写血书来证明自己的清白。20 世纪 60 年代初，“国家等着用人”的号

[1] 李阳．“计划生育”叙事研究——以《蛙》为例［D］．海口：海南大学，2014.

召让高密东北乡迎来了中华人民共和国成立后的第一个生育高峰。姑姑和同事黄秋雅在五个月接生了八百八十个婴儿，是人人喜爱的“送子娘娘”。随后，“计划生育”国策开始推行，姑姑作为公社计划生育领导小组副组长，义无反顾地投入计生工作。

莫言在采访中称构思小说《蛙》很大程度上是受到姑姑管贻兰的启发，管贻兰自述“他（莫言）是我的侄子，互相非常了解，他了解我的工作”，由此促成了小说《蛙》的诞生。管贻兰是一个亲切、热情，性格开朗豁达，说话高音大嗓的山东人，她因为精湛的医术在方圆几十里的村子非常有名，莫言和莫言的女儿都是她接生的[1]。管贻兰1956年参加工作，1996年退休，跟莫言年纪相仿的孩子，周围几个村基本都是她接生的。计划生育政策实施之前，她一年接生六七百个孩子。政策实施之后，一年接生三四百个孩子，接生孩子总数超过了一万人，这些都与小说《蛙》中描述相符。因此总体上看，小说描述中的“姑姑”就是现实中管贻兰的化身，稍微与现实不符的是二者的从医经历：管贻兰跟随父亲学习中医，父亲管蒿是一个老中医；而小说中姑姑在专科卫生学校学习医学。“县里领导问姑姑想干什么，姑姑说要继承父业，在镇卫生所行医。县卫生局开办新法接生培训班，派姑姑去学习。姑姑从此便与这项神圣的工作结下了不解之缘。”（P15）

（2）“蝌蚪”原型莫言

小说《蛙》中主人公蝌蚪及其同伴在小学期间经历了饥荒，甚至吃煤饱腹，小说中有这样的描述：“我们是1960年秋季进入大羊栏小学的。”（P5）“我们班三十五个学生，除了几个女生不在，其余都在。我们每人攥着一块煤，咯咯嘣嘣地啃，咯咯嚓嚓地嚼，每个人的脸上，都带着兴奋的、神秘的表情。”“第二天我们在课堂上一边听于老师讲课一边吃煤。……不但男生吃，那些头天没参加吃

[1] 薛琳．莫言姑姑：我没有读过《蛙》［N］．大众网－半岛都市报，2012－11－16．资料引自：http：//hb.qq.com/a/20121116/000287.htm.

煤盛宴的女生在王胆的引导下也跟着吃。”（P9）蝌蚪成年参军，获誉返乡。“后来我当兵离开了家乡。”（P80）“那时，我刚参加‘对越自卫反击战’回来，立了一个三等功，被提拔成正排职军官。”在军队接受教育的蝌蚪成了知识分子，但也隐藏不住他卑微的灵魂。在媳妇王仁美哭闹着要生二胎时，蝌蚪的态度坚决：“别哭了！这是国家政策！”（P88）得知媳妇怀上二胎后，蝌蚪被袁腮的花言巧语迷惑：“你就编吧——我嘴上这样说，心里却感到一种莫名其妙的欣慰。是啊，假如真能生出这样一个儿子……”（P118）最后，他竟央求姑姑：“姑姑，要不就让她生了吧，我沮丧地说，党籍我不要了，职务我也不要了……”（P120）不光是在传宗接代问题上有私心，蝌蚪对于权力、功名也有不小的野心。“我承认，我是名利之徒。我嘴里说想转业，但听说可以提前晋职，听说杨主任赏识我，心里已开始动摇。”（P153）以上独白反映出蝌蚪内心隐秘的卑微。

莫言出生于1955年，在山东高密的农村成长，按照六岁上小学计算，他年龄上与蝌蚪相符。莫言的童年正值三年自然灾害，最多的时候村里一天饿死了18个人，在那个特殊时期，莫言吃煤的经历并非空穴来风。1976年，莫言加入中国人民解放军，1979年，他报名参加对越自卫反击战，但未被批准，1982年莫言被提为正排级干部[1]。也许因为被拒，莫言特地为小说人物蝌蚪安排了参战并获得荣誉的经历，这样被提为正排职军官则是有依有据。关于蝌蚪性格的塑造，莫言认为自己把很多心中卑微的、阴暗的想法完全袒露施加在“蝌蚪”身上，让其放大知识分子自私的通病，是小说的特殊写法[2]。因此莫言毫不避讳地说确确实实“蝌蚪”有他的影子。

---

❶ 张世海．论诺贝尔文学奖得主与编辑出版业．中国新闻出版网，2013年6月6日．资料引自：http：//data. chinaxwcb. com/zgcb/mjwh/201306/34152. html.

❷ 莫言：《蛙》中“蝌蚪”的原型是我自己．新浪文化·读书，2009年12月21日．资料引自：http：//book. sina. com. cn/author/subject/2009－12－21/1900264449_ 2. shtml.

2. 空间原型

小说中故事发生的地点“高密东北乡”的原型是高密大栏乡❶❷，界定空间原型需要经历三个自上而下的空间定位分析步骤。

首先，定位到省。有三条线索说明故事发生在山东省：（1）小说里称故事发生地为“高密东北乡”（P16），高密市位于山东省；（2）“那是龙口煤矿生产的优质煤块”“村里的车把式王脚，赶着马车，把那吨煤从县城运回”（P5－P6）。从当时的交通运输和经济能力来看，煤块应是就近供应。龙口煤矿位于烟台市，是山东半岛东北部的一个城市，因此故事发生地极有可能在山东省范围内；（3）姑姑的父亲“大爷爷”回老家养病，“八路军胶东军区的人找上门来，动员大爷爷加入”（P12）。由此可知，姑姑居住在原胶东军区管辖的范围内。

其次，定位到市。虽然小说中已说明是“高密东北乡”，但是文学作品中常出现借用地名的写法，因此还需结合事实进行论证。“此地已与县城连成一片，距青岛机场只有四十分钟的车程，韩国和日本的客商纷纷前来投资建厂。……尽管此地已更名为‘朝阳区’。”（P181）小说里提到的“国际化机场”对应的是1982年建成的青岛国际机场，它是中国的入境门户和干线机场之一。高密市距离青岛国际机场仅有40分钟车程。同时，高密市朝阳街道办事处经山东省人民政府批准于1996年成立，这些都基本符合小说中的描写。从“计划生育”开展的工作来看：“那时候我姑姑已经去县城学习了新法接生，成为乡里的专职接生员。那是1953年。”（P11）“1953年，村民们对新法接生还很抗拒。”“1965年年底，集聚增长的人口，让上头感到了压力。中华人民共和国成立后的第一个计划生育高潮掀

---

❶ 胡王骏雄.“撤退”与超越试验下的故乡——论莫言小说创作与高密东北乡［J］. 新乡学院学报，2016（5）：38－40.

❷ 李俏梅.“文学地理”建构背后的宏大文化理念——以莫言笔下的“高密东北乡”为例［J］. 广州大学学报（社会科学版），2014（7）：86－91.

了起来。政府提出口号：一个不少，两个正好，三个多了。”（P54）《高密市卫生防疫志（1956—2006）》❶ 有如下记载：“1953 年全县开展新法接生宣传活动，利用卫生挂图、广播、召开妇女会等形式，教育群众破除封建旧习，实行新法接生。”“1965 年 4 月全县开展计划生育宣传月活动，卫生部门组织计划生育宣传队 21 个，计 237 人，……推动了计划生育工作的开展。”两个时间节点发生的事件基本吻合，可以肯定是高密市无疑。

最后，定位到乡。小说中对“时任公社革命委员会主任的肖上唇别出心裁地将会场安排在胶河北岸滞洪区内（P62）”的描写提到了被誉为“高密母亲河”的胶河。胶河的特点是上游处于山丘区，其河道陡、泄水快，下游位于平原地带，其河道缓、流速慢。“高密东北乡”靠近滞洪区，由此将地点锁定为胶河上游地带。莫言的出生地是山东省潍坊市高密市河崖镇大栏乡，正好位于胶河上游，按照他对“蝌蚪”和“姑姑”的原型安排，“高密东北乡”极有可能就是大栏乡。“我们那儿往南五十里是胶州机场，往西六十里是高密机场。”（P30）从高密市的卫星地图来看，见图 19 - 2，标星号的为大栏乡，矩形从左到右分别是高密机场、胶州机场（两侧为其放大图），无论是机场的方位还是距离，大栏乡的地理位置均与小说中描述相符，因此最终得出结论即高密东北乡的原型就是高密大栏乡。

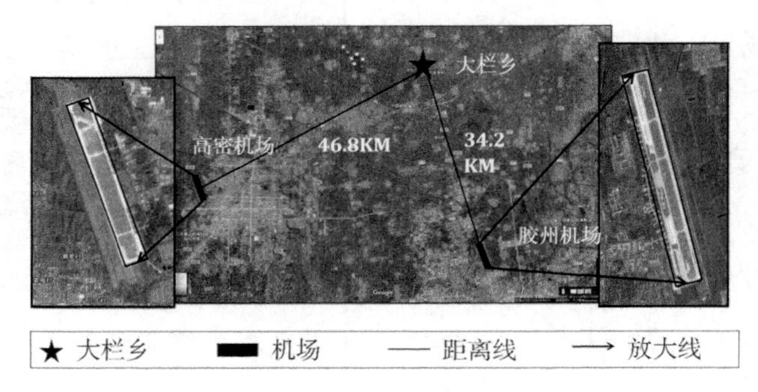

图 19 - 2　高密市卫星地图

---

❶ 高密市卫生防疫志编纂委员会．高密市卫生防疫志（1956—2006）[M]．出版社：高密市卫生防疫志编纂委员会，2007．

（二）政策演变

小说《蛙》反映的是“计划生育”国策实施前后六十余年世事的跌宕起伏，高密东北乡居民为此而兴奋、喜悦、悲痛、激情、挣扎、反思……一系列的情感变化实则皆由“计生”政策的发展而牵动着。根据小说的描写，以及历史的结合，“计划生育”政策的演变分为以下四个阶段。

1. 鼓励人口生育推行阶段（中华人民共和国成立之后—20世纪60年代）

建国初期，中国人口迅猛增长。一方面由于战争原因人口大幅减少，国家缺乏劳动力便鼓励生产，甚至实施生育奖励政策；另一方面，这一时期国家高度重视农村产妇的接生工作，以一大批受过专业训练的接生员代替民间“接生婆”，大大降低了婴儿夭折概率和孕妇死亡率。小说以下片段有所反映：“我母亲说：国家缺人呢，国家等着用人呢，国家珍贵人呢。”（P54）“1953年至1957年，是国家生产发展、经济繁荣的好时期，我们那地方也是风调雨顺，连年丰收。人们吃得饱、穿得暖，心情愉快，妇女们争先恐后地怀孕、生产。”（P22）“1953年4月4日至1957年12月31日，姑姑共接生1612次，接下婴儿1645名……”（P22）“姑姑到了晚年，经常怀念那段日子。那是中国的黄金时代，也是姑姑的黄金时代。……那时候，我是活菩萨，我是送子娘娘……”（P22）“那茬‘地瓜小孩’出生时，家长去公社落户口，可以领到一丈六尺五寸布票、两斤豆油。生了双胞胎的可以获得加倍的奖励。”（P54）“县卫生局开办新法接生培训班，派姑姑去学习。”在国家开放、鼓励生育的这段时期，全国人口迅猛增长。同时，无节制的生育也带来了严重的社会问题。

2. 计划生育政策尝试阶段（20世纪60年代—20世纪70年代）

20世纪50年代末，我国经济发展受挫，20世纪60年代初三年

自然灾害令人口激增问题凸显。1962年12月18日，中共中央、国务院发出《关于认真提倡计划生育的指示》，提出在部分地区（城市和人口稠密的农村）提倡计划生育，适当控制人口自然增长。20世纪60年代中、后期，控制人口过快增长的工作取得实质性进展。“文革”期间，计划生育工作一度搁置，人口增长再次失控。为此，中共中央于1970年将人口计划正式列入国民经济发展规划。自1971年7月8日起，真正的计划生育政策在全国范围内开展起来，并且逐步形成明确的政策要求。针对这一时期的情况，小说有如下的描述：“1965年底，急剧增长的人口，让上头感到了压力。中华人民共和国成立后的第一个计划生育高潮掀了起来。政府提出口号：一个不少，两个正好，三个多了。”（P54）“毛主席说，人口非控制不可！无组织无纪律，这样下去，我看人类是要提前毁掉的。”（P56）“刚开始她们将免费的避孕套发给各村的妇女主任，让她们分发给育龄妇女……姑姑她们也曾挨家挨户送女用避孕药……于是，结扎男子输精管的技术便应运而生。”（P56）“在那个不平凡的春天里，姑姑说全公社共做了六百四十八例男扎手术，由她亲自操刀的只有三百一十例。”（P58）“文革”时期开批斗大会成了地方工作重心。“汇聚到这里开大会，批斗我们县头号走资派杨林，公社机关、社直各部门、各村的坏人都来陪斗。”（P65）“计划生育”政策诞生于特殊国情，也因特殊时期沉寂消弭，在看清历史形式之后，国家最终坚定地选择了这条道路。

3. 计划生育政策发展阶段（20世纪70年代—20世纪90年代）

1978年2月，我国把“计划生育”作为基本国策，并且正式写入《宪法》，“国家提倡并推进计划生育”（《宪法》第53条第二款）。1978年10月，《关于国务院计生计划领导小组第一次会议的报告》提倡：“一对夫妇生育子女数最好一个，最多两个，生育间隔三年以上。”这标志着我国全面的“计划生育”政策的形成。1982

年召开的党的十二大将“计划生育”政策定位为基本国策。同年，“计划生育”列入宪法[1]。1991 年，中共中央、国务院发文进一步强调要保持既定计划生育政策的稳定性和连续性。这一时期，执行计划生育政策作为国家最重要的工作之一，要求地方政府强制性执行。基层计生工作者为响应“国策”、完成任务，处理超生孕妇更迅速、手段更猛烈。“……为了这面计生站线上鲜艳的旗帜，县里特意为姑姑配备了这艘船。……在歪脖子柳树西侧，有一个根据公社提示、专为停泊计生船而搭建的临时码头。”（P103）“部队领导向我出示了一份加急电报，说我的妻子王仁美怀了第二胎……领导命令我：立即回去，坚决做掉！”（P112）

在“计生”工作风风火火开展起来的同时，由于执法暴力造成孕妇受伤甚至意外死亡，超生孕妇与计生工作者之间的矛盾激化：“生完孩子后放环，是计生委的死命令。你要是嫁给一个农民，第一胎生了女孩，八年后，可以取环生第二胎，但你嫁给我侄子，他是军官，军队的规定比地方还严，超生后一撸到底，回家种地，所以，你这辈子，甭想再生了。”（P88）“什么国家政策……人家胶县就没这么严。”（P88）“姑姑直视着张拳那张狰狞的脸，一步步逼近。那三个女孩哭叫着扑上来，嘴里都是脏话，……姑姑感到膝盖一阵刺痛，知道是被那女孩咬了。肚子又被撞了一头，姑姑朝后跌倒，仰面朝天。”（P105－106）“我也毁了你吧——我岳母一声疯叫，从怀里摸出一把剪刀，捅到了我姑姑大腿上。姑姑伸手捂住了伤口。血从她的指缝里哗哗地流出来。”（P142）这说明计生工作者不光受到语言上的顶撞、侮辱和身体上的撕咬、击打，甚至连生命都难以保障。

4. 计划生育政策完善阶段（21 世纪初至今）

2001 年，《中华人民共和国人口和计划生育法》（以下简称《人

[1] 邓爽，刘杰，贺雪娇．我国实施“全面二胎”生育政策的利弊分析［J］．产业与科技论坛，2016（4）：7－8.

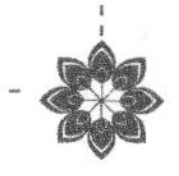

口与计划生育法》）出台，此后国务院陆续颁布了三部行政法规，与《人口与计划生育法》配套施行，标志我国计划生育法制体系的框架基本建立。无奈的是，法制体系难挡投机主义者，小说中对于现实有这样的描述："哎哟肖大叔，都什么时代了，您还提什么计划生育的事?！他说，现在是'有钱的罚着生'——像'破烂王'老贺，老婆生了第四胎，罚款六十万，头天来了罚款单，第二天他就用蛇皮袋子背了六十万送到计生委去了。'没钱的偷着生'——人民公社时期，农民被牢牢地控制住，赶集都要请假，外出要开证明。现在……组间地下室，或者在大桥下搭个棚子，随便生，想生几个就生几个。'当官的让'二奶'生'——这就不用解释了，只有那些既无钱又胆小的公职人员不敢生。"（P228）"照你的说法，国家的计划生育政策不是名存实亡了吗?""没有啊，他说，政策存在啊，要不以什么作依据罚款呢?"（P228）计划生育工作成果最显著的时候也是流血最多的时候，但激烈的变革不再适用于当下。目前面临的问题是如何在和平年代温和地推行"计生"工作，让人民不搞投机主义，形成自觉意识。

近年来，人口老龄化成为人口结构诸多问题中最为突出和紧迫的问题，而生育率下降是导致老龄化现象产生的主要原因❶。因此，调整我国生育政策，减缓老龄化趋势成为刻不容缓的任务。2013 年，中共十八届三中全会决定启动实施"单独二孩"政策，并由十二届全国人大常委会第六次会议表决通过❷。2015 年 10 月，中共中央十八届五次会议通过了中共中央关于制定国民经济和社会发展第十三个五年规划的建议》，全面实施"一对夫妇可生育两个孩子"的政策❸。至此，"计划生育"政策转变为"全面二胎"政策。

---

❶ 宋全成，文庆英．我国"单独二胎"人口政策实施的意义、现状与问题［J］．南通大学学报（哲学社会科学版），2015（1）：122－129.

❷ 翟振武，张现苓，靳永爱．立即"全面放开二胎"政策的人口学后果分析［J］．人口研究，2014（2）：3－17.

❸ 王会宗，张凤兵．"全面放开二胎"政策可行性的实证分析——基于经济稳定增长视角的中国人口最优出生率研究［J］．经济问题，2016（3）：30－35.

(三) 政策博弈

1. 博弈主体

“计划生育”政策推行演进的过程中，中央政府、基层政府和农民形成了三个博弈主体。

(1) 中央政府

根据费孝通先生在《乡土中国》[1] 里对乡村特点的总结——差序格局，由此可以清晰地认识到，乡村不能同城市一样管理，成为乡土社会的领导需要地方威望，这反映出中央政府向下管理的不便。因此，自20世纪以来，国家（中央政府）行政力量延伸到地方的手段主要是挖掘、培养、拉拢地方精英，将地方精英吸引到其体制内工作，最终利用他们的关系网络来管理乡村社会。中央政府培植地方精英的行为潜移默化地将乡村的权力体系从相对独立向社会控制转变，造成对于基层过分的控制局面。“计划生育”政策是站在国家立场上，以国家形象、国家利益为本位举国之策。在实施过程中，中央政府更要全力培养地方精英，依靠其权力和威望达成目的。而在培养地方精英的过程中，灌输正确的思想观念和适时的关心鼓励更能激发地方精英的工作热情和积极性。小说《蛙》中有这样的描述：“卫生院长是个心地善良的好人。……他希望我姑姑放下思想包袱，好好工作。……他要我姑姑一定要相信组织，用实际行动证明自己的清白，争取尽快撤销处分。”（P50）“姑姑从血泊中站立起来，以火一样热情投入了工作。”（P50）“此时姑姑已是公社卫生院妇产科主任，并兼任公社计划生育领导小组副组长。……我姑姑实际上是我们公社计划生育工作的领导者、组织者，同时也是实施者。”（P54）“姑姑对看热闹的人说——请你们给陈鼻和王胆通风报信，让他们主动到卫生院来找我，否则——姑姑挥动着血手说——

[1] 费孝通．乡土中国生育制度［M］．北京：北京大学出版社，1998.

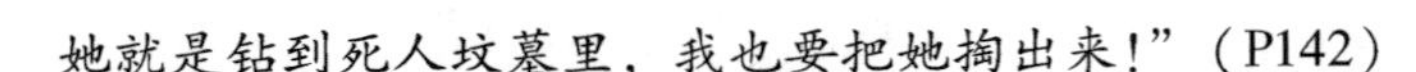

她就是钻到死人坟墓里，我也要把她掏出来！”（P142）

（2）基层政府

“计划生育”在1978年被确定为我国的基本国策，要求地方政府必须不折不扣地执行，并将工作成果与地方政府干部的政绩挂钩。在“计生”工作初步开展受挫的情况下（说服教育，教育无效），地方政府只得采取暴力手段如强制结育（结扎、放环）、强制计划外怀孕的妇女流产等推进工作。计生干部一方面承受着任务未能完成的压力，另一方面对于“超生户”展开围捕突击，造成了不少流血事件，小说《蛙》中有以下几处描写：“县计划生育指挥部每天电话催报数字，对姑姑的工作极为不满。”（P57）“姑姑说，这不是你一个人的事！我们公社，连续三年没有一例超计划生育，难道你要给我们破例？”（P120）“……真正调皮捣蛋的，动用了一点强制措施的，只有两例。一例是我们村的车把式王脚，一例是粮库保管员肖上唇。”

（3）农民

农民固有内在的生存逻辑和生育规则：一是农村传统的生育文化：“多子多福”“不孝有三，无后为大”……中国乡村社会家庭人口的多少同一家人在村里的势力存在正相关关系；二是传统乡村不存在完善的社会保障体系，“养儿防老”与“嫁出去的女儿泼出去的水”“灰泥扶不上墙，闺女养不了爹娘”的观念交叉；三是传宗接代是传统生育文化中的重要内容，结婚生子更多的时候是家族强迫的延续香火的任务，人丁兴旺而家族兴旺[1]。以上三点导致了农民冒着巨大危险也要生育。小说中有这样的描述：“我母亲摇摇头，说：自古到今，生孩子都是天经地义的事。大汉朝时，皇帝下诏，民间女子，满十三岁必须结婚，如果不结婚，就拿女子的父兄是问。”（P56）“又是一个女孩。姑姑说。陈鼻颓然垂首，仿佛泄了气

---

[1] 邱民亭，刘茂芳．基层干部论农村计划生育难的原因［J］．社会学研究，1989（4）：81－82.

的轮胎。……天绝我也……天绝我也……老陈家五十单传，没想到绝在我的手里……”（P174）“你只有女儿，没有儿子。没有儿子，就是绝户。……我为了弥补遗憾，找人为你代孕，为你生儿子，继承你的血统，延续你的家族。你不感激我，反而打我，你太让我伤心啦……”（P248）小说《蛙》中还记录了三位因计划生育付出巨大代价的女性：耿秀莲怀着六个月的身孕试图游泳逃跑，最后精疲力竭而死；王胆为了生下孩子在逃跑的途中难产而死；王仁美则死在了人流手术台上。

2. 博弈手段

对应不同的时代背景，博弈主体采取的博弈手段主要包括以下两个层面。

一是中央政府自上而下的施压。20 世纪以来，随着中央政府对乡村资源的支配权，对乡村事物的管理权，以及进行控制的话语权❶等不断向下渗透，乡村社会的发展逐渐失去自己的独立性，被纳入“国家政权建设”的轨道上来❷。国家一方面对于基层政府施压，将“计划生育”工作纳入干部绩效考核中；另一方面默许基层使用暴力手段抓捕非“计划生育”孕妇，强迫其接受人流手术。中央政府推行的“计生”工作不仅冲击着农民“多子多福”的传统观念，而且还利用权力强制性规训身体——“干部抗拒，撤销职务；职工抗拒，开除公职；党员抗拒，开除党籍❸”，即以剥夺其生存权利威胁超生行为。在中央政府强势管控的时期，“超生户”和“计划生育”的执行者都没有成为“计生战役”的赢家。“超生户”难敌计生权力的碾压，导致其精神崩溃甚至失去生命；而战斗在工作一线的“计

❶ 谢立中．多元话语分析：以社会分层研究为例［J］．社会学研究，2008（1）：68－101.

❷ 姜振华，萧凤霞．华南的代理人和受害者：乡村革命的协从［J］．中国学术，2001（1）：349－352.

❸ 纪程．话语视角下的乡村改造与回应——以山东临沭县为个案（1941—2005）［D］．武汉：华中师范大学，2006.

生”干部姑姑晚年也患上了精神分裂症，生活在“扼杀生命”的痛苦和煎熬中。

二是基层政府和农民自下而上的对抗。20世纪90年代后期，基层政府的利益与上层政府产生了分化，基层政府连国家的刚性国策都敢于“变通”，并且与参与变通的农民之间形成了共同遵守的“游戏规则”❶。分析基层政府“变心”的原因，不仅由于“计生”工作劳苦，开展难、工作累、危险性强，更是因为有利可寻，通过“超生”罚款、买卖生育指标都能够获取“黑色收入”而让其误入歧途。虽然“计划生育”的工作仍在开展，但已经变成了特殊的“计划生育”——计划“老实人”的生育。因为投机主义者“有钱交罚款，没钱躲着生，当官的让‘二奶’生”（P228），实际已经不受政策的控制。

从根本来说，“计划生育”政策是惠及全人类的政策，然而通过《蛙》这部小说让我们看到了政策背后血淋淋的事实：尽管“计生”工作者奉行的是正确的使命，但是以暴力化的手段惩罚非法个体为目的，显然其实质已经变味了。莫言以他敏锐的目光看到正义背后的权力滥用现象，并把这种荒谬展示在读者面前，实在是一剂管理者的“良药”。这部小说的意义在于，让管理者思考一个合法化的制度在其实施过程中，能否尽可能地减少甚至去除暴力成分，能否多一些对生命的温情体恤和人道主义的关怀？当国家的权力被集中到一个人或者一部分人的身上时，如何避免这部分人的意志超越国家意志，如何控制他们获得的权力？如何让一个正义的政策少走弯路，将其实质发挥光大？

参考文献

[1] 莫言．蛙［M］．上海：上海文艺出版社，2009，12.

❶ 陆茜．农村计划生育政策执行过程中基层政权与民间的博弈［D］．重庆：西南大学，2015.

[2] 费孝通．乡土中国　生育制度［M］．北京：北京大学出版社，1998.
[3] 姜振华，萧凤霞．华南的代理人和受害者：乡村革命的协从［J］．中国学术，2001（1）：349－352.
[4] 薛琳．莫言姑姑：我没有读过《蛙》［N］．大众网－半岛都市报，2012－11－16. 资料引自：http：//hb. qq. com/a/20121116/000287. htm.
[5] 莫言：《蛙》中“蝌蚪”的原型是我自己．新浪文化·读书，2009 年 12 月 21 日．资料引自：http：//book. sina. com. cn/author/subject/2009－12－21/1900264449_ 2. shtml.
[6] 张世海．论诺贝尔文学奖得主与编辑出版业．中国新闻出版网，2013 年 6 月 6 日．资料引自：http：//data. chinaxwcb. com/zgcb/mjwh/201306/34152. html.
[7] 高密市卫生防疫志编纂委员会．高密市卫生防疫志（1956－2006）［M］．出版社：高密市卫生防疫志编纂委员会，2007.
[8] 纪程．话语视角下的乡村改造与回应——以山东临沭县为个案（1941—2005）［D］．武汉：华中师范大学，2006.
[9] 李阳．“计划生育”叙事研究——以《蛙》为例［D］．海口：海南大学，2014.
[10] 胡王骏雄．“撤退”与超越试验下的故乡——论莫言小说创作与高密东北乡［J］．新乡学院学报，2016（5）：38－40.
[11] 李俏梅．“文学地理”建构背后的宏大文化理念——以莫言笔下的“高密东北乡”为例［J］．广州大学学报（社会科学版），2014（7）：86－91.
[12] 宋全成，文庆英．我国“单独二胎”人口政策实施的意义、现状与问题［J］．南通大学学报（哲学社会科学版），2015（1）：122－129.
[13] 邓爽，刘杰，贺雪娇．我国实施“全面二胎”生育政策的利弊分析［J］．产业与科技论坛，2016（4）：7－8.
[14] 王会宗，张凤兵．“全面放开二胎”政策可行性的实证分析——基于经济稳定增长视角的中国人口最优出生率研究［J］．经济问题，2016（3）：30－35.
[15] 翟振武，张现苓，靳永爱．立即“全面放开二胎”政策的人口学后果分析［J］．人口研究，2014（2）：3－17.
[16] 陆茜．农村计划生育政策执行过程中基层政权与民间的博弈［D］．重庆：

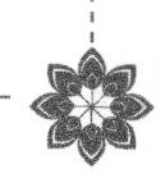

西南大学，2015.

[17] 邱民亭，刘茂芳．基层干部论农村计划生育难的原因［J］．社会学研究，1989（4）：81－82.

[18] 谢立中．多元话语分析：以社会分层研究为例［J］．社会学研究，2008（1）：68－101.

二十、风华落尽

——从小说《繁花》看上海时代变迁

侯晓璇（2014级本科生）

《繁花》是一部真实反映20世纪60年代至90年代上海市井百姓生活变迁的小说。小说通过阿宝所代表的中华人民共和国成立前社会上层（产业资本家）、沪生所代表的现在上海人称为中华人民共和国成立后第一批新上海社会中层（南下干部家庭），以及小毛所代表的上海最典型、最绝大多数的社会底层（产业工人）从少年到中年（20世纪60年代至90年代）的经历，反映这段特定历史时期上海各阶层市民的真实生活状态，以及在各个历史时期，社会的大变迁和改革对身处其中的人及城市产生的种种影响与改变。

（一）原型考证

1. 人物原型

（1）“阿宝父亲”的原型金宇澄父亲

小说《繁花》中“阿宝父亲”的原型根据各方面的信息基本可以定位为作者金宇澄的父亲。小说中第一章中讲到：“爸爸是曾经的革命青年，看不起金钱地位，与祖父决裂。爸爸认为，只有资产阶级出身的人，是真正的革命者，先于上海活动，后去苏北根据地受训，然后回上海，历经沉浮，等上海解放，高兴几年，立刻审查关押，两年后释放，剥夺一切待遇，安排到杂货公司做会计。”（P25）“祖父说，革命最高理想，就是做情报，做地下党，后来，就蹲日本人监牢了，汪精卫监牢，我带了两瓶‘维他命’去‘望仙子’。阿

宝说，啥。祖父说，就是探监，人已经皮包骨头，出监养了半年，又失踪，去革命了。”（P25）阿宝的祖父是上海早期的大资本家，拥有几间大厂，家住上海的“上只角”——思南公馆，但阿宝爸爸却抛弃这一切，与父亲决裂，投身革命。在苏北受训后回到上海从事地下党工作，期间被抓进监狱，经受了多月非人的待遇；中华人民共和国成立后成为新中国的功臣，之后由于卷入政治风波被羁押，关押两年后被放出，之后被剥夺原有待遇，变成了杂货公司的会计。“文革”中全家搬进沪西曹杨的工人新村，并且天天挂“认罪书”。“一家人搬进箱笼，阿宝爸爸先捡一块砖头，到大门旁边敲钉子，挂一块硬板纸“认罪书”，上面贴了脱帽近照，全文工楷，起头是领袖语录，凡是反动的东西，你不打，他就不倒。下文是，认罪人何年何月脱离上海，混迹解放区，何年何月脱离解放区，混迹上海，心甘情愿做反动报纸编辑记者，破坏革命，中华人民共和国成立后死不认账，罪该万死。”（P137）

而在金宇澄对于父母的“记忆之书”《回望》中提到：其父出身于吴江古镇家族，家世颇为显赫，在读高中那年，日本突然侵入了华北，父亲结束了学生时代，加入了中共的秘密情报系统。“像电影和小说里那样，他前往上海完成任务，收集秘密情报，还和一个素不相识的人假扮兄弟，1942 年他被日本宪兵抓进监狱，获刑七年，狱中非人的待遇让他几个月就下身瘫痪、心脏扩大，1944 年因为“保外就医”才得以假释[1]。”中华人民共和国成立后，金宇澄父亲担任某机关的处长，全家搬进了市中心的新式里弄。“1955 年，父亲因涉‘潘汉年案’被隔离审查，审理者认为当年他在日方审判中有叛变表现——这一年中，‘大难临头，人见不到了，待遇取消了，必须搬家’，母亲接到送冬衣的通知，而要送去的地方就是日伪时期父亲曾进过的南市车站监狱。之后又连写了十年的认罪书，反复写申诉材料，将自己在抗战时期的工作不胜其烦的一遍遍重写，以证

[1] 金宇澄．回望［M］．南宁：广西师范大学出版社，2017.

明对组织的衷心和自己的清白，并在“文革”中扫了十年的厕所。”

（2）“欧阳先生”原型金宇澄父亲的上级

小说《繁花》中讲到：“阿宝爸爸说，走进铜仁路上海咖啡馆，我就一吓，看见一个怪人，等于棺材里爬出来的僵尸。”（P334）以及“我已经明白，欧阳先生不看书，不许读报，不参加政治学习，已经关了廿几年，现在放出来，样子古怪，根本不懂市面。”（P334）金宇澄父亲在情报系统的老上级，中华人民共和国成立后被禁锢在江西的一个农场，20 世纪 80 年代才被平反，出来时已经 80 多岁，在农场关押期间不看报纸，不参加政治学习，出来后谁也不认识，也完全不懂市面。自以为在 1948 年，时常恍恍惚惚。

（3）“阿宝”原型金宇澄

小说虽然原名《上海阿宝》，多数人也将金宇澄本人认定是主人公之一的“阿宝”的原型，但笔者以为并不能单纯地以此判断。从小说中细究起来，另外两个主人公沪生和小毛也有一部分作者自身的经历在其中：①出生于知识分子家庭，父亲是革命年代的地下工作者，祖上又是颇为显赫的世家；②16 岁时金宇澄插队下乡，在黑龙江嫩江农场 4 分场插队，一待八年，做过各种农活和工作。就连作者金宇澄自己也承认：“三人的经历我都有一部分，小说是组合，把现实打碎了再拼接[1]。”

（4）其他人物分析

由于小说《繁花》中多是些小市民的形象，因此很难找到更多具体的人物原型，但是小说中的故事却多来自金宇澄周围的朋友或自身的见闻。如小说第二十九章小毛给沪生讲，自己某天夜里遇到的汏衣裳的女子（P395），那段经历来自作者一个一起下乡的朋友的亲身经历，并且这位朋友回沪后成了一个保安，一直未婚，并且是病逝的，弥留之际，病房里围了一堆落泪的女人，老、中、青都有。这在一定程度上与小毛的人生经历十分相似。小毛在春香死后一直

[1] 赵妍．《繁花》作者金宇澄：耳闻的故事集中成了小说［J］．时代周报．2013.

未婚，20 世纪 90 年代下岗后成了一名保安，最后也是病逝，身边同样围着一群女人，各个年龄层都有。虽不至于完全是，但想必是有参考自己老朋友的人生经历。

而《繁花》中那段姝华写给沪生的信中提到的那个因为被火车轧断腿而不用离开上海下乡插队的女青年，其实是金宇澄自己在下乡途中亲眼所见："1969 年我从上海到黑河，三天四夜火车，到铁岭站，大家下车打水，后来火车慢慢开动，我看见一个女孩子跳上了车，大概觉得吊在车门口都是陌生男同学，又想下车，再换一个车门，没想一跳下去，跌进了月台的缝隙，一条大腿立刻压掉了。后一年我听说，少一条腿的女孩子，户口已返回上海了。第一时间，大家极其羡慕：啊啊，这就可以回上海了？有上海户口了?! 也许很少有人会想，人家已经是一个独腿女人了[1]。"

2. 地点原型

（1）"大光明"

小说中提到的"大光明"位于南京路和黄河路口，且蓓蒂的父母便是在此地相遇相识，并随之相恋，可见历史之久远。而上海大光明电影院就坐落在"中华第一街"——上海南京路上。上海大光明电影院始建于 1928 年 12 月，至今已有七十多年的历史，是中国现存最古老的影院之一，曾享有"远东第一影院"之盛名，被国家列为"近代优秀文物建筑保护单位"。小说中有这样的描述："汪小姐笑笑说，老辈子人，心里总是得意，总要讲一讲吧，过去旧社会，高档上海人，结婚不到'国际'，就到意大利式样的'金门'……这夜的聚会，来宾基本是小开的关系，外资老板，外省干部，银行经理，企业老板，台湾人，日籍华人，香港人，男男女女，好不热闹，我姆妈，是黑丝绒旗袍，珍珠项链，头发梳得虚笼笼，把盏推杯，面面俱到。"（P134）从中可以明显看出，金门饭店在旧社会就

[1] 金宇澄，严彬．金宇澄文学访谈录：上帝无言，细看繁花．2014.

存在，历史十分久远，并且在是一个十分高级、上档次的集会请客的场所，里面接待的多是上层阶层，非富即贵，且在小说中作者手绘的插图上，金门饭店就位于“大光明”电影院的东南方，距离也十分近。现实中的金门大酒店（原名华侨饭店）就是一家三星级的具有意大利建筑风格的老酒店，其历史悠久，位于南京路商业街，1926 年开业，其前身建筑已屹立上海滩，1958 年更名为“华侨饭店”，为海外华侨往来大陆之典雅居所，1992 年恢复原名“金门大酒店”。

图 20－1　旧上海时期的金门饭店

图片来源：http：//www.360doc.com/content/11/0827/14/7552770_143666924.shtm.

图 20－2　上海大光明电影院

图片来源：http：//www.sohu.com/a/152806552_246444.

（2）“大都会”

小说中关于“大都会”有这样的描述：“到了礼拜一这天下午，小毛来到‘大都会’门口，天已经冷了，但舞厅门口，男男女女带出一股一股热风，如同春暖花开。不少人在此约会。小毛拉紧领头，眼看江宁路，看前面南京西路，等了半小时，马路上人来人往”（P369）可见，“大都会”位于江宁路和南京西路之间，且十分受上海人的欢迎，冬日仍有大量的男女来此跳舞约会，且内有暖气。1934 年，广东商人江耀章在戈登路（今江宁路近南京西路）建成的大都会舞厅是当时静安夜生活的“地标”之一。几十年来，这家舞厅随着上海历史的变化而变化，从旧社会纸醉金迷的畸型消费场所，变成了新社会上海市民的“欢乐园”……舞厅配备停车场，冬有热水汀（即暖气），夏日放冷气，配有当时最好的灯光和音响设备，还有舞厅休息室，这些都是必备的硬件。

（3）“国营商店”

小说中关于“国营商店”有这样的描述：“厅里其他陈设，苏联电视机，两对柚木茶几，黄铜落地灯，带唱片落地收音机，一对硬木玻璃橱，古董橱，四脚梅花小台等等，已经消失，据说当天就运到淮海路国营旧货店，立刻处理了。”（P117）上海早期一共有12家有名的国营百货商店，除了一部分“老字号”，其余都是中华人民共和国成立后成立的国营大商店，其中位于淮海中路887－909号的上海第二百货商店就是其中的一个，初名“中国百货公司上海市第二门市部”，见图20－3、图20－4，于1951年4月创办，是淮海中路第一家国营商店。

图20－3　上海市第二门市部当时的照片

图片来源：http：//tieba. baidu. com/P/1898410987.

图20－4　上海市第二门市部现在的照片

图片来源：www. shanghai100. cn.

（二）生活变迁

1. 20世纪50年代末——“文革”前

上海作为我国近代最早开埠通商的口岸城市，最早受到西方资本主义的影响，并且在帝国资本主义势力的入侵下，民族资本主义开始发展，文化风气也渐渐向西方学习，并逐渐形成了自己独特的文化。“十里洋场”的上海也在中华人民共和国成立后成为了重点改造的对象。20世纪60年代初，社会主义“三大改造”相继完成，国家开始进入社会主义初级阶段，小说《繁花》中有这样的描述：“祖父已经老了，原有几家大厂，公私合营，无啥可做，等于做寓公，出头露面，比如工商联开会学习，让大伯出面。每月有定息，一大家子开销，根本用不完。”（P26）虽然当时对一切具有资本主义端倪的行为予以抵制，然而“小资”风气依然留存：姝华读现代诗、阿宝集邮、蓓蒂弹钢琴、沪生看电影，就连是属于上海“下只角”的小毛也阅读通俗小说、抄古诗词，练拳头功夫，这些个人的兴趣爱好，带着一股子文艺气息；从另一方面也反映出，当时上海自中华人民共和国成立以后，经历了社会主义“三大改造”，“一五”“二五”规划后，社会的总体仍然处于欣欣向荣的发展时期，一些带有资本主义烙印的因素仍然较为敏感，但却仍然能够被包容（如淑婉关在房内偷偷跳舞），文化底蕴尚存。

同时，小说中不同出身的主人公所具有的种种不同的兴趣爱好和不同的家庭住址，也反映出上海当时虽然经历中华人民共和国成立后的改造，但整体的社会阶层结构仍然保持较为稳定和有序的状态，不同阶层的主人公之间友好的交往和相处，虽说有年少单纯善良的气性在，但也在一定程度上表明不同阶级之间仍然可以较为和谐的共处。1958 年，全国掀起轰轰烈烈的大炼钢铁的“大跃进”，在毛主席的号召下，“赶英超美”，轰轰烈烈展开。工人阶级出身的小毛爸爸对此深信不疑，“工厂和工人，最好写了，以前车间里，播一首歌，只有一句，一千零七十万吨钢，呀呼一千零七十万吨钢，呀呼读。厉害厉害，当时中国，要超英国了，马上就超英国了，要一千零七十万吨钢，就一千零七十万吨钢，要吟是会。……美国赤佬，少爷兵，只会吃午餐肉，超了有会意思呢，上海懂吧，一向是英国人做市面。……等毛主席开口呀，领袖响一句，令人是对手呢，中国，马上是世界第一名，花楼第一名。”（P46）很明显，放在 20 世纪 60 年代男人的观念里，生产力就是一切，而身为工人阶层的小毛爸爸无比坚定地拥护着国家领袖，响应国家政策，服从国家安排，满怀热情与希望，甚至是坚定地朝着“短期内超英赶美、冲向世界第一”的不切实际的目标奋斗，毫不怀疑。当然，当时的上海乃至全国，小毛爸爸只是千千万万工人中的一员而已。

2. “文革”时期

进入20世纪60年代后半期，形势急转直下，开始进入那个动荡的岁月——“文革”时期。由于发动“文革”的出发点是防止资本主义复辟，因而公开、全面、自上而下地发动广大的群众参与到这次“革命”中来，而上海作为“近代资本主义”的代表，无论是在经济还是文化方面都是重点的革命运动的对象。党的八届十一中全会后，“红卫兵运动”迅猛发展，首先是破除“四旧”（即所谓：旧思想、旧文化、旧风俗、旧习惯），随后逐渐发展为抄家、打人、砸物。小说中身为旧上海大资本家的阿宝祖父显然首当其冲，因而抄家的队伍也是一波接着一波，并且日夜把守，就连阿宝来看祖父都要被反复搜身。许多知识分子在批斗中不堪忍受种种侮辱与诋毁，选择自杀来结束无望的人生，沪生与姝华在向明中学和长乐中学门口遇到中学老师撞车自杀，小说写道：“路边阴沟盖上，漏空铁栅之间，有一颗滚圆红湿小球，仔细再看，一只孤零零的人眼睛，黑白相间，一颗眼球，连了紫血筋络，白浆，滴滴血水。”（P148）

1969年4月，中国共产党第九次全国代表大会召开，提出要进行“无产阶级专政下继续革命”，“斗、批、改”运动在全国轰轰烈烈地展开，其中影响最大的就是知识青年“上山下乡运动”，大批优秀青年被派往农村接受贫下中农的再教育，受影响的知青占当时中国城镇人口的1/10以上，波及当时中国城镇50%的家庭。虽然党中央开展此项运动的初衷是为了缩小城乡发展差距，防止修正主义，同时为无产阶级培养新型接班人，但却忽视了当时已经激化的阶级矛盾，知青在农村被迫害，甚至女青年遭强奸的事情不断发生，小说中20世纪60年代女性的代表、喜读诗书、思想开阔的“文艺女青年”姝华在去吉林插队务农后没多久后就“完全变了”，并很快与当地一位朝鲜族青年结了婚。沪生在火车站遇到她时，她是“一个披头散发的女人，手拎人造革旅行袋，棉大衣像咸菜，人瘦极，眼神恍惚”，靠近她时“闻到姝华身上一股恶臭”（P299），那时这个女子已经疯了。

同时这部分青年作为当时新中国未来发展的中坚力量却在偏远落后的农村地区耽误了事业和学业，浪费了青春，错失了最佳的年华，使得中国接下来20—30年的发展丧失了最为优秀的人才和资源，其破坏性十分严重。除此之外，作为“运动主力军”的无产阶级和革命阶级的代表也显然要小心翼翼地自我保护。小毛娘原本是基督教的一个忠实信徒，但为了顺应国家思想潮流而改拜“领袖”，这种“积极”的转变所呈现的外在形式尤为醒目，自家“五斗橱上方贴有一张冒金光的领袖像，以至于邻居银凤看到后笑笑感叹‘比居委会还大呀’。”（P20）当然，小毛娘的这种膜拜并非装腔作势，而是实实在在地体现在日常生活里：“全家就餐之前……小毛娘移步到五斗橱前面，双手相握，轻声祷告道，我拜求领袖，听我声音，有人讲，烧了三年薄粥，我可以买一只牛，这是瞎话，我不是财迷，现在我肚皮饿，不让别人看出我饿，领袖看得见，必会报答，请领袖搭救我，让我眼目光明。大家不响。然后，小毛娘坐：定，全家吃粥。”（P21）甚至后来儿子被分配到钟表厂工作，小毛娘也逢人便说全是领袖的照顾，领袖的功劳。经历过上海动荡时期的老一代上海人，其日常生活的一切大小事宜都深受国家政策的影响，他们作为社会上最普通的群体，把所有的憧憬都寄托在“领袖”身上，于这代人而言，生活是小心翼翼、惶惑不安的。小毛娘的这种虔诚，一方面满足了她对神的仰仗，另一方面又使得她能在政治敏感的年代避开风口浪尖，安稳生活。这可以说是作为普通市民的智慧，也是无奈，这也正是当时上海大部分市民思想状态的真实写照。

1971年，林彪坠机身亡，由于林彪之子林立果发动武装政变企图夺取党中央的领导权，这一阴谋被挫败后，全国上下开始“批林整风”运动，而林立果作为当时的空军司令部办公室副主任兼作战部副部长，使得军政系统受到了运动波及，空军干部出身的沪生及

其家庭就“遭逢大变”，这也在隐晦地表达着当时的社会形势。阿宝爸爸“创伤式敏感”般地将亲生儿子视为阶级敌人、特务的行为，在那个本末倒置的“人治”环境下，人性扭曲。“文革”结束后，阿宝的哥哥回上海探亲，给阿宝爸爸带了巧克力、香烟、药品，以及一些补贴家用的钱，但他却被父亲当成是阶级敌人，还怀疑是特务行为，最后还逼走了阿宝哥哥和儿媳。

3. “文革”之后—20 世纪 90 年代

进入 20 世纪 90 年代，“文革”的阴影已经远去，改革开放的开始使得上海这座城市重新焕发了生机与活力。1982 年，上海成为我国第一批沿海开放城市，加上近代上海深厚的商业基础，积极引进外资，“物质”发展迅速。1992 年，邓小平“南巡”讲话后，改革开放进入新的历史发展阶段，市场经济体制开始建立，浦东新区的设立使得上海再次成为中国经济发展的“排头兵”“试验田”。大量的人员参与到经济发展中来，公司大量出现，工作种类也丰富起来，不再是“文革”统一化的产业工人和农民。小说中 20 世纪 90 年代登场的人物也多是“总”字的人物：康总、徐总、韩总、范总……就连主人公之一的阿宝也变成了“宝总”，而其余的人物不是公司的小职员就是个体商户自我经营，经济建设全面开花，欣欣向荣。

一方面，十年“文革”对文化的彻底破坏，大量文化作品和文物的毁坏，对大量知识分子的迫害，使文化工作和教育工作的停滞，令 20 世纪 60 年代的文化余韵消失殆尽，也造成了 20 世纪 90 年代的文化空白，在当时的上海这样一个刚刚摆脱阴影和压抑、经济建设飞速发展的城市里表现得尤为明显。除了在常熟徐总家的评弹表演、假古董上觅得一点文化的影子之外，其他所有的男、女主人公都丢失了起初的文化兴趣，沉醉在一场又一场的饭局之中，男男女女聚在一起看似很热闹，但这种生活却显得十分苍白无力。极盛的物质资料生活与空白的精神文化生活使得当时的人产生了巨大的心理空虚。在《繁花》第十章，康总给梅瑞讲了个“手里有六套房子”的朋友老婆的故事，“老婆一直失眠，住进一套新房子，老婆就失眠，觉得隐隐约约有机器响，……无论新房子多少静，老婆眼里，是毒药。”（P133）“每夜只能单独回到开封路的老房子，住到煤卫合用的弄堂亭子间里去，”（P133）小说借康总之口说出现代物质丰裕的情境下人的精神的空虚无依。

随着全球化背景的确立，大众文化、消费文化等西方文化思想开始盛行，日常生活的柴米油盐不再直接载负“国家民族”“革命”“理想”等特殊的社会意义，日常生活开始发生着异化，日常生活开始变得平面化，变得刻板与庸常。因而在无聊的生活中唯一能提起兴致的也就只剩下男女间欲化的关系，小说中充斥整个20世纪90年代的一场一场如流水一般的饭局，也反映着男男女女间混乱的暧昧关系。以小说第十二章中玲子在“夜东京”宴请各路朋友为例。葛老师起先以人数和性别比例为依据讲“七男六女，应该夹花坐，”（P155）马上被亭子间小阿嫂顺过话讽刺，“花了一辈子了，还不够呀”。（P155）这短短十个字不仅暴露了葛老师平日里风流、拈花惹草的本性，也暗示了亭子间小阿嫂和葛老师之间不同寻常的关系。后来亭子间小阿嫂向众人透露“开这家饭店，葛老师一点不老，帮了不少忙的”（P162）的时候，玲子以一记白眼回应，又暗示着葛老师与玲子之间说不清、道不明的暧昧关系。在市场经济体制下，人与人之间的关系也开始物化，彼此之间的交往变得高度利益化。多次的饭局也都是生意场上的利益相关人之间的种种互动，且机锋暗藏。

（三）社会反思

1. 平凡里孕育出的传奇

王春林在谈及《繁花》时说道：“说到上海叙事，自白话小说盛行以来，一直到金宇澄的《繁花》横空出世，大约有四位作家是绝对绕不过去的。按照时间顺序排列，分别是韩邦庆、张爱玲、王

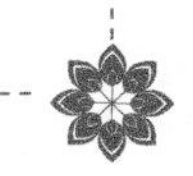

安忆、金宇澄。”韩邦庆的《海上花列传》、王安忆的《长恨歌》，以及张爱玲的多部小说都是写不尽的上海传奇，而金宇澄的小说《繁花》却将视角完全集中在小人物的身上，写出了真正贴近普通人生活的上海故事。社会变动下的上海市民生活从一点一滴中展现，或好或坏，或激烈或平静，或苍白或斑斓，却道是真正的生活。繁花终会开尽，繁华终有落幕，但姹紫嫣红开遍，而焉知这样的平淡故事却未必不会变成新的上海传奇！

2. 波折但向前的发展之路

20 世纪 60 年代至 20 世纪 90 年代长达三十余年的跨度，小说描绘了中华人民共和国成立以后上海三次大的变迁。无论是 20 世纪 60 年代的社会主义改造建设、20 世纪 70 年代的“文革”，以及 1980—1990 年的改革开放和社会主义市场经济建设，上海因为历史的种种原因而成为社会变动下的代表城市，也更加深刻地反映出这些运动和变革所带来的种种问题与弊病。同时，上海从近代以来一直作为我国城市建设的“先行者”与“排头兵”，一直走在文化、经济、社会与政治发展的前列，其城市发展所经历的种种必将成为中国大部分城市未来的真实写照和发展方向。一国之政策制度的改变不仅仅是一张纸的描述，更是影响着整个国家的未来，以及城市发展和所有人民的生活。因而国家政策的制定更应该从实际出发，统筹考虑多方情况，制订详细的计划方案，进行反复的推敲与实验。历史教训是为了未来更好的发展和进步，挫折与灾难又未必不是为孕育灿烂的明天所需经历的“阵痛”。

参考文献

［1］金宇澄．繁花［M］．上海：上海文艺出版社，2013.

［2］刘颖．众声喧哗后的生存焦虑——论金宇澄的《繁花》［J］．哈尔滨学院学报，2016（12）：82 – 86.

［3］朱军．“繁花”意象与上海的重新理解——以海派小说《繁花》为中心的

研究［J］. 艺术科技，2016（7）：200－201.

［4］刘丹. 王安忆、金宇澄都市小说创作比较——以《长恨歌》和《繁花》为例［J］. 湖南大众传媒职业技术学院学报，2016（2）：62－65.

［5］陈云昊.《繁花》之为繁花［J］. 时代文学（上半月），2015（1）：196－199.

［6］张江艳. 静水深流处繁花重重——品评金宇澄长篇小说《繁花》［J］. 北京劳动保障职业学院学报，2014（3）：63－64.

［7］刘涛. 花繁花衰——《繁花》论［J］. 艺术评论，2014（5）：105－109.

［8］周航. 繁花落尽，戛然而止［J］. 中国图书评论，2014（3）：33－36.

［9］黄平. 从"传奇"到"故事"——《繁花》与上海叙述［J］. 当代作家评论，2013（4）：54－62.

［10］黄德海. 城市小说的异数——关于《繁花》［J］. 上海文化，2013（1）：4－8.

［11］张超. 两个年代的记忆对视［D］. 太原：山西师范大学，2016.

［12］朱军.《繁花》的都市本体论［J］. 当代作家评论，2015（5）：126－134.

［13］夏天. 纸花的自然史——读《繁花》［J］. 美与时代（下），2014（6）：101－103.

［14］陈建华. 世俗的凯旋——读金宇澄《繁花》［J］. 上海文化，2013（7）：15－28.

［15］欧阳丽花. 从《海上花列传》看社会变迁对上海叙事的影响［J］. 韶关学院学报，2009，30（1）：36－38.

［16］张大海. 后革命时代的民间政治——评金宇澄的小说《繁花》［J］. 大庆师范学院学报，2017（1）：63－68.

［17］王春林. 民间叙事与知识分子批判精神的艺术交融——评金宇澄长篇小说《繁花》［J］. 当代文坛，2013（6）：135－139.